U0077925

# Perl 6 學習手冊

## 讓簡單、困難或是不可能的事情，都變得觸手可及

# Learning Perl 6

## Keeping the Easy, Hard, and Impossible
## Within Reach

*brian d foy*　　著

張靜雯　　譯

**O'REILLY**

© 2019 GOTOP Information Inc. Authorized translation of the English edition Learning Perl 6
ISBN 9781491977682 © 2017 brian d foy. This translation is published and sold by permission of
O'Reilly Media, Inc., which owns or controls all rights to publish and sell the same.

# 目錄

# 前言

歡迎閱讀 *Perl 6 學習手冊*，這本書的書名雖然可能和你以前讀過的或是我之前寫的 Perl 書很相似，不過，這卻是我第一本談論名為 "Perl 6" 語言的書。我知道這樣的命名方式讓人很困擾，但我只負責寫書，不負責命名。

好吧！我知道你不能接受這種解釋。

所以，請讓我為這件事作一個簡短的說明：如果某人要求你學習 Perl，你很可能要看的是我寫的另一本書 *Learning Perl*，裡面講的是廣泛為人所用的 Perl 5，也就是大家已經用很久、也很穩定的 Perl 版本，而這本書講的 Perl 6，則是一種還在開發中、未被廣泛使用的新語言。

還有一種比較完整的說明，是寫給繼續閱讀下去的人看的，會繼續閱讀本書的你可能已經知道自己要用的就是 Perl 6，或是可能你覺得就是想學一種新語言，你也不在乎學的是哪一種語言。

## Perl 6 背後的故事

在 2000 年的 Perl Conference 中，有一個 Perl 的族群聚集在加洲 Monterey 的飯店會議中心。那天是星期二，預計當天稍晚時，Perl 5 的開發人員將會集合起來討論 Perl 5 近期會將要面對的事，而 Chip Salzenberg 事先進行祕密地集會來討論一些想法，不知為何，他順便也把我也帶到這個會前會中。

我們開始討論當時 Perl 5 面對的一些障礙：開發者們互相痛恨彼此、開發出來的原始碼很棘手，以及 Perl 正在失去它的使用率。

Chip 試過改用 C++ 源重寫 Perl（他稱為 Topza 專案），但是碰到一些困難的障礙，這也是促成了這次會議的一部分原因。

我們一直討論著一些雞毛蒜皮的小事，直到 *The Perl Journal* 的出版者 Jon Orwant 開始將數個咖啡杯丟到牆上為止。起因是當時我們全都太客氣了，想的不夠長遠，我覺得他這個動作過於激烈了些，不過卻讓我們開始聚焦開始往更大的目標去思考。

這就是 Perl 6 的起源。隔天，Perl 的建立者 Larry Wall 在他年度演說（*http://www.perl. com/pub/2000/10/23/soto2000.html*）上正式宣佈這個消息。最值得注意的是他當時說的一句話："Perl 6 將會由社群設計"，那時每個人都覺得 Perl 6 將會是剛發布的 Perl v5.6 的下一版，不過後來證明並不是這樣。不過，這是 "Perl 6" 這個名字裡面還有 "Perl" 這個字的原因。

後面有幾個月的時間，大家對自己想要一個怎樣的新語言提出了建議（*https://perl6.org/ archive/rfc/*），Larry 聽取了這些建議以後，整理成一系列的 "Apocalypse（啟示）" 文件，並一一回覆了每個人。身為首席設計者，他聽取這些建議來調整自己的想法，最後他把所有想法整理成一份 "Synopses（概要）"，而 Domian Conway 在 "Exegeses（注釋）" 中探討了這些想法。你可以在 *https://design.perl6.org* 上找到這些資訊，雖然它們有點過時了，但這就是事情的經過。

Perl 6 的開發者們發明了一個叫 Parrot 新直譯器，本來它目的是要可以處理多種語言，並將它做成可以容易地轉換程式碼以及其他一些厲害的事情，不過它並沒有成功。

在那同時，另外一組人利用 Perl 5 做了重新開發，Jarkko Hietaniemi 在 2003 年發行了 Perl v5.8。這個版本維持了一段時間，而人們預期這個版本將會是 Perl 5 的最後一個版本。

在 2005 年，唐鳳（Audrey Tang） 在 Glasgow Haskell Compiler（GHC） 上實作了 Perl 6，她將它命名為 Pugs（*https://github.com/perl6/Pugs.hs*）即 Perl 6 User's Golfing System。人們終於有個地方可以執行 Perl 6 了，於是大家興奮了起來，開始撰寫功能，以及實作功能時必須要通過的規範測試，不過後來這樣的開發情況又中斷了。

2007 年發行了 Perl v5.10，它有一些新功能——有些是由 Perl 6 偷取的。Perl 5 的開發者發展了一些正式的規則和流程，Perl 5 又回到了正軌，人們開始做起內部清理的工作，核心開發者再次對 Perl 5 感到興奮。Perl 5 沒有死亡，反而異軍突起。在編寫本文時，Perl 5 的版本編號為 v5.26，而 v5.28 預計再幾個月就要發行了。

就這樣，由於人們覺得 Perl 6 會取代掉什麼，所以產生競爭關係，但這其實都是因為名稱的緣故，某些人試圖要將名字中的 "Perl" 去掉，但是總是事與願違。

後來 Perl 6 的開發一直緩慢的前進，直到開發者決定要做 "聖誕節" 發行，他們決定在 2015 年聖誕節時，不管到什麼程度，都要發行第一個正式版本。後來他們真的做了這個發行，之後的開發進度就很穩定了。

## 你應具備的基本技能

我假定你知道如何使用程式碼編輯器（不是文書編輯器）建立純文字檔，並且懂得一些在終端機（Unix-like 或 Windows）中可以執行的基本指令。

雖然這些是身為一個程式開發者的基本技術，但同時我也理解你可能是一邊學習寫程式，才一邊學些這些技術，所以我會在下一節推薦幾個線上可以跑程式碼的地方，讓你不用去擔心終端機和檔案的部分。不過你最終還是不能完全依賴那些地方就是了。

我試著溫和地介紹程式設計這個學問，但它的內容基本上就可以寫成一大本書。Perl 6 是一個物件導向語言，而我會忽略大部分的理論，並且著重在語言本身上。很遺憾的是，這本書無法教你如何成為一個程式設計人員，不過許多程式設計人員是透過閱讀那些沒有教他們如何寫程式的書來學習寫程式的，所以請振作起來吧！

你無法透閱讀這本書學到所有 Perl 6 以及程式設計的知識，不用覺得沮喪，學習本來就是無止境的。

## 取得 Rakudo

Perl 6 的設計一開始就打算在多個實作上執行，即使當時也沒有人知道是哪些實作。有一個是將 Perl 6 編譯成在 Java Virtual Machine（JVM）上執行，而另一個是讓它在 JavaScript 上執行，另外還有 MoarVM（*http://www.moarvm.org*）（"Metamodel On A Runtime"）是最外層的一個，也是我會在這本書裡使用的平台。

Perl 6 的版本是由它的測試規格版本以及測式內容決定的；在我寫書的時刻，版本是 v6.c（同時還有 v6.d）。Rakudo 2018.04 是 Perl 6 在 Moar 2018.04 上的版本，不過它仍然是 v6.c，當你做版本查詢時可以看到這個版本資訊：

```
% perl6 -v
This is Rakudo Star version 2018.04 built on MoarVM version 2018.04
implementing Perl 6.c.
```

就本書要講的東西而言,可以將"Rakudo"和"Perl 6"視為同一個東西,儘管事實並非如此。如果你知道中間的差異,你應該能挑選你想用的實作。

你可以不安裝任何東西就可以跑看看 Perl 6,Glot.io(*https://glot.io/new/perl6*)和 Try It Online(*https://tio.run/#perl6*)有 Perl 6 的瀏覽器環境。在這些環境中你可以執行一個檔案程式;對本書大部分的內容來說,應該夠用。

如果你喜歡容器這類的型式,另外還有一個 Perl 6 的 Docker 容器(*https://hub.docker.com/_/rakudo-star/*):

```
% docker run -it rakudo-star
```

你本地的套件管理中也許會有它;試著以 *perl6*、*rakudo* 或 *rakudo-star* 找看看。如果你是在 Windows 上用 Chocolatey,你可以用一個我維護的套件安裝它:

```
C:\ choco install rakudo-star
```

你也可以從 Rakudo.org(*http://www.rakudo.org/*)下載原始碼,這是我在 macOS 上取得套件所用的方法。

裝好 Rakudo 以後,你應該就取得 *perl6* 的執行檔了。用下面的命令試看看能不能正常執行,加上 -v 是要取得你 *perl6* 執行檔資訊的意思:

```
% perl6 -v
This is Rakudo Star version 2018.04 built on MoarVM version 2018.04
implementing Perl 6.c.
```

如果 *perl6* 後面沒有加參數,你就會帶到 *REPL*(*Read-Eval-Print-Loop*)中,在 > 提示字元後,你可以輸入一些用單引號括住的文字,REPL 會將那些文字回應給你:

```
% perl6
To exit type 'exit' or '^D'
> 'Hello Camelia!'
Hello Camelia!
```

你也可以查看變數的值,有一些變數含有你的組態資訊,在你回報錯誤時可能會派上用場:

```
% perl6
To exit type 'exit' or '^D'
> $*VM
moar (2018.04)
> $*PERL
Perl 6 (6.c)
```

如果你做到這裡都沒有問題的話,那你的 Perl 6 就已達到可用狀態了。

# 如何使用本書?

這是一本指南書,我的任務是找到語言裡你需要會的部分,學會了以後你就可以自己學習其他的部分。這不是一本參考資訊用書,而且我沒講的東西比有講的還多,書本並不是採用主題式編排,章節名稱只粗略的描述內容。我將來會介紹一些主題;不過大部分的主題都需要具有一些基礎知識背景。

有時技術用語令人感到沉重,我在書的最後附上了詞彙表,如果你忘了某個術語的意思,可以到表中查看。

閱讀本書的過程中,你會發現書中有些練習題,請把它們做一做!當你碰到練習題時,把剛讀到的東西練習一下,然後再比對我的答案(附錄 A);裡面有些額外的補充資訊。我不會對你隱瞞資訊,但我們會讓你思考一些概念,這樣你也可以得到一些樂趣。部分的練習題會有點困難,讓我們現在就來做一個練習題,看看練習題是如何進行的。

---

### 練習題 0.1

安裝 Perl 6 以後,在 REPL 中找出你用的 Perl 6 是哪一版。

---

你的練習題做得如何?讓我們來試另外一題。這題對你來說有點簡單,但需要你到本書的網站下載一些東西。我會將一些有趣的東西和額外的練習題放在 *https://www.learningperl6.com/downloads/* 和 *https://github.com/briandfoy/LearningPerl_Downloads*,我也會持續注意有沒有有用的東西可當作練習顯。

---

### 練習題 0.2

在 LearningPerl6.com 的下載區找到 *Preface/find_moth_genera.p6* 程式以及 *DataFiles/Butterfies_and_Moths.txt* 資料檔案。搭配該資料檔執行該程式，如果你把它們都放在同一個目錄下，則執行的命令是：

```
% perl6 find_moth_genera.p6 Butterflies_and_Moths.txt
```

在 Windows 上執行的命令是一樣的，雖然命令提示符號可能長得不太一樣。

---

我把這本書設計成你可以在幾星期內看完，本書章節次序編排有相互關係，所以請循章節依序閱讀。我在之後章節中用的東西，通常都會在前一個章節中說明，只有小部分是例外。某些概念可能在數個章節不同主題中出現，也有可能在練習題中出現，所以請做練習題！讀完一個章節後，把該章節的練習題做一做然後就休息，不要一次做太多練習題。

## 如何取得支援？

如果你不能確定你的 Perl 6 問題，你有幾件事可以做。到官方網站 *https://www.perl6.org* （*https://www.perl6.org/community/*），上面有好幾種你可以和其他 Perl 6 使用者聯絡的方法，我個人喜歡使用 Stack Overflow（*https://stackoverflow.com*）。

## 本書編排慣例

下列為本書的編排慣例：

斜體字（*Italic*）
　　用來表示新術語、URL、電郵信箱、檔案名稱與附加檔名，中文以楷體表示。

定寬字（`Constant width`）
　　用來表示樣式碼或在段落中表示如變數或函式名稱、資料庫、資料型別、環境變數、敘述與關鍵字等程式元素。

定寬粗體字（**`Constant width bold`**）
　　用來表示應由使用者輸入的指令或其他文本。

定寬斜體字（*Constant width italic*）

　　用來表示應由使用者提供或取決於情境的值。

 用來表示技巧或建議。

 用來表示一般性的註記。

 用來表示警告或注意事項。

# 範例程式碼

本書的補充素材（如範例程式碼與練習等）可在 *http://www.learningperl6.com/* 下載。

本書用來協助你完成工作。通常，若本書提供範例程式碼，你就可以在程式或文件中使用。除非你重製了相當數量的程式碼，否則並不需與我們聯繫以取得許可。比方說，若你在程式中用了幾段本書所列的程式碼，這並不需要取得我們的許可。販售或發行集結 O'Reilly 書籍範例的 CD-ROM，則需要取得我們的許可。引用本書並列示其中的範例程式碼以答問，並不需要取得許可。但在產品文件中搭配列示了本書大量的範例程式碼，則必須取得我們的許可。

我們感謝你標示引用資料來源，但這並不是必要的。來源的標示通常會包括書名、作者、出版商以及 ISBN。如 "*Learning Perl 6* by brian d foy (O'Reilly). Copyright 2018 brian d foy, 978-1-491-97768-2."。

若你認為運用範例程式碼的方式沒有列在上述說明或許可範圍中，請透過 *permissions@oreilly.com* 電子信箱與我們聯繫。

# 致謝

自 2000 年之後，我試寫這本書好幾次了。第一次的時候，我試圖要找常一起合作的作者 Randal L. Schwartz，撰寫程式設計書的概念，幾乎都是他教我的。即使他並沒有負責書中的任何章節，但他這幾年一直都提供大力協助。

在我第一次 Perl 6 演講之前，唐鳳拿了我的筆記型電腦，並修改了我所有 Perl 6 的投影片。事情的變化可以在一夕之間，甚至正當演講時，事情也在改變，而 Damian Conway 會大喊 "不要再改了！"。他們兩個在演講的過程中提交程式碼，有時候你就算用全速，也跟不上改變的速度。

Wendy Van Dijk 和 Liz Mattijsen 在幾年前就想做一本 Perl 6 指南書，他們不是空談，而是說到做到。我們討論了要用 Kickstarter 籌款專案的方法來做這本指南書，以他們做為主要貢獻者。他們的慷慨解囊引來了許多其他人的幫助——在此也感謝每一位讚助我籌款活動的每一個人。

Brian Jepson 曾是 O'Reilly 的編輯，當我還在運作 Kickstarter 籌款活動時，他看到了這個活動，並幫助我做出提案，最後生出了這本書。在他換新工作以前，他傳授了許多很好的主意。

Allison Randal 是我的另一本書 *Mastering Perl* 的編輯，在寫這本書以前她說了很多鼓勵的話，告訴我她知道我將會遇到不可避免令人沮喪的事情，對我說了智慧的話語。我的好朋友 Sinan Ünür 提供了許多非 Perl 語言上相當好的見解，並且幫助我架構了這本書的結構。碰到 Windows 上相關問題時，他真的幫了很大的忙。David Farrell，PerTricks.com 和現在的 Perl.com（*https://www.perl.com/*）的出版者，他有很多有趣的見解和觀察角度。Chris Nandor 則是理性和理智的可靠泉源。

我在 Stack Overflow（*https://stackoverflow.com/questions/tagged/perl6*）上問了許許多多的問題，其中部分問題是為我個人問題，但許多其他的問題，則是為其他找尋同一個問題解答的人們問的。許多人幫了大忙，包括 Christopher Bottoms、Brad Gilbert、Moritz Lens、Liz Mattijsen（再次感謝）、JJ Merelo、Timo Paulssen、Stefan Seifert、Jonathan Worthington 以及許多的其他人。

一路上還有許多其他人的幫忙，我發了好幾個錯誤回報及文件問題，是由許多其他人的付出才解決的，這些人都讓世界逐漸變得更好。

# 第一章

# 緒論

這一章要講的是這個語言的大觀；如果你沒有讀懂所有的東西，也不用太擔心。只是如果讀完這本書後你還是不懂的話，那就值得擔心了！內容有很多，所以你將會被一些主題圍繞，也會重複看一些主題，也會做一些練習看看整合起來怎麼樣——主要就是多練習。

## 為何選用 Perl 6 ？

對於初學者而言，只要能開始使用這種語言，您買書的錢就沒有白花。

但這種語言到底是哪裡吸引人呢？使用 Perl 的人喜歡說 *DWIM*（*Do What I Mean*）——照我說的做，通常常做的都是一些不難解決的事情，而最難做到的事情也仍然有解法。用來衡量一個程式語言是不是好用，主要是藉由它可以多大程度解決你的問題來決定的。

Perl 6 是一個相當優秀的文字處理語言——可能比 Perl 5 更好。在*正規表達式*章節（第 15 章）中，有許多新的且令人興奮的功能，讓它更容易做文字匹配，以及從文字中抽取東西。而內建的*語法*（第 17 章）功能，則讓你可以輕易的寫出複雜的規則，用以處理和產出文字。

*漸進式定型*（*Gradual typing*）（第 3 章）讓你可以標註變數，說明變數可以儲存什麼樣的值。舉例來說，你可以指定整數、正數或是任兩個數中間的值才能儲存到變數中。你不需要刻意做什麼（這部分漸進式會幫你做掉）。你也可以標註一個*副程式*的參數值以及回傳值，這種方法可以快速的找到資料超過邊界的錯誤。

內建的同步執行（第 18 章）功能，讓你可以將問題拆解成數個部分，這樣就可以分開執行或是同步執行，這個語言已幫你處理了泰半的工作。

lazy list 和無限 list 讓你不用做大量的重複動作，也不需要先有完整的 list，就能處理序列值（第 6 章）。建立你自己的無限 lazy list 是很容易的一件事。

我可以繼續說下去，但你在閱讀本書的過程中，自然就會看到更多令人驚艷的功能了。

也會有你不想用 Perl 6 的情況，畢竟沒有一種語言是適合所有工作的。如果你更喜歡其他的語言或是其他語言工具給你更好的執行效率，選擇完全由你決定！我希望，這本書能幫助你更快、更有效率的使用 Perl 6。

# 開始使用 REPL

REPL 是 Read-Evaluate-Print-Loop（讀取 - 執行 - 印出 - 重複）工具，這種工具提供了一個互動的提示符號。REPL 讀取你輸入的程式碼、執行它、顯示結果給你看，然後再次給你提示符號。這是一種執行一段程式碼的便利方法。當你不帶任何參數執行 *perl6* 時，就代表啟動 REPL：

```
% perl6
To exit type 'exit' or '^D'
>
```

其中的 > 就是提示符號，代表等待你輸入什麼東西的意思，當你輸入完 Return 後，REPL 就會開始工作。讓我們來試著做兩數值相加：

```
% perl6
> 2 + 2
4
```

如果中間有錯，它會讓你知道，然後再次給你提示符號：

```
% perl6
> 2 + Hamadryas
===SORRY!=== Error while compiling:
Undeclared name:
    Hamadryas used at line 1
>
```

由於你還沒有開始閱讀本書，所以現在你並不知道什麼東西出錯了。現在這並不是重點，你只要知道 REPL 會抓到錯誤，並再給你一個新的提示符號。如果你需要訂正錯誤的話，你可以使用向上鍵，回到前面的那一行（也可以移到更前面的行）進行編輯，然後再看看結果如何。

在你繼續閱讀下去以前，應該要先知道幾個小技巧，這些小技巧能幫你學到這種語言的整體運作。

 在本書中，當我在寫方法時，我一般會在方法名稱前面加上一點，這樣你就會知道他們是方法，如 .isprime，前面的點是名稱的一部分。

物件的一個預先定義的行為，稱為**方法**。例如，每個物件都有**型態**，.^name 方法告訴你型態為何：

```
% perl6
> 3.^name
Int
```

常值 3 是一個 Int 型態的物件，Int 就是整數型態。你知道物件的型態是什麼以後，你就可以查閱它的文件來得知你可以對這種型態物件做什麼事。

物件的行為定義在**類別**（*class*）中（第 12 章），而這些類別可以透過**繼承**用其他更基礎且更通用的類別為基底。你可以使用 .^mro 方法看看某個物件的繼承鍊（雖然文件裡也有寫）：

```
% perl6
> 3.^mro
((Int) (Cool) (Any) (Mu))
```

物件可以做到所有它繼承的物件能做到的事，範例中顯示 3 是一個 Int 物件，繼承了 Cool（Convenient Object-Oriented Loop），Cool 繼承了 Any（幾乎是所有物件的基底物件），Any 繼承了 Mu（它是一種東西，這種東西不代表任何東西——請思考一下！）。

使用 .^methods 可以看到一個物件的所有方法：

```
% perl6
> 3.^methods
(Int Num Rat FatRat abs Bridge chr sqrt base
polymod expmod is-prime floor ceiling round
...)
```

型態也是一種物件（**型態物件**），它是一個沒有實際值的抽象表達。它也有自己的方法：

```
% perl6
> Int.^methods
(Int Num Rat FatRat abs Bridge chr sqrt base
polymod expmod is-prime floor ceiling round
...)
```

你可以呼叫型態物件大部分的方法，不過，你會因為沒有值而得到錯誤：

```
% perl6
> Int.sqrt
Invocant of method 'sqrt' must be an object instance of
type 'Int', not a type object of type 'Int'.
```

.^name、.^mro 和 .^methods 方法 是 從 程 式 語 言 的 元 程 式 底 層（metaprogramming underpinning）來的，元程式底層對於本書來說是個比較進階的東西，所以之後就不會再講到了。

# 閱讀文件

現在，你知道了如何用 REPL 以及如何知道物件的型態，你可能開始會想讀一下相關的文件，*p6doc* 程式可以幫你做到這件事：

```
% p6doc Int
... 一堆相關內容
```

如果你想查的是一個方法的話，你就輸入它：

```
% p6doc Int.polymod
      method polymod

Defined as:
    method polymod(Int:D: +@mods)

Usage:
    INTEGER.polymod(LIST)
...
```

有時你無法找到想要的文件，這種時候可以試著找看看繼承類別的文件：

```
% p6doc Int.sqrt
No documentation found for method 'sqrt'
```

```
% p6doc Cool.sqrt
  routine sqrt

Defined as:
    sub sqrt(Numeric(Cool) $x)
    method sqrt()

...
```

我發現自己通常都是在 *https://docs.perl6.org* 上閱讀文件，更懶時會 Google 關鍵字 "perl6 Int"，然後看最匹配的那個結果。說明文件網站也有一個好用的搜尋功能，不用作全文檢索也可以幫你找到東西。你可以在本地端執行該網站，本地端執行的方法可以看網頁底端的說明。

# 基本語法

你通常會需要從內到外閱讀程式碼，就像處理數學公式時一樣，所以我在這裡也這樣做：從非常小的地方開始，然後漸漸的建立整個觀念。

這些就是在你繼續閱讀接下去章節前要先知道的幾件事，若這時候還有點搞不清楚也沒關係，接下來碰到練習題時就會用到了。

## 單詞

程式最基礎的東西，稱為**單詞**。它是其他任何東西的基礎構件，把它當成是語言裡的名詞，下方是一些單詞的範例：

```
2
e
n
'Hello'
$x
now
```

上面包括了常值資料，如 2 和 'Hello'；變數，如 $x；以及預先定義的符號，如 n。now 是一個 Instant 物件，用來代表目前時間。

變數通常前面會有一印記（*sigil*）——就是用來標示變數的特殊字元 。如變數 $x 中的 $。先不用太擔心這個東西，你會在本章後面看到更多類似的東西。

# 運算子和表達式

**表達示**是由單詞和運算子構成，用來產生一個新值。如果將單詞類比於名詞、運算子就可以類比成用來做指定動作的動詞。運算子將一或多個單詞變成一個新的值。**運算元**是運算子使用的值，**一元運算子**（*unary operator*），指的就是只對單一運算元做事：

```
- 137              # 將 137 轉為 -137
+ '137'            # 將字串 '137' 變成數值
$x++               # 將 $x 中目前的值加 1
```

`#` 和它後面的文字是註解（你之後會看到更多註解），註解是程式會跳過忽略的東西，用來在程式中寫一些說明時很方便。我通常會用註解來加強說明，或是說明表達式的輸出。

**二元運算子**（*binary operator*）會用到兩個運算元，通常這種運算字會寫在兩個運算元的中間（**中序**）：

```
2 + 2              # 兩數相加
$object.method() # .（點）是呼叫方法運算子
$x = 137           # 將一個值指定給一個變數
```

**三元運算子**（*ternary operator*），如條件運算子 `?? !!`，它們用到三個運算元：

```
$some_value ?? 'Yes' !! 'No'     # 從兩個值中選擇一個
```

如果第一個東西被評定為 True，那它就選擇第二個東西，否則它就選擇第三個東西，你會在第 3 章看到更多這些相關內容。

## 前綴、後綴面和中綴

運算子有很多種，從名稱可以看出來它們應該放置的位置，以及要用幾個運算元。在你閱讀本書的過程中，會一直看到這些概念。**前綴運算子**（*prefix operator*）會放在它要作用的運算元之前，通常只用一個運算元，例如遞增運算子就是個例子，它的功能是將 **$x** 中的值加 1：

```
++$x
```

**後綴運算子**（*postfix operator*）放在它要用的運算元之後，例如遞增運算子也可以這麼用：

```
$x++
```

環綴運算子（*circumfix operator*）被它要用的運算元前後夾住，例如逗號和雙引號標記：

```
( 1, 2, 3 )
"Hello"
```

後環綴運算子（*postcircumfix operator*）前後夾住它要用的運算元，又跟在一個東西之後。例如用來存取 Array 或 Hash 的單一元素運算子就前後夾住索引值，然後寫在變數名稱後面，[] 和 <> 就寫在變數名稱之後，夾住索引值：

```
@array[0]
%hash<key>
```

這些單詞都寫在文件中。你可以做出和上方標準定義不同的運算子，我就做了一個我自己不期待太常用的運算子。

前環綴運算子（*percircumfix operator*）夾住一個運算元，並放在其他運算元前面。簡化運算子（第 6 章）將一個運算子夾起來，代表將該運算子加在每個其後的運算元之間，下面的範例是將所有數值加總，而不用重複的做兩兩相加：

```
[+] 1, 2, 3
```

環綴中綴運算子（*circumfix infix operator*）夾住一個中綴運算子（*infix operator*），例如，超運算子（*hyperoperator*）<<>> 夾住一個運算元，並將該中綴運算子發配給兩個 list 使用（第 6 章）：

```
(1, 2, 3) <<+>> (4, 5, 6)
```

本書中還會用到其他種類的運算子順序，但一般來說你都可以從名稱中看出它們是如何運作的。

運算子實際上是方法，這種方法的名稱看起來有點複雜，因為名稱的開頭是運算子的種類，還用角括號包住了運算子要使用的符號：

```
infix:<+>(1, 2)        # 3

my @array = 1, 2, 3
postcircumfix:<[ ]>( @array, 1 )
```

你不會用到這樣的用法，但你應該瞭解運算子是靠參數來決定自己要做什麼的。

## 優先權

你可以將運算一個接一個地做,請在 REPL 中試看看:

```
1 + 2 + 3 + 4
```

這個表達式會依運算子的**優先權**和**結合性**拆解,優先權決定了哪個運算子要先做,而結合性則會決定在運算子有相同優先權的情況下運算子運作的順序(也適用於相同運算子的情況)。

運算子的權先權是一個較其他運算子更**寬鬆**或**緊密**的程度。如果配合一連串的單詞做的話,緊密的運算子會先做。乘法(*)就會比加法(+)先做,和學校裡學代數時一樣:

```
2 + 3 * 4        # 14
```

如果你不喜歡這個順序的話,你可以使用小括號變更它,放在小括號中的東西會先被計算。換句話說,小括號有更高的優先權。下面範例就會變成加法先做:

```
(2 + 3) * 4       # 20
```

如果你有兩個優先權相同的運算子,那結合性就會決定誰會先做。運算子可以是**左結合性**或**右結合性**,指數運算子是右結合性,在最右邊的會先做:

```
2 ** 3 ** 4      # 2.4178516392293e+24
```

和你明確的用小括號括住右邊兩個數字的順序是一樣的:

```
2 ** (3 ** 4)      # 2.4178516392293e+24
```

使用小括號讓左邊的運算先做:

```
(2 ** 3) ** 4      # 4096
```

有些運算子無法被合併,也沒有結合性。例如範圍運算子就是一種你不能合併的運算子:

```
0 .. 5        # 範圍運算子,無結合性
0 .. 3 .. 5  # 不合法的使用
```

## 程式述句

**程式述句**(*statement*)是一個程式中獨立完整的單位,一個表達式可以是一個述句,但它也可以是述句的一部分。下面的述句是用 put 來輸出一個訊息,它會自動幫你加換行:

```
put 'Hello Perl 6!'
```

述句用分號相隔，下面範例是兩個述句；雖然它們分開兩行撰寫，但是你還是要用分號隔開它們：

```
put 'Hello Perl 6!';
put 'The time is ', now;
```

如果後面有其他述句的話，你才需要加分號，不過我習慣在每個述句後面都加分號，因為我知道之後再加程式碼的時候我會忘記補那個分號：

```
put 'Hello Perl 6!';
put 'The time is ', now
```

大多時的空白都不重要，這表示你可以盡情的使用空白來排列你的程式碼。下面的範例就是另外一種排列方法：

```
put
    'Hello Perl 6!'

; put 'The time is ',
now
```

少數幾種情況不能任意使用空白，當你需要知道這種情況出現時我會再跟你說。

## 程式區塊

區塊（*block*）（第 5 章）是合併一到多個述句，並用一對大括號括起來的一個單位。有時區塊會附加一個控制關鍵字，例如 loop。下面範例區塊中的述句會一直執行，直到你按下 Control-C 停止程式為止，它是一個**無窮迴圈**（*infinite loop*）：

```
loop {
    state $count = 0;
    sleep 1;
    print $count++, "\r";
    }
```

每個述句都以分號隔開，最後一個述句也加分號是個好習慣。

你在 loop 結束的大括號後面沒有看見 ;，但其實它暗藏著。} 後面如果只有空白，其他什麼也沒有的話，表示該行結束時是一個 ;。如果你如果想在這一行多寫些什麼的話，你就要在 } 後面加 ;：

```
loop { ... }; put "Done";
```

你可以用 **...** 運算子（*yada yada* 運算子）來表示這裡還有些東西，但你現在並不想管那些東西是什麼。用它來表示稍後會再回來填寫內容。我將會用它來隱藏範例中的程式碼以節省空間，這樣的程式碼可以被編譯，但是當你執行時會產生錯誤，你將會在本書中一直看到它出現，目的是讓範例程式碼縮短以利書本編排。

一個程式碼區塊會建立一個**詞法範圍**（*lexical scope*），一個範圍是由大括號的位置決定的。你定義在一個範圍裡的東西，只會作用在這個範圍以及它的子範圍中。這個限制會影響到你要用的東西是否能被使用，影響變數或模組只能在它們的詞法範圍中被使用。

# 註解

**註解**（*comment*）是一個我們在程式中留下自己的筆記，而程式並不在乎這些筆記的方法。編譯器基本上是忽略這些東西的。你可以在編譯器找新 token 的地方寫一個 # 來製作一個新的註解。編譯器會跳過任何在寫 # 後面的東西直到行尾，下面範例示範了一個無聊的註解：

```
put 'Hello Perl 6!'; # 輸出一個訊息
```

一個好的註解用來說明程式碼的目的，而不是輸出結果。像這樣的小程式通常用來當成第一個範例，這種範例用來檢查是不是一切運作良好，此時註解可以這麼寫：

```
put 'Hello Perl 6!'; # 用來表示程式正確執行
```

另外一個替代方案是**內嵌註解**（*embedded comment*），將你的訊息放在 #'() 的小括號中，然後內嵌在某個述句中（或是兩行述句中間）：

```
put #`( 這是行銷人員的要求 ) 'Hello Perl 6!';
```

用來做多行註解也不錯：

```
#`(
* 用來表示程式正確執行
* 需要加入區塊鏈 email AI 功能
)
put  'Hello Perl 6!';
```

由於結尾的小括號表示結束註解，所以你註解文字本身裡不能有小括號。寫短註解時這兩種方法都可以用，當你想把多行**變成註解**不執行時，你可以把 # 放在行首，就是直接從程式移除該行的意思：

```
loop {
    state $count = 0;
#   sleep 1;
    print $count, "\r";
    }
```

你可能會想要說明一下為什麼這一行還留在程式碼中,程式設計師會在除錯時做這件事,幫助記憶原來那一行的功能是什麼:

```
loop {
    state $count = 0;
# 為 ticket 1234 (bug://1234) 做測試
# 我覺得 sleep 把程式速度拖慢太多了
# sleep 1;
    print $count, "\r";
    }
```

## 消除空白

在 Perl 6 中,大部分地方不介意有沒有空白的存在,但 Perl 6 語法中仍有少數地方是不可有空白的。在副程式名稱後面和代表參數開始列示的括號間,有空白和沒有空白在意義上是不一樣的:

```
my-sub 1, 2, 3;          # 三個參數
my-sub( 1, 2, 3 );       # 三個參數
my-sub ( 1, 2, 3 );      # 一個參數(一個 List 型態參數)
```

範例的最後一行中,my-sub 和 ( 中間有一個空白。這樣寫可以編譯也可以執行,但這樣寫代表參數是一個 List 型態(第 6 章),而不是三個參數。你可以用反斜線消除這種空白,跟在 \ 後面的空白基本上都會被編譯器跳過不看:

```
my-sub\ (1, 2, 3 );
```

也許你會想要用這種方法來對齊程式碼,讓程式碼比較好讀:

```
my-sub\             ( 2, 4, 8 );
my-much-longer-name( 1, 3, 7 );
```

## 物件和類別

Perl 6 是一個以類別為基礎的物件系統,我將會跳過大部分物件導向程式設計理論的部分(那可以另外寫一整本書了),但你應該要明白,在這類的系統中,類別(第 12 章)用於定義一個物件的抽象結構及行為,物件(*Object*)是實體化後的類別。

在 Perl 6 中，大部分的資料都是物件，而每一種物件都知道自己是由哪一個類別所定義出來的。類別中定義了方法，方法是物件的行為。類別可以**繼承**（*inherit*）另外一個類別並取得該類別的行為，但若不用繼承的話，也可以用 *role* 去增加物件的行為。如果你看的是本書的數位版本，書中出現的類別名字應該可以連結到它的線上文件（例如 Int 類別）。

呼叫**建構方法**（*constructor*）可以建立物件，建構方法通常被名為 .new（第 12 章），在建構方法名稱後，將參數放在括號中，就可以將**參數**傳遞進去：

```
my $fraction = Rat.new( 5, 4 );
```

傳遞參數給方法時，還有另外一種分號的語法，這種語法讓你不用一直輸入沒有實質意義的括號：

```
my $fraction = Rat.new: 5, 4;
```

**型態物件**（*Type Object*）代表一個類別的抽象概念，但它們並不是物件。當你有時知道要用這種物件，但又還沒確定要帶什麼參數值進去時，可以它來作一個替代：

```
my $fraction = Rat;
```

使用漸進式定型（gradual typing）時，你可以要求變數一定要符合某一個型態。這些檢查是執行期做的，所以你必須要執行了以後才知道動作是否成功。

```
my Int $n;
```

由於你尚未指定值為 $n，所以它是一個 Int 型態物件。當你想要指定一個值給它時，就必須符合型態：

```
$n = 137;          # 沒問題，因為是整數
$n = 'Hamadryas';  # 失敗
```

透過查閱文件中類別的說明，能看到一個類別實例化後的物件可以做到什麼事。在許多練習題中，我會要求你使用一些我沒有告訴你的方法，這可以訓練你去查看文件，讓你學到文件上的其他東西，也省下一些書的版面。現在就讓我們試看看吧！

---

### 練習題 1.1

137 是什麼型態的物件？請計算它的平方根。它是一個質數嗎？以上每個問題你應該都可以只用一個方法做出答案。

---

## 變數

Perl 6 中有**具名值**（*named value*），這些值可能是**不可變**（*immutable*）的。不可變的意思是，一旦你設定它們的值以後，就不能再變更了。不過，它們也可以是**可變**（*mutable*）的，意思是你可以改變它們的值，可變的那種一般被稱為**變數**（*variable*），也稱為**容器**（*container*）。容器裡有值，你可以將該值換成其他的值。在下一章，你會讀到關於容器的相關內容，雖然還是存在不能改變值的情況，但我仍然稱它們為"變數"。

一個具名值具有一個**識別**（*identifier*）——其實就是"名字"的意思。名字可以含有字母、數字、底線、連字號和撇號（'）。命名時需以字母或數字開頭，例如下方是一些合法的名字：

```
butterfly_name
butterfly-name
butterfly'name
```

底線、連字號和撇號可以放在字和字中間，讓名稱更容易閱讀。有時使用底線的用法又被稱為**蛇**（*snake*）命名法，因為底線在地面爬，而連字號被稱為**烤肉串**（*kebab*）用法（或是**咬舌**（*lisp*）命名法）。

有些使用者比較喜歡將每個字的第一個字母大寫，這種情況被稱為**駱駝**（*camel*）命名法，因為名稱會像駱駝背上有駝峰一樣高高低低。下面的例子只有一個駝峰，正如大多數駱駝一樣有一個駝峰：

```
butterflyName
```

使用 - 和 ' 時還有其他的限制，你不能使用兩個 - 或 ' 字母，以及在其後的字元必須是字母（不能用數字）。還有你也不能用這兩個字作為變數名稱的開始。以下都是不合法的名稱：

```
butterfly--name
butterfly''name
'butterfly
butterfly-1
```

變數名稱由一個印記和一個名稱組成，印記是一個字元，為其後的名稱添加一些資訊。例如**純量**（*scalar*）就是一例，**純量變數**（*scalar variable*）內裝有一個單一值，前面有 $ 印記，因為 $ 長得像（純量英文的名稱 scalar）S：

```
$butterfly_name
```

之後你會看到不同型態的印記。例如，印記 @ 用來代表位置（第 6 章），% 用於關聯值（第 9 章），而 & 代表可呼叫的東西（第 11 章）。

當你要使用變數時，第一件事情就是要*宣告*它，你宣告了變數以後，編譯器才知道你確實想要使用該名稱，並會為你避免之後因為打錯變數名稱造成的問題。my 關鍵字用於將變數定義成目前範圍中使用：

```
my $number;
```

下次你在同一個範圍中使用 $number 時，你不需要再度宣告它。若你想為它指定一個值的話，就使用 = 指定運算子：

```
$number = 137;
```

在你第一次指定值給變數時，就是做*初始化*（*initialize*）變數的動作，你也可以在宣告時就做初始化：

```
my $number = 137;
```

由於 Perl 6 現在已經知你要使用的是哪一個變數，所以當你不小心拚錯變數名稱時：

```
$numbear = 137;
```

就會得到一個錯誤，錯誤訊息中還會猜測你想用的正確名稱：

```
Variable '$numbear' is not declared. Did you mean '$number'?
```

## 簡單輸出

若想要看變數中有什麼的話，你可以使用（即 "呼叫"）put 函式，這個函式會將變數中的值輸出到標準輸出中，並在後方加上換行：

```
put $number;
```

如果你使用 say，就會呼叫 .gist 方法。這個方法通常也會做一樣的輸出行為，但對於一些複雜的物件來說，輸出時可能會為了比較容易閱讀，而進行匯總或省略資料的處理。以下兩行做的事情是一樣的：

```
say $number;
put $number.gist;
```

如果你不想有換行的話，可以改用 print：

```
print $number;
```

以上的函式都有各自的方法形式：

```
$number.put;
$number.say;
$number.print;
```

## 詞法範圍

只有變數所屬的詞法範圍中才看得見該變數，如果你在大括號中定義了一個變數，你就不能在括號外使用它：

```
{
my $number = 137;
}

$number = 5; # 編譯錯誤
```

當你在編譯程式時就會抓到這個錯誤了：

```
Variable '$number' is not declared
```

在範圍外可以存在同名變數，即使內層範圍有另外一個同名變數，也不會互相干擾：

```
my $number = 5;
put $number;

{
my $number = 137;
put $number;
}

put $number;
```

這兩個變數是不同的變數，只是剛好名稱相同而已，編譯器可以藉由你宣告的位置分辨出要使用哪一個。在內層範圍的宣告，在外層是看不到的，所以程式執行的結果是：

```
5
137
5
```

不帶印記的具名值　稱為 **無印變數**（*sigiless variable*），這些變數不會建立容器，沒有容器代表你無法改變它們的值。這在你不想有任何人不小心改動到值時就很好用，宣告時請在名稱前面加一個 \：

```
my \magic-number = 42;
magic-number.put;
```

這些述句實際上會建立單詞,但由於你做了類似變數的宣告,所以稱為變數。嚴格來說它和變數還是有所區別的。

## 預定義變數

Perl 6 幫你定義了幾個變數,這些變數開頭有一個印記,還有另外一個稱為*第二印記*(*twigil*)的額外字元。印記和第二印記讓你知道關於該變數的多一點資訊。別擔心第二印記的存在,你只要知道有這種東西,並且在 *p6doc* 或 *https://docs.perl6.org/language/variables* 上可以查到它們的相關資訊即可:

```
% p6doc variables
```

被第二印記 ? 標示的值,代表編譯器在工作時的設定值,這些值是**編譯時期變數**(*compile time variable*)。如果你想知道目前編譯器正在處理的檔案是哪一個的話,你可以在 $?FILE 中查到,其中 $ 是記印,而 ? 是第二印記:

```
put $?FILE;
```

被第二印記 * 標示的是**動態變數**(*dynamic variable*),這些值是從呼叫者角度所查到的值,但對這一小節來說,這件事並不重要。你的程式會自動地設定這些值,這些值中的一部分是程式執行時的環境資訊:

```
% perl6
To exit type 'exit' or '^D'
> $*EXECUTABLE
"/Applications/Rakudo/bin/perl6".IO
> $*PROGRAM
"interactive".IO
> $*USER
hamadryas
> $*CWD
"/Users/hamadryas".IO
```

動態變數中還有提供 Perl 6 版本資訊,在你想要回報問題的時候,可能會用得上這個資訊:

```
> $*PERL
Perl 6 (6.c)
> $*VM
moar (2018.04)
```

還有其他的動態變數可以作為標準 *filehandle* 用，每個程式都有標準輸出、輸入以及錯誤 filehandle。其中標準輸出（輸出預設會到這裡）是在 `$*OUT` 中，標準錯誤是在 `$*ERR` 中，這些是 `IO::Handle` 物件，你可以呼叫它們的 `.put` 方法來做輸出：

```
$*OUT.put: 'Hello Hamadryas!';
$*ERR.put: 'Hello Hamadryas!';
```

---

### 練習題 1.2

`$*CWD` 變數是什麼？在你的系統上它的值為何？

---

# 編譯與執行程式

要寫程式了，程式是一個含有原始碼的純文字檔，不需要什麼特別的程式就可以建立這種檔案，而程式檔案也必須只有文字；如果文字處理程式幫你加入了多餘的東西，編譯器就無法解讀它。

程式的第一行通常是 *shebang*，這是 Unix 上的東西，功能是讓一個文字檔當成是一個程式。當你 "執行" 這個文字檔時，系統會看到開頭兩個字元是 #!，然後接著會看到一個路徑，這個路徑指到的程式就是所謂的**直譯器**（*interpreter*），是實際負責執行的程式：

```
#!/Applications/Rakudo/bin/perl6
```

你安裝的套件（或自定安裝的套件）可能會被裝在其他地方，你也可以使用這個路徑：

```
#!/usr/local/bin/perl6
```

有些人會使用 *evn*，透過它可以查找你的 PATH，藉以找到程式在何處：

```
#!/bin/env perl6
```

Windows 看不懂 shegang，但無論如何寫下 shebang 是個好主意，因為有用的程式總是會出去世界闖盪（生命自己會找到出路）。為了節省空間，我在本書後面都不會寫 shebang。

檔案後面的部分，就是你的程式碼了。這是一個常用來測試一切都運作正常的常見程式，如果你可以執行這個程式，一切東西就應該都正確地安裝好了：

```
put 'Hello World!';
```

請確認你的編輯器有把檔案設定為 *UTF-8* 編碼，將檔案以一個你喜歡的名稱儲存起來。雖然文件中建議你使用 *.p6* 或 *.pl6* 作為副檔名，不過實際上 *perl6* 並不介意你取了什麼檔案名稱。

請從命令列執行你的程式：

```
% perl6 hello-world.p6
```

輸入這個命令後，*perl6* 會先編譯程式碼，此時它會看到你所有程式碼文字並解析文字。這就是程序中所謂**編譯時期**，如果編輯器認為沒有問題的話，它就會開始執行剛才編輯的結果。

如果你不想執行程式，只想檢查程式正確性的話，你可以使用 -c 參數，這個參數代表要做**語法檢查**（*syntax check*）：

```
% perl6 -c hello-world.p6
```

在此時產生的錯誤就是**語法錯誤**（*syntax error*）；代表 Perl 6 無法解析你寫的程式。

---

### 練習題 1.3

請使用你偏好的工具，建立 "Hello World" 程式並執行它。

---

## 本章總結

你已看過了一個程式的基本架構，以及如何從小元件開始建立一個程式。你也寫了一些非常小的程式，對文件有一些概念；在你未來的程式人生中，還會持續不斷看更多文件。接下來，我們就要做稍微大一點的程式囉！

# 第二章

# 猜數字

你馬上就要被丟進萬丈深淵了，不過，有些基礎是在撰寫一個實用的程式前必須要先知道。在本章閱讀過程中你會陸續看到這些基礎，在本章結束時你會寫出一個猜數字程式。一次要讀完這些基礎並不是輕鬆的事，但完成以後會增加你在閱讀後面章節時的樂趣。

## 綁定和給值

在第 1 章時，你讀過一些關於變數的事情，你指定一個值給變數後，它就會將該值儲存起來。用來指定值的 = 運算子，它的功能是幫你將一個東西儲存起來。$number 是一個常量變數；它的能力就是儲存一個東西。由於只有儲存一個東西，所以這是**項目給值**（*item assignment*），這個儲存的動作稱為 "給值"：

```
my $number = 2;
```

如果你不想要這個值了，也可以將它換掉：

```
$number = 3;
```

有時你想要一個無法再被改變值（應該說你不想要你程式中其他的部分再去改變該值），此時就改用綁定運算子 := 來設值：

```
my $sides-of-a-square := 1;
$sides-of-a-square = 5
```

當試圖去改變該值時，你就會得到一個錯誤：

```
Cannot assign to an immutable value
```

並不是綁定運算子令變數不可變，它的功能其實比較像是將左邊的東西變得和右邊一樣。在範例中，$sides-of-a-square 其實是 4，不是一個儲存著 4 的變數，你無法指定值給 4，所以你也就無法指定值給 $sides-of-a-square。

如果你先指定值給一個常量變數，然後再拿該變數做綁定的話，這樣你會得到兩個指向同一變數的名稱：

```
my $number = 3;
my $sides := $number;
```

你可以改變 $sides 或是 $number 的值，另外一個會跟著改變。但其實沒有所謂 "另外一個" 這件事，因為根本就是對同一個對象改值！你可以把這種情況想成像變數有別名，但實際情況是很複雜的。

這裡有一個你必須先盡早瞭解的重要概念，用 = 號指定變數值時會建立一個容器，然後把值放到該容器中。一個容器就是一個你能儲存值的盒子。你可以加入、移除和取代該盒中的值。這些你都看不到，因為程式語言幫你處理完了。

綁定運算子則是跳過製作容器的動作，如果欲綁定的右側東西已經有容器的話，它直接成為右邊那個東西的別名。你可以將該指定值的動作拆解成兩步進行。首先你綁定一個**無名容器**（*anonymous container*）。對！容器可以沒有名字，無名容器其實就是 $ 印記本身：

```
my $number := $;
```

然後你可以用 = 改變該容器裡的值：

```
$number = 3;
```

若想知道一個東西是否是個容器，或不想要用容器的時候該怎麼辦？在你養成壞習慣前，早點思考這些事情的話，你的程式人生會比較好運些。

# 主程式

第 1 章中你看過一些述句範例了吧！以下就是一個完整的程式：

```
put 'Hello Perl 6!';
```

如果你曾經使用過其他的語言，你可能看過一個叫 main 或類似名稱的副程式。這些語言大抵會要求你將程式放在這個副程式中；當你執行程式時，它自動地執行這個副程式。Perl 6 和別人有一點不一樣，因為它假設你的整個程式已在 main 中了。

不過，你仍然可以有一個類似的副程式，如果你定義一個 MAIN 副程式的話（全大寫喔！），你的程式將會自動地在執行時呼叫這個副程式：

```
sub MAIN {
    put 'Hello Perl 6!'
    }
```

在第 11 章以前你將不會讀到關於副程式的相容內容，所以在這一點上暫且先相信我吧！你將會在閱讀本書的過程中讀到關於 MAIN 的說明。

---

### 練習題 2.1

建立兩種版本的 "Hello Perl 6" 程式，一種是一行的版本，另外一種是有 MAIN 的版本，兩者應該會有一樣的輸出。

---

## 程式引數

你應該有看過命令列程式可以接受**引數**（*augument*）的情況吧！你指定給 *more* 或 *type* 命令的檔案名稱就是引數，這時引數是用來告訴程式你想看內容的是哪一個檔案：

```
% more hello-world.p6
```

```
C:\ type hello-world.p6
```

你的 Perl 6 程式也可以接受引數，如果你拿任一個你的程式來看，為它指定引數的話，你會看到它輸出的是協助訊息，而不是原來預期會看到的輸出：

```
% perl6 hello-world-main.p6 1 2 3
Usage:
  hello-world-main.p6
```

你必須告訴 MAIN 要準備接入引數，才能使用引數，你的程式中有一對隱形的小括號，這兩個括號用來定義**參數**（*parameter*），它們是引數（argument）的樣式定義。引數是你實際拿到的東西；而參數是描述你想要的東西。在預設的情況中，由於你沒有指定任何的參數，所以你的程式預期不會有引數，如果你硬是要給引數的話，它就會不開心：

```
sub MAIN () {
    put 'Hello Perl 6!'
    } 若
```

如果你要改變這種無參數的狀況,可以將一個變數放在參數清單中,清單中若有一個參數,表示允許傳入一個引數。請將 $thingy 定義在副程式名稱後面,並將你的 put 述句改為輸出在 $thingy 裡的值:

```
sub MAIN ( $thingy ) {
    put $thingy;
    }
```

當你執行這個程式時,若命令列沒有引數,你會看到另外一則不同的協助訊息,告訴你必須在執行時給它一個引數。令人感到奇怪的是,那個協助訊息裡顯示了參數列中使用的變數名稱:

```
% perl6 main-one-thingy.p6
Usage:
  main-one-thingy.p6 <thingy>

% perl6 main-one-thingy.p6 Hello
Hello
```

如果你要遞的值裡有空白(Unix shell 適用),你可以括住整個值或是脫逸空白以保存你要傳遞的值中的空白:

```
% perl6 main-one-thingy.p6 "Hello Perl 6"
Hello Perl 6

% perl6 main-one-thingy.p6 Hello\ Perl\ 6
Hello Perl 6
```

你可以指定一個以上的的參數,只要用逗號分隔即可。你也可以用逗號在單一 put 中輸出多個東西:

```
sub MAIN ( $thingy1, $thingy2 ) {
    put '1: ', $thingy1;
    put '2: ', $thingy2;
    }
```

現在你必須為你的程式指定不多不少兩個引數了。如果你不指定 2 個引數的話,程式就不會執行:

```
% perl6 main-two-thingys.p6 Hamadryas
Usage:
  main-two-thingys.p6 <thingy1> <thingy2>

% perl6 main-two-thingys.p6 Hamadryas perlicus
1: Hamadryas
2: perlicus
```

 *Hamadryas perlicus* 是我給書封面那隻蝴蝶取的（假）學名，有時候我簡稱它 "Hama"，因為聽起來有點像 "llama"。（譯註：美洲駝 "llama" 是原本 perl 的代表動物）

若你需要兩個值，但你還是不想要指定兩個引數的話，你可以為參數指定預設值。請使用 = 來指定預設值：

```
sub MAIN ( $thingy1, $thingy2 = 'perlicus' ) {
    put '1: ', $thingy1;
    put '2: ', $thingy2;
    }
```

如果你呼叫時帶兩個引數，那它執行起來如前面一樣。但當你只指定一個引數時，第二引數就會用預設值取代：

```
% perl6 main-two-thingys-default.p6 Hamadryas februa
1: Hamadryas
2: februa

% perl6 main-two-thingys-default.p6 Hamadryas
1: Hamadryas
2: perlicus
```

這樣做了以後，即使是沒有設定預設值的參數，也會顯示出來了。你將在第 11 章看到更多關於參數的討論。

---

### 練習題 2.2

建立一個需要二個命令列引數的程式，並分別用有編號的二行輸出這些引數值。請將其中兩個參數設定預設值。

## 提示輸入值

prompt 函式會顯示一個要求輸入的訊息，然後當你輸入完一些文字，並按下 enter 後，prompt 會讀取剛才輸入的文字，並回傳那些文字。你可以將該回傳值指定給某個變數：

```
my $answer = prompt 'What is your favorite number? ';
put 'Your answer was [', $answer, ']';
```

當你執行程式時，你將會看到提示訊息，然後可在同一行的右側開始做輸入的動作：

```
% perl6 prompt.p6
What is your favorite number? 137
Your answer was [137]
```

你從 prompt 取回的值，不會包括最後輸入的 enter。

---

### 練習題 2.3

建立一個要你輸入你名字的程式，並輸出向你名字問候的訊息。例如，若你的名字是 Gilligan 的話，程式就要輸出 "Hello Gilligan."，你是否可以使用 MAIN 副程式並只在沒有命令列引數時才要求要輸入？

---

## 常值

常值（*literal value*）是你直接輸入到程式中的值，它們是固定的，也被稱為 "寫死"（hardcoded）值，因為它們直接存在程式中，而不是從設定或輸入產生的，它們是單詞，有數種寫法。

整數（*integer*）是完整的數（whole number），它們是每天都用得到的數字，由 0 到 9 的數字所組合而成：

```
137
4
-19
0
```

數位電腦比較擅長做 2 的次方計算，在常值前面加上 0x 代表是 *16 進位值*（*hexadecimal number*）。這種值的基底是 16，使用 0 到 9 以及字母 *A* 到 *F*（字母和數字可混用），來代表 0 到 15：

```
0x89
0xBEEF
-0x20
```

*8 進位*（*octal number*）是以 8 為基底,使用數字 0 到 7。用 `0o` 放在一個常值前面代表它是八進位:

```
0o211
-0o177
```

*2 進位*（*binary number*）是以 2 為基底,使用數字 0 和 1。當你處理的是 2 進位格式時,這種進位就很好用,前面放的是 `0b`:

```
0b10001001
```

請選擇使用你比較容易瞭解或是適合你任務的表示方法。編譯器會為你將這些表達式轉換為值來讓電腦使用。編譯器並不介意你使用的是哪一種;對它來說各種表達式都只是值,以下全部都是一樣的值:

```
137            # 10 進位,以 10 為基底
0b10001001     #  2 進位,以  2 為基底
0o211          #  8 進位,以  8 為基底
0x89           # 16 進位,以 16 為基底
```

---

### 練習題 2.4

在 REPL 中試寫範例中同基底的值,並觀察 REPL 會回應它的 10 進位值是多少?

---

也許你不喜歡 ASCII 數字 0 到 9,你可以使用任何 Unicode 中的數字替代;只要數字屬於字元,Perl 6 就知道它代表什麼。例如東阿拉伯語數字也可以用。注意,用來表示基數的前綴是一樣的:

```
١٣٧
0b١...١..١
0o٢١١
0x٨٩
```

孟加拉數字也可以:

```
১৩৭
0b১০০০১০০১
```

```
00୨১১
0x৮৯
```

我並不鼓勵你在程式中這樣表示數字,我只是想表達 Perl 6 可以讀懂而已。你處理的文字資料如果含有這類的字元的話,這個功能可能會很好用,你的程式將能自動轉換這些語系數字成為數值。

你也至多可以選擇用 36 為基底的數字,前面你已看過以 16 為基底的情況了,16 進位用的是 0 到 9 和 A 到 F。如果是以 17 為基底的話,就再加上 G,以此類推直到 36,會用到 Z。可以在基底(以 10 進位表示)前面加上冒號,然後將數字放在角括號中:

```
:7<254>
:19<IG88>
:26<HAL9000>
:36<THX1138>
```

---

### 練習題 2.5

在 REPL 中試著去瞭解範例中少見基底的數字,它的 10 進位值是多少?

---

## 格式化數字

常值數字是物件,是物件就可以呼叫物件的方法,`.base` 方法讓你可以指定想用的基底:

```
put 0x89.base: 10;      #  137
```

你可以選其他的基底,最高到 36:

```
put 0x89.base:  2;      # 10001001
put 0x89.base:  8;      # 211
put 0x89.base: 16;      # 89
```

---

### 練習題 2.6

寫一個程式可以在命令列引數指定一個 10 進位值,輸出該值的 2 進位、8 進位、10 進位和 16 進位值。此時如果你在命令列給 16 進位數字會怎麼樣?如果你給的 10 進位數值是用東阿拉伯語系數字呢?

在前一個練習題中，你用的引數不能是 16 進位數字。這是因為你在引數寫的東西，實際上並不是指定一個數字，它是由字元組成的純文字。如果你想要使用 16 進位數字的話，你必須告訴你的程式如何轉換該數字。你可以使用 .parse-base 方法做到這件事，你可以告訴它想用的基底是多少，然後它就會幫你轉換好了：

```
my $number = $thingy.parse-base: 16;
```

---

### 練習題 2.7

請修改你前一個練習題的答案，讓它的命令列引數可接受一個 16 進位數字。
如果你只用上目前你學到的東西，你的程式就只能處理 16 進位數字。

---

# 數值運算

數值運算能轉換數值成為新的值，最簡單的示範就是直接輸出結果。下方的 + 是加法運算子：

```
put 2 + 2;
```

你也可以把結果儲存在一個變數中，然後再輸出它。給值和加法同樣都是作運算，不過 + 會先做，因為它有較高的優先權：

```
my $sum = 2 + 2;
put $sum;
```

還有減法（-）、乘法（*）、除法（/）和指數（**）運算子，你將會在下一章看到更多相關內容。

想輸出一個單一數值很簡單，如果你想要一串數值，就必須寫成多行：

```
my $sum = 0;
put $sum + 1;
put $sum + 1 + 1;
put $sum + 1 + 1 + 1;
```

你每想多加 1，就要複寫很多一樣的東西，可以稍加改良，讓每次加 1 都使用一樣的 put 述句：

```
my $sum = 0;
```

```
$sum = $sum + 1;
put $sum;

$sum = $sum + 1;
put $sum;

$sum = $sum + 1;
put $sum;
```

$sum 變數同時出現在等號的左邊和右邊，這樣寫是沒問題的；編譯器並不會被你搞亂。它會先用 $sum 目前的值將等號右側的東西算完以後，再將算出來的結算指定給 $sum，換掉原來的值。你仍然是做著重複的加 1 輸出工作，不過現在看起來就不太一樣了。

到了該介紹 loop 的時候了，它會重複地執行它的大括號中的程式碼，下面的範例程式會持續執行直到你中斷程式（試著按下 Control-C）：

```
my $sum = 0;
loop {
    $sum = $sum + 1;
    put $sum;
    }
```

在 loop 中合併兩個述句，指定值述句的結果就是你指定的值。此處，你在 $sum 做完加法後，將結果指定回給 $sum。把這個述句當成值傳給 put：

```
my $sum = 0;
loop {
    put $sum = $sum + 1;
    }
```

由於這樣的結構太常使用了，所以它有自己的運算子：++ 一元運算前綴自動遞增運算子，它在你使用該值前，幫你加 1：

```
my $sum = 0;
loop {
    put ++$sum;
    }
```

也有一元運算後綴版本，它也會幫你加 1，只是是在你用完以後才做遞增：

```
my $sum = 0;
loop {
    put $sum++;
    }
```

---

**練習題 2.8**

使用自動遞增運算子前綴版本和後綴版的兩個程式輸出有何不同？你可以在不跑程式的情況下想出答案嗎？

---

到目前為止，你已用 my 宣告過變數了，my 會限制變數只能在目前範圍中使用。如果你想把每次 loop 中執行的值保留下來，就會變成一個問題了。現在還無法做到這一點的原因，是因為 loop 每次執行時，即使變數名稱看起來一樣，但其實每次都會生出一個新的變數：

```
loop {
    my $sum = 0;
    put $sum++;
    }
```

請改用 state 宣告變數：這樣一來變數仍然屬於該程式區塊範圍，但不會每次都重置它的值。state 宣告只會在第一次執行，第二次以後就不再執行了。下方範例中指定值給 $sum 的述句只會執行一次：

```
loop {
    state $sum = 0;
    put $sum++;
    }
```

這麼做有個好處是，$sum 仍然屬於該程式區塊。請限定變數只能在所需的最小範圍，如果變數不需要於區塊之外時，就定義它們只能在區塊內使用。

前面遞增運算子只能用來遞增或減少 1，如果你每次想要遞增的數字不是 1 時，你應該回頭使用 + ：

```
loop {
    state $sum = 0;
    put $sum = $sum + 2;
    }
```

這程式裡面還是寫了太多遍 $sum，有一種特殊的給值運算子可以簡化這個情況。用法是將中置運算子放在 = 前面，像是：

```
$sum += 2;
```

這種方便的縮寫方法稱為**二元賦值**（*binary assignment*），它的功效和把變數放在 = 兩側一樣，只是需要打的字比較少：

```
$sum = $sum + 2;
```

多數的二元運算子都可以這麼做，即使是由多字元組成的二元運算子也可以：

```
$product *= 5;
$quotient /= 2;
$is-divisible %%= 3;
```

---

### 練習題 2.9

將迴圈程式改寫，讓它以加上適當值到前一個值的方法輸出 3 的倍數。然後再修改該程式，讓它可以從命令列引數得知要輸出多少的倍數。

---

# 條件執行

這一章最後會做出一個猜數字程式，你現在已經懂了一些關於數值、命令列引數、提示字元和迴圈的概念了。接下來，你需要知道如何在你程式碼中走兩條或更多條不同路的方法，這部分包括兩塊：比較東西來得到答案，以及利用該答案去選擇要做的事情。

# 布林值

**布林值**（*boolean value*）是一種邏輯值，這種邏輯值有兩種值：是和不是、開和關或是 True 和 False。這些就是 Bool 型態，你將會使用這種值去決定程式中走不同路徑。首先，讓我們先來做一點布林數學。

你可以用**邏輯運算**合併多個布林值，**&&** 是邏輯上的且運算子，如果兩端運算元都是 True 的話，它的結果就會為 True。**||** 是邏輯上的或運算子，只要一個以上的運算元為 True 的話，那麼它的結果就會是 True。

```
% perl6
> True && True
True
> True && False
False
> True || True
True
```

```
> True || False
True
```

所有這類運算子都有各自的 "口語" 版本，這些運算子們的優先權是最低的（如果排除序列運算子的話），它們的運作永遠是最慢發動的：

```
% perl6
> True and True
True
> True and False
False
> True or False
True
```

! 一元前綴運算子會將 Bool 值改為另一個值：True 會變成 False，反之亦同。這就是將條件反向。not 是這個動作的低優先權版本：

```
% perl6
> ! True
False
> ! False
True
> not True
False
> not False
True
```

當有需要時，許多物件可以將自己化成一個 Bool 值，但每一個物件的作法可能有所不同。對於數值來說，0 代表 False，其他值代表 True。

對於大多數物件來說（不只是數值），你可以使用前綴的 ? 號去強迫它們化成 True 或是 False，它會呼叫目標物件的 .Bool 方法。內建型態會用自己想用的方法，將它們的值化為布林值。

```
% perl6
> ?1
True
> ?0
False
> ?1
True
> 1.Bool
True
> 0.Bool
False
```

```
> (-1).Bool
True
```

**.so** 方法和 **so** 函式也是用來做一樣的事情：

```
> 1.so
True
> 0.so
False
> (-1).so
True
> so 0
False
> so 1
True
```

類型物件也有這種用法，但這種物件內部沒有具體的值，所以永遠都會回傳 **False**：

```
% perl6
> Int.so
False
```

需要用布林值的東西，會隱式地做這些布林轉換。

## 短路運算子

邏輯運算子並不是真的去算出布林值，**&&** 和 **||** 用來測式表達式是 **True** 還是 **False**，但整個結構最後計算結果，會等於最後一個表達式的計算結果值。

**||** 只需要一個表達式為 **True**，那麼整個結構結果就會為 **True**。如果它能取得任何為 **True** 的東西，結果就會為 **True**。以下的範例皆為 **False**，所以你可以看到最後一個表達式 **||** 的計算結果：

```
% perl6
> 0 || Nil
Nil
> 0 || False
False
> 0 || Failure
(Failure)
```

下面範例是 **True** 的情況，一旦 **||** 找到任何可以當成布林 **True** 的值，它馬上就覺得大功告成了。這些行為的運算子有時會被稱為**短路運算子**（*short-circuit operator*）：

```
% perl6
> True || 0
True
> 137 || True
137
```

**&&** 也有一樣的情況，它會回傳最後一個計算的表達式。只要任一表達式被評定為 False，那回傳值就是 False：

```
% perl6
> 0 && 137
0
> 42 && 8
8
```

還有第三個運算子也有相同的行為，它是定義或運算子 **//**，用來檢查左側的東西是否有被定義。如果左側的東西已被定義過，就將它當成結果回傳，即使左側東西的值為 False 也一樣：

```
% perl6
> 0 // 137
0
> Nil // 19
19
```

型態物件從來就不能被定義：

```
% perl6
> Int // 7
7
```

定義或運算子通常會拿來這麼用，如果一個物件沒有被給定值（或給值的值是沒有被定義）的話，就設定其值。此時你會看到它被放在二元賦值中：

```
$value //= 137;
```

## 比較

比較運算子（*comparator*）會基於一些相關的程度，計算出結果是 True 還是 False。例如數值相等運算子 **==**，就用來比較兩個數值，並檢查看看兩數值是不是完全相同，如果相同的話，結果為 True；否則結果為 False：

```
% perl6
> 1 == 1
```

```
True
> 1 == 3
False
```

數值的不相等運算子 !=，用來檢查兩個數值是否不相等：

```
% perl6
> 1 != 1
False
> 1 != 3
True
```

有些運算子有兩個版本，你剛看過 "ASCII" 版本（譯按：即前面講過的 "口語" 版本），但另外還有 "花俏" 的 Unicode 版本，例如不相等運算子還有 ≠ 版本：

```
% perl6
> 1 ≠ 3
True
```

除了數值以外，你可以用來比較變數，放在等號哪一側都可以：

```
% perl6
> my $number = 37
37
> $number == 38
False
> 39 == $number
False
> $number == 37
True
```

你可以在比較運算子的左右各放一個表達式或是變數：

```
% perl6
> 2 + 2 == 4
True
> 5 == 2
False
> my $thing1 = 17
17
> my $thing2 = 13
13
> $thing1 == $thing2
False
> $thing1 != $thing2
True
```

> 用來檢查第一個運算元在數值上是否大於第二個數值,而 < 用來檢查第一個是否小於第二個:

```
% perl6
> 1 > 3
False
> 1 < 3
True
> 3 < 3
False
```

加上一個等於符號的話,檢查就包含了該值,>= 用來檢查第一數值是否大於或等於第二數值,而 <= 則是檢查它是否為小於或等於:

```
% perl6
> 3 < 3
False
> 3 <= 3
True
> 7 > 7
False
> 7 >= 7
True
```

你也可以用花俏版(*譯按:Unicode 字元*)寫:例如 >= 寫成 ≥,而 <= 寫成 ≤。

雖然 %% 不是比較運算子,但是 %% 也會回傳布林值。它會檢查左側的數值是否可以被右側整除,這還蠻好用的:

```
% perl6
> 10 %% 2
True
> 10 %% 3
False
```

## 串連比較

你可以把比較運算子串連起來,用來檢查一個數值是否在一個區間之中(別忘了在輸入的開頭處的 > 是 REPL 提示字元),像是:

```
% perl6
> my $n = 10
10
> 7 < $n < 15
True
```

```
> 7 <= $n < 15
True
> 7 < $n > 15
False
> 7 > $n < 15
False
```

若沒有這種用法的話，你就必須更多分開的比較動作：

```
> 7 < $n and $n < 15
True
```

## 條件執行述句

if 關鍵字讓你可以在某條件成立時才執行述句，後綴的型式是是簡單的一種，在 if 後面的是條件句；它可能是 True 或 False：

```
my $number = 10;
put 'The number is even' if $number %% 2;
```

當條件為 True 時，條件式便被滿足了，"滿足" 就是可得到想要的東西；if 想要（類似）它的條件被 True，然後它就可以執行述句了。如果條件句為 False，程式就會跳過述句。

如果 if 條件句可以化為布林值；即使你不自己做，它也會為你呼叫 .Bool。以下的述句都是等效的，但你會選用的可能是最後一個：

```
put 'Always outputs' if 1.Bool;
put 'Always outputs' if 1.so;
put 'Always outputs' if ?1;
put 'Always outputs' if 1;
```

這可以讓你升級你的迴圈程式。之前你沒有辦法停下迴圈程式，若使用 last 的話，就會馬上離開迴圈：

```
loop {
    state $sum = 0;
    put $sum++;
    last;
    }
```

不過上方的範例只會輸出一行就離開迴圈了，因 last 而離開迴圈，但這樣不好用。下面範例是當 $sum 值等於 5 時才去執行 last：

```
loop {
    state $sum = 0;
    put $sum++;
    last if $sum == 5;
    }
```

<hr>

## 練習題 2.10

這個程式的輸出結果為何？你可以不執行程式就回答出來嗎？

<hr>

next 命令和 last 類似，但它是直接跳到迴圈的下一次執行去。下面的範例中，使用後綴的 if，跳過可以被 2 整除的數值（如果條件句中需要多次使用到同一個變數，最好是將動作拆開做）：

```
loop {
    state $sum = 0;
    $sum += 1;
    next if $sum %% 2;
    put $sum;
    last if $sum > 5;
    }
```

你就可以看到輸出奇數了：

```
1
3
5
7
```

# 條件分支

你也可以將 if 寫成區塊的形式，區塊中的程式碼只有在 if 被滿足時才會執行：

```
if $number %% 2 {
    put 'The number is even';
    }
```

如果想要的話你可以使用括號進行分組，但是括號不可以緊接著 if 寫；它們中間一定要有空白：

```
if ($number %% 2) {
    put 'The number is even';
    }
```

如果 if 和 ( 中間沒有空白時，看起來會像是想呼叫副程式，但事實上又不是，所以會產生語法錯誤：

```
if($number %% 2) {  # 錯誤！
    put 'The number is even';
    }
```

unless 的概念和 if 相反，它只在條件句 False 時執行區塊程式碼，或是將它記成條件句為 True 時就跳過區塊：

```
unless $number %% 2 {
    put 'The number is odd';
    }
```

某些人偏好使用 if 加上反向條件：

```
if ! ( $number %% 2 )
    put 'The number is odd';
    }
```

else 讓你可以在 if 無法被滿足時，執行一個預設的程式碼區塊：

```
if $number %% 2 {
    put 'The number is even';
    }
else {
    put 'The number is odd';
    }
```

這些不同的方法可以讓你的程式碼**分支**執行，繼續執行目前分支或是跳到另外分支，但不會都執行。這是程式**控制結構**（*control structure*）的一個例子，控制結構用來控制那些程式碼要被執行。

如果你放一個 do 在 if 結構前面，可以將一個控制結構視為一個表達式，該表達式的結果會是 if 結構中最後一個被評估的表達式結果。範例中的用法可以讓你區隔出不同值，然後再用一個述句執行輸出：

```
my $type = do if $number %% 2 { 'even' }
             else             { 'odd'  }

put 'The number is ', $type;
```

你可以省略掉中間那個暫用的變數（如果覺得這種寫法很混亂，使用上面那種較長的寫法也是可以的）：

```
put 'The number is ',
    do if $number %% 2 { 'even' }
       else            { 'odd'  }
```

還有一種更精簡的作法，就是使用條件運算子，條件運算子由三部分組合而成：條件、True 分支和 False 分支，這三部分間要放 ?? 和 !!：

```
CONDITION ?? TRUE BRANCH !! FALSE BRANCH
```

使用這個運算字，你可以將前面的範例重新改寫，程式碼對齊的方法並不重要，只是這樣寫印刷出來比較好看，分開不同的區域。使用這種寫法，你不需要寫程式碼區塊，有益於精簡程式碼：

```
put 'The number is ',
    $number %% 2 ?? 'even' !! 'odd';
```

elsif 可以有自己的條件句和分支，所以用了它以後，程式碼就有三種可能的執行方法。對某些人而言，0 並不是偶數也不是奇數，所以他們就可以加入如下的分支：

```
if $number == 0 {
    put 'The number is zero';
    }
elsif $number %% 2 {
    put 'The number is even';
    }
else {
    put 'The number is odd';
    }
```

上面的程式運作沒有問題，但由於每個分支都有一個 put，所以有很多重複的地方。如果改用 do 的寫法，就會清除這些重複地方了，下面是改寫過的寫法：

```
put 'The number is ', do
       if $number == 0 { 'zero' }
    elsif $number %% 2 { 'even' }
    else               { 'odd'  }
```

---

### 練習題 2.11

建立一個會輸出 1 到 100 數字的程式，但如果輸出的數值是 3 的倍數，就不輸出數值以 "Fizz" 取代。如果是 5 的倍數，就輸出 "Buzz"，如果既是 3 的倍數，也是 5 的倍數，就輸出 "FizzBuss"。

## 綜合使用

再多知道幾種東西以後，就可以開始寫猜數字程式了。`.rand` 方法會給你一個 0 到該整數（不包含此整數）間的帶小數數值：

```
% perl6
> 100.rand
62.549491627582
```

`.Int` 方法可以迫使回傳的值變成整數，它會捨棄小數部分；配合 `.rand` 一起用的話，你就可以得到一個 0 到開頭那個數字間的整數了：

```
% perl6
> 100.rand.Int
23
```

將它們寫到一個完整的程式中，這個程式會挑選一個數值，然後檢查它大於或小於另外一個數值（這種值有時被稱為 "軸點 pivot"）：

```
my $number = 100.rand.Int;

if $number > 50 {
    put 'The number is greater than 50';
    }
elsif $number < 50 {
    put 'The number is less than 50';
    }
else {
    put 'The number is 50';
    }
```

反複執行程式數字，你應該會看到不同的輸出結果：

```
% perl6 random.p6
The number is less than 50
% perl6 random.p6
The number is less than 50
% perl6 random.p6
The number is greater than 50
```

---

### 練習題 2.12

將前面的軸點程式包裝在 MAIN 副程式中，你可以從命令列引數指定程式碼中的最大值。如果你沒有指定任何引數的話，最大值預設為 100。然後再改寫該程式，可以用另外一個引數指定軸點數值。

---

在前一個練習題中，你將第二引數的預設值寫死為一個常量整數：

```
sub MAIN ( $highest = 100, $pivot = 50 ) { ... }
```

如果你執行程式之時，將第一個命令列引數指定為小於 50（若你自己選定的軸點預設值）的數值，輸出永遠都不會有變化：

```
% perl6 number-program.p6 37
The number is less than 50
```

此時你可以使用你已指定好預設值的參數，去算出另外一個參數的預設值。例如使用 $highest 去算出 $pivot：

```
sub MAIN ( $highest = 100, $pivot = $highest / 2 ) {
```

---

### 練習題 2.13

修改你前一個練習題的答案，讓你可以指定軸點值為最大值的一半，如果你不指定兩個參數的話，則軸點值預設為 50。

---

現在你需要的東西都已齊備，可以開始寫你的猜數字程式了。你的程式會為你挑一個神祕的數字，然後你必須猜出那個數字是什麼。相對於閱讀本書才沒多久，這個範例顯得有點難，但所有必要的技能，你其實都已取得了：

- 挑一個神祕數字（.rand）。
- 一直重複迴圈執行，直到使用者猜用數字（next 和 last）。
- 取得使用者猜的數字（prompt）。
- 提示使用者他們的猜測結果，告訴使用者目前猜的是太高還是太低（比較運算子和 if）。

---

**練習題 2.14**

實作猜數字程式，如果你下了命令列引數，使用該引數作為最大值：否則就使用 100。在你成功寫出程式之前，先把神祕數字輸出可能會有助於撰寫程式。

---

## 本章總結

你做到了！通常書前面幾章都比較難，因為你還在摸索。你已經做出了一個內容豐富的程式，其中還包括你尚未深入瞭解的內容。你已能從命令列或提示字符取得輸入值，也可以比較不同的值並執行不同的程式碼分支了，對於只讀完第一章來說，這個進度還不錯。

# 第三章

# 數值

本章將從前一章的進度退後一點，著重介紹數值的概念及數值在程式中的表示方法。Perl 6 支援多種類型的數值，並一直努力使它們盡可能的明確。

## 數值型態

不是所有的數值很相似，你已看過整數，知道如何對整數做基本的數學運算，以及如何比較整數。但整數只是數值型態的其中一種而已，你可以呼叫 .^name 來知道物件是哪一種數值型態。

```
% perl6
> 137.^name
Int
```

型態是 Int，也就是 "integer" —— 整數的縮寫，它包括正、負值和零。由於範例使用十進位數字，所以編譯器將範例中的值認定為整數；它會解析出該整數，並為你建立物件。但下面我們來看看負整數的例子：

```
% perl6
> -137.^name
Cannot convert string to number
```

負號其實並不是該數值的一部分，它是一個運算子（一元運算子），作用是將後面的正整數作反向。這代表 -137 不是一個單詞，而是一個表達式。而 .^name 又比負號先執行，然後就認為後面是個 Int。然後當——試圖要對後面的東西做反向時，它發現做不到，所以產生了錯誤。你可以用括號來修正這個執行先後的問題——括號內的東西會比外面的先被做：

```
% perl6
> (-137).^name
```

還有多種其他型態的數值，表 3-1 中列出部分種類：

表 3-1　不同數值型態的範例

| 值 | 類別 | 描述 |
|---|---|---|
| 137 | Int | 正整數（整數） |
| -17 | Int | 負整數（整數） |
| 3.1415926 | Rat | 小數 |
| 6.026e34 | Num | 科學記號 |
| 0+i | Complex | 有實部和虛部的複數 |

---

### 練習題 3.1

請試著呼叫表 3-1 中的數值型態或其他型態的 .^name。Perl 6 還支援哪些數值型態呢？哪些是需要先用括號括起來的呢？

---

## 整數

整數就是 Integer，你已看過它們可以使用不同的基底：

```
137
-19
0x89
:7<254>
```

在數字間使用底線連接可以讓大數值比較易讀。底線不屬於數值的一部分，而且只能寫在數字和數字中間（所以不可以兩個接著寫）。你可以用來標示千位數間隔：

```
123_456_789
```

兩個十六進位數字可以用來代表一個 *8 位元組*（*octet*）：如果你在一對一對的數字間使用底線，就會變得很清楚了：

```
0x89_AB_CD_EF
```

## 型態限制

如果你只宣告一個變數，但不指定值給它的話，它還是擁有著 "某個東西"，某個東西其實是 Any 型態的型態物件 —— 也是 Perl 6 的泛型型態的基本構成。

```
my $number;
put $number.^name;  # Any
```

如果你強迫 Any 變成布林值，你會得到 False。因為任何型態物件都是處於未定義的狀態，由於 Any 型態是個泛型類別，所以它更是處於未定義的狀態。

當你想指定值給一個握有型態物件的容器時，你必須使用一個同型態或基於該型態的值去取代原來的型態物件，你可以用幾乎是任何常值取代 Any：

```
my $number;        # 被初始為 Any
$number = 137;
$number = 'Hamadryas';
```

上面範例的做法，和顯式地限制值必須為 Any 型態是相同的，如果後來沒有再做指定值的動作，變數的內容將是它的限制型態物件。

```
my Any $number;  # 被初始為 Any
$number = 137;
$number = 'Hamadryas';
```

你也可以指定得更明確，如果你的變數只會儲存整數，在你指定值之前，就設定以 Int 型態當作限制，即便還沒有給值，它也可以事先知道自己該用什麼型態：

```
my Int $number;
put $number.^name;  # Int
```

你指定給它的東西必須是 Int（或是任何繼承 Int 的東西）：

```
my Int $number;
$number = 137;
$number = 'Hamadryas';  # 噢不！錯了
```

當你試圖去指定值時，若型態不符合預期，你會得到錯誤如下：

```
Type check failed in assignment to $n, expected Int but got Str
```

該產生錯誤的檢查會在你試圖將值指定給變數時執行，Perl 6 稱這個功能為 "漸進式定型"（gradual typing）。雖然在必要時，才會去使用它，但你仍然要小心地遵守使用規則。編譯器在你執行程式之後，才能抓到型態錯誤。

你可以對 MAIN 使用型態限制，這些型態只適用於命令列引數，如果沒有指定適當的值，你馬上就會得到錯誤：

```
sub MAIN ( Int $n ) { ... }
```

---

### 練習題 3.2

寫一個可以從命令列指定兩個引數，並輸出這兩個參數型態的程式。請試著用數字和文字當引數，請問輸出的型態是什麼？

---

當你執行前一個練習題時，你會看到一個名為 IntStr 的型態，這種型態是同質異像（*allomorph*）——它既是 Int 也是 Str。

所有的命令列引數其實都是純文字，即使其中的一些看起來像數值也一樣。有一個叫 val 的函式會查看引數，且會將看起來像是數值的引數，放到適合的同質異像型態中。這種型態同時有數值和字串的行為，一開始你可能覺得這有點怪，不過它是 Perl 6 可以輕鬆處理文字的功臣之一。

## 聰明匹配

聰明匹配運算子 ~~ 用來代表許多種比較運算，並且會為運算元挑出一種適用的來用。它的左邊放數值或變數，右邊放一種型態，如果該值符合該型態或是符合該型態的繼承型態，它就會回傳 True：

```
% perl6
> 1 ~~ Int
True
> 1.^mro
((Int) (Cool) (Any) (Mu))
> 1 ~~ Cool
True
> 1 ~~ Any
True
```

以上能夠正常執行是因為在暗中有人幫常值建立物件，而且清楚的知道常值是什麼型態。若將它拿去和其他的型態作比較，就會回傳 False，即使該值對該型態是一個可用的值也一樣。

```
% perl6
> 1 ~~ Complex
False
```

不過，你可以用一個神奇的方法輕鬆地去轉換兩種數值型態，該神奇方法的名稱就是你
想要的型態名稱（如果該型態有提供的話）：

```
% perl6
To exit type 'exit' or '^D'
> 1.Complex
1+0i
> 1.Complex ~~ Complex
True
```

聰明匹配可以和 given-when 配合使用，given-when 功能會做兩件事。第一件事，given
會將 $_ 綁定到你指定變數中的值。$_ 是一個**主體**（*topic*）；能夠讓你寫一些程式碼，讓
$_ 去處理你現在想處理的東西，而不需要該樣東西是什麼。

第二件事是 when，when 會在你提供的條件中找尋，如果沒有顯式地比較，它會聰明地將
$_ 匹配你給它的值，由第一個滿足條件的 when 區塊雀屏中選。如果都沒有符合的話，
就會選中 default 區塊（一定會選中！）。

以下這些 when 的條件是用來和 $_ 聰明匹配用的：

```
given $some-number {
    when Int     { put 'Saw an integer' }
    when Complex { put 'Saw a complex number' }
    when Rat     { put 'Eek! Saw a rat!' }
    default      { put 'Saw something' }
    }
```

如果把完整版寫出來，你會得到一個重複打很多字的版本：

```
given $some-number -> $_ {
    when $_ ~~ Int     { put 'Saw an integer' }
    when $_ ~~ Complex { put 'Saw a complex number' }
    when $_ ~~ Rat     { put 'Eek! Saw a rat!' }
    default            { put 'Saw something' }
    }
```

你可以利用之前在 if 學的方法，把這段程式碼寫得簡短些。最後一個被執行的表達式
會變成整個 given 結果的值：

```
put 'Saw ', do given $some-number {
    when Int     { 'an integer' }
    when Complex { 'a complex number' }
    when Rat     { 'a rat! Eek!' }
    default      { 'something' }
    }
```

---

### 練習題 3.3

使用 given 建立一個程式，這個程式可以回答命令列引數的型態。請試著輸入引數 17、17.0、17i 和 Hamadryas。

---

你還可以利用 $_ 做另外一件有趣的事情，做一個方法呼叫時，如果點的左側沒有指定物件，那就會使用 $_ 當作該物件：

```
$_.put;
.put;

put $_.roots unless $_.is-prime;
put .roots unless .is-prime;
```

在單一述句中，你可以使用後綴 given 來設定使用 $_，以避免一直重複輸入變數名稱。你將會在閱讀本書的過程中看到更多隱式標題的使用範例：

```
my $some-number = 19;
put .^name, ' ', .is-prime given $some-number;
```

## 有理數

Perl 6 使用整數來將一個非整數以分數表示，你寫了一個帶小數點的數值（有時被稱為浮點數），但編譯器會將這個數值切分開來，變成一個分數。若只看其中一部分，就可以分別看到分子和分母值：

```
% perl6
> 3.1415926
3.1415926
> 3.1415926.^name
Rat
```

```
> 3.1415926.numerator
15707963
> 3.1415926.denominator
5000000
```

---

### 練習題 3.4

建立一個程式，這個程式可以從命令列接收一個十進位小數，並將它以分數的
型式顯示出來。它的分子和分母部分各是什麼？

---

你可以將有理數相加得到另一個分數；Perl 6 可以做到如下的事情：

```
% perl6
> 1/7 + 1/3
0.476190
```

.perl 方法讓你瞭解 Perl 6 是怎麼看待這個動作的，你可以看到分數中，分子的部分是
最小公倍數：

```
% perl6
> (1/7 + 1/3).perl
<10/21>
```

它並不會真的把數值除出來，然後再用浮點數形式儲存；因為這樣會損失精度。反之，
它保持著盡可能長的分數型式。以下的加法會得到正確的結果。

你可以在你偏好的程式語言中試看看這樣的加法結果為何：

```
% perl6
> 0.1 + 0.2
0.3
```

還有另外一種可以定義出 Rat 物件的方法，是在角括號 <> 中寫分數：

```
% perl6
> <10/21>
0.476190
> <10/21>.^name
Rat
> <10/21>.perl
<10/21>
```

寫在程式中時，用法也一樣：

```
my $seventh = <1/7>;
my $third   = <1/3>;

my $added = $seventh + $third;

put $added.perl;
```

角括號中不能寫變數，在下一章你會瞭解原因，其實 <> 中的東西並不是一個變數。下方範例中，$ 代表的僅僅只是字元 $：

```
% perl6
> <1/$n>
1/$n
```

有時候分數太長的話，你會看到錯誤訊息。下面範例將 2 多次方的倒數相加，它使用 loop 和 ++ 取得 2 的更高次方：

```
my $n   = 0;
my $sum = 0;
loop {
    $sum += 1 / 2**$n++;
    put .numerator, '/', .denominator, ' = ', $sum given $sum;
    }
```

即使這個數例最後會收斂在 2，但是過程中分數會愈來愈大，由於最終分母部分會超過 64 位元整數大小，所以無法再執行下去：

```
% perl6 converging.p6
1/1 = 1
3/2 = 1.5
7/4 = 1.75
15/8 = 1.875
31/16 = 1.9375
63/32 = 1.96875
...
4611686018427387903/2305843009213693952 = 2
9223372036854775807/4611686018427387904 = 2
18446744073709551615/9223372036854775808 = 2
No such method 'numerator' for invocant of type 'Num'.
```

另外，還有一個 FatRat 類別可以處理這種情況，FatRat 可延伸分母的長度。這是你第一次直接建構一個物件，請呼叫 .new 方法，並將分子和分母設為引數：

```
my $sum = FatRat.new: 0, 1;
```

如果你本來是用 Rat，可以用一個方法將它轉換為 FatRat。像是當你想要和另外一個 FatRat 做數學運算時，你就會用到這種轉換：

```
my $fatrat = <10/21>.FatRat;
```

如果你需要做出一個用來相加的 FatRat，你可以用同樣的模式建構出新的 FatRat：

```
FatRat.new: 1, 2**$n++
```

程式的其他部分則和原來的一樣，只是這個版本會跑得久的多。注意，所有的分數都必須是 FatRat 才行：

```
my $n   = 0;
my $sum = FatRat.new: 0, 1;
loop {
    $sum += FatRat.new: 1, 2**$n++;
    put $sum.^name;
    put .numerator, '/', .denominator, ' = ', $_ given $sum;
    }
```

---

### 練習題 3.5

建立一個可將調和級數 1,1/2,1/3... 加總的程式，只要計算級數分母到 100 即可，請輸出每次相加的結果。

---

## 虛數和複數

**虛數**（*imaginary numbers*）是 -1 平方根的倍數。你覺得 Perl 6 不可能有能力處理虛數吧？我不打算在這本書裡解釋這件事，但 Perl 6 就是支援虛數。如果你是電機工程師，在為一些特性建模時，可能碰到需要用到複數的情況。

Perl 6 有**虛數**的基本單位 i（*imaginary unit*），數值 5i 是個虛數；它是基本單位的 5 倍，請在 REPL 中試試：

```
% perl6
> 5i
0+5i
> 5*i
0+5i
> 5\i
0+5i
```

```
> 5\ i
0+5i
```

以上是用四種不同寫法去寫同一個東西。第一種是將 5 和 i 這兩個單詞放在一起,中間沒有空白或其他的字元,這種應該是你會最常用的用法。第二種是將 5 和 i 相乘,以得到它的結果。後面兩種利用 \ 去建立非空白,一個是沒有空白,而另外一個含有數個空白。

數字和 i 中間不能只有空白,因為編譯器將會把它們視為兩個單詞:

```
% perl6
> 5 i
===SORRY!=== Error while compiling:
Two terms in a row
------> 5⏏ i
```

當你試著在 REPL 中試著做出 5i 時,得到的是 0 + 5i,它是一個實數和虛數加在一起,變成一個有實部和虛部的複數。

若要得到複數的實部部分或是虛部部分,你可以使用 .re 或是 .im 方法,這兩方法的名稱是由常用的數學標示名稱縮寫而來:

```
% perl6
> my $z = 137+9i;
137+9i
> $z.^name
Complex
> $z.re
137
> $z.im
9
```

你可以對複數做加減乘除,在做乘除時會有交叉項次,包含一數的實部部分乘上另外一數的虛部部分的項次:

```
% perl6
> (5+9i) * (6+3i)
3+69i
> (5+9i) + (6+3i)
11+12i
> (5+9i) - (6+3i)
-1+6i
> (5+9i) / (6+3i)
1.26666666666667+0.866666666666667i
```

你甚至可以將 i 乘上自己：

```
% perl6
> i*i
-1+0i
```

# 很大或很小的數值

無法使用特定數值型態的東西，都可以歸於使用泛用的 Num 型態，數值 e（自然基底）
就是一例：

```
% perl6
> e.^name
Num
> e
2.71828182845905
```

你也可以使用無限值，在本書中 Inf 代表的就是一個大於任何數的東西，現在請暫時忽
略其細微的差別和用途。你之後會看到它的使用實例：

```
% perl6
> Inf.^name
Num
> (-Inf).^name
Num
```

你可以將一個數字寫成指數型式。你可以在 e 後面寫下 10 的幾次方，這和前面你剛看
過的 e 是不一樣的東西：

```
6.02214e23
6.02214E23
```

上面的例子和你把一個數字乘上 10 的幾次方是一樣的：

```
6.02214 * 10**23
```

這種數值屬於更通用的 Num 型態，雖然你還是可以將這種數字轉換成 Int 型態或是 Rat
型態：

```
put 1e3.^name;   # 1000，Num 型態
put 1e3.Int;     # 1000，現在變成 Int 了
```

對於非常小的數值，可以用 10 的負幾次方表示：

```
6.626176e-34
```

也可以用同一個方法來代表沒那麼小的數值：

    7.297351e-3

---

### 練習題 3.6

7.297351e-3 的分數表示是什麼？它的倒數是什麼？

---

## 數值架構

Perl 6 認為數值是用 "寬度" 來區分的，Int 可以包含正和負整數，但可表示範例相對比較小。Rat 型態可以包含整數以及整數間的數（就是分數）。

Rat 之所以 "比較寬"，不是因為它的極值比整數更大，而是在相同的極值之下，可以代表更多數字，FatRat 是因為它的極值比較大，可以容納更多數字。

超過有理數、Fat 或其他型態所能容納範例的，都歸在 Num 中。Num 包括了其他未能分類的數值；包括你無法以分數表示的數值。我們一般都把這種數稱為實數，不過在 Perl 6 中就稱為 Num。

當你認為自己已經用了數值的最大表示範圍時，別忘了還有 Complex。

當你想要縮小或放大範圍時，Perl 6 物件有許多方法可以幫你做到這件事。讓我們從把 Int 變成 Complex 數值開始，這動作是放大範圍：

```
% perl6
> 6.Complex
6+0i
```

或是把 Complex 數值變成範圍小的型態，例如 Int：

```
% perl6
> (6+0i).Int
6
```

你能這麼做的前題是，事前知道這些數值屬於什麼範圍。如果你事前不知道一個數的範圍，你可以使用 .narrow 方法。例如，如果你試圖將 π 轉成 Int 的話，不會有任何錯誤訊息，但得到的結果也不再是 π。如果你對它使用 .narrow 的話，你將會得到一個 Num，也就是 π 能縮到的最小型態：

```
% perl6
> (n+0i).Int
3
> (n+0i).Int == n
False
> (n+0i).narrow.^name
Num
> (n+0i).narrow == n
True
```

也會碰到會無法再做縮小的情況：

```
% perl6
> (6+3i).narrow.^name
Complex
```

---

### 練習題 3.7

修改前一章中的猜數字程式，讓你可以猜複數。你必須知道要猜高些還是猜低些。

---

# 本章總結

數值講到這邊也差不多了，你看到了一些可以利用的方法，還可以在每種方法的文件上學到更多東西。你也看了一些如何將變數限定在你想要的型態之相關說明，未來你將更熟悉這樣的操作。

# 第四章

# 字串

在你的程式中是用 Str 物件來代表文字資料，Perl 6 文字資料的功能和操作文字資料的能力是它的主要賣點。本章著重介紹多種建立 Str 的方法，不管你要做的工作是什麼，很有可能都有一種功能可以簡單解決。在過程中，你還會看到一些關於檢查、取出和比較文字資料的操作，有了這些基礎，之後就可以向更高的目標前進了。

## 文字常值

你可在你的程式中輸入文字常值，你打了什麼字出來的就是什麼字，編譯器不會將它轉為其他的東西。你可以用「 和 」引號，將文字常值包起來：

    「Literal string」

這是你第一次看到成對的 **分隔符號**（*paired delimiter*），這兩個符號將 Str 前後包夾，代表你文字常值前面的開始和後面的結束。

不管裡面你打了什麼字元，它都不會變成其他的東西，也不會被特別處理：

    「Literal '" string with \ and {} and /」

你不可以在 Str 中寫單一的分隔符號，如下是不合法的使用：

    「 Unpaired「 Delimiters 」
    「 Unpaired 」Delimiters 」

不過，如果你在文字中寫了一對分隔符號的話，編譯器會知道它們各自與誰成對——一個開頭的分隔符號會和一個結束分隔符號變成一對：

    「 Del「i」miters 」

Perl 6 語言是一堆子語言（或稱為 *slang*）的集合，一旦進入了一個特定的子語言中時，編譯器就會照該子語言的規則來解析你的程式碼，而此處的括號語言即是一種子語言。

如果你的文字常值中就是要用引言符號的話，此時可改用**泛用括號機制**。以一個 Q（或 q）當開頭，後面可以隨你自訂喜歡怎麼用，你將會在這一章看到它的用法。

為避免混淆，除了可以作為變數名稱的字元之外，在 Q 的後面你可以任選任何字元作為分隔符號，以免分隔符號看起來像是變數名稱。成對的分隔符號有共同的特性；開頭的字元在左側，而結束的字元在右側。範例中用中括號取代引號，現在 」不再特別，因為它不再代表分隔符號了：

```
Q[Unpaired 」Delimiters]
```

大部分成對分隔符號都可以這麼用：

```
Q{Unpaired 」Delimiters}
Q<Unpaired 」Delimiters>
Q<<Unpaired 」Delimiters>>
Q«Works»
```

你不能在 Q 後面使用小括號，因為會使它看起來像是在作副程式呼叫（但其實不是）：

```
Q(Does not compile)
```

除了成對分隔符號字元外，你也可以使用其他的字元作為開頭或結束分隔符號：

```
Q/hello/
```

你可以將 Str 儲存在一個變數中，或直接將它輸出：

```
my $greeting = Q/Hello World!/;
put Q/Hello World!/;
```

你可以呼叫 Str 物件的方法，如同呼叫數值的方法時一樣：

```
Q/Hello World!/.^name;  # Str
Q/Hello World!/.put;
```

# 脫逸字串

字串常值 Str 再升級一點的話，就是*脫逸字串*（*escaped string*），勾號（*tick*）也可以當作這類 Str 的分隔符號，這種字串通常稱為*單引號字串*：

```
% perl6
> 'Hamadryas perlicus'
Hamadryas perlicus
```

如果你想要在 Str 中使用勾號，你可以用一個反斜線*脫逸*它，這會告訴括號中的子語言後面的勾號字元不是分隔符號，而且是一個普通的字元常值：

```
% perl6
> 'The escaped \' stays in the string'
The escaped ' stays in the string
```

由於 \ 是*脫逸字元*（*escape character*），若想要取得反斜線字元常值的話，你可以對它做脫逸：

```
% perl6
> 'Escape the \\ backslash'
Escape the \ backslash
```

DOS 路徑輸入時很麻煩，但若使用脫逸文字常值 Str 就可以輕鬆處理：

```
% perl6
> 'C:\\Documents and Settings\\Annoying\\Path'
C:\Documents and Settings\Annoying\Path
> Q/C:\Documents and Settings\Annoying\Path/
C:\Documents and Settings\Annoying\Path
```

如果你在做字串脫逸時，想使用不同的分隔符號的話，可以將你想用的分隔符號寫在小寫 q 後面（規則和文字常值的分隔符號一樣）：

```
q{Unpaired ' Delimiters}
q<Unpaired ' Delimiters>
q<<Unpaired ' Delimiters>>
q«Works»
```

# 副詞括法

副詞（*Adverb*）用於修飾一個動作如何進行，它是 Perl 6 的重要部分，你會在第 9 章看到更多內容，這一章你只先小試牛刀。副詞以一個冒號開始，後面接著一個字元或數字。

在本章中，你所看到將字串括起來的方法，都是源自基本常值字串的括法，你可以使用副詞去調整這種括法的預設行為。

副詞 :q 是將 Q 修改為可以脫逸的括法。在副詞後面一定要有空白，但是 Q 後面有沒有空白都可以：

```
% perl6
> Q:q 'This quote \' escapes \\'
This quote ' escapes \
> Q :q 'This quote \' escapes \\'
This quote ' escapes \
```

這種寫法不只是僅能脫逸勾號；它也可以脫逸反斜線和分隔符號。如果一個反斜線不是放在分隔符號或是另外一個反斜線前面的話，它會被解讀成一個普通的反斜線：

```
% perl6
> Q :q 「This quote \' escapes」
This quote \' escapes
> Q :q 「This quote \「 escapes」
This quote 「 escapes
> Q :q 「This quote \「\」 escapes」
This quote 「」 escapes
```

副詞 :single 是 :q 的完整寫法，使用完整寫法或許可以幫助你記得自己想做什麼：

```
% perl6
> Q :single 'This quote \' escapes'
This quote ' escapes
```

不過，大多時間你不用這麼辛苦，日常用的括法使用的就是預設分隔符號，所以你甚至連 Q 都不會看見。即使使用精確的字元括法可讓許多 Str 更明確，但多數人都傾向只使用單引號，因為它比較好打。不管你使用的哪一種括法，最後你都會得到一樣的物件。

# 字串運算子和方法

使用**連接運算子 ~** 可以連接兩個 Str，有些人稱它為 "字串相加"。範例中的輸出顯示兩個 Str 變成一個，中間沒有加其他東西：

```
my $name = 'Hamadryas' ~ 'perlicus';
put $name;        # Hamadryasperlicus
```

如果中間想要有空白，你可以自己在任一個 Str 中加入空白，但你也可以一次連接兩個以上的 Str：

```
put 'Hamadryas ' ~ 'perlicus';
put 'Hamadryas' ~ ' ' ~ 'perlicus';
```

join 函式可以將前方 Str 和後方 Str 用你指定的東西黏起來：

```
my $butterfly-name = join ' ', 'Hamadryas', 'perlicus'
```

你可以將一個 Str 一直重複，來製造出一個大的 Str。x 是 Str 的複製運算子，它會將 Str 複製你指定的次數。若你想在輸出中製做文字分隔或是尺規時，這個功能就很好用：

```
put '-' x 70;
put '.123456789' x 7;
```

.chars 方法用來取得 Str 中有多少字元：

```
put 'Hamadryas'.chars;  # 9
```

Str 中只要至少有一個字元就會被視為布林值 True，即使 Str 中只有一個字元 0 也一樣：

```
put ?'Hamadryas';       # True
put ?'0';               # True
```

空字串中沒有字元，它由一起始分隔號和一個結束分隔號組成，視為布林值 False：

```
put ''.chars;           # 0
put ?'';                # False
```

當你試圖評估一個字串的布林值時，要確認對象是正確的。Str 型態物件的布林值也是 False，但可用 .DEFINITE 區分出它和一般字串不同：

```
put ''.DEFINITE         # True
put Str.DEFINITE        # False
```

若在某條件述句中，你不在乎字串內容是什麼（空的、'0' 或其他東西），只要它不是一種型態物件就好，此時這種用法就很好用：

```
given $string {
    when .DEFINITE {
        put .chars ?? 'Has characters' !! 'Is empty';
        }
    default { put 'Type object' }
    }
```

.lc 方法可將 Str 中所有的字元都變成小寫，.uc 是全部改成大寫：

```
put 'hamadryas PERLICUS'.tclc;
put 'perlicus'.uc;        # PERLICUS
```

.tclc 方法可將字首大寫，只有 Str 字首的字元大寫，其他的都小寫：

```
put 'hamadryas PERLICUS'.tc;    # Hamadryas perlicus
```

---

### 練習題 4.1

寫一個程式，它能印出你輸入的文字有多少字元。

---

### 練習題 4.2

修改前一個練習題，讓它可以持續出現提示字元，表示要求文字輸入，然後印出你輸入的文字數量，程式執行直到你什麼都不輸入，直接按 Enter 為止。

---

## 字串內部

你也可以查看 Str，取得它內部的資訊。.contains 方法用來在目標 Str 中找另外一個 Str —— 也就是子字串，這個方法回傳布林值，用來表示有找到或沒找到：

```
% perl6
> 'Hamadryas perlicus'.contains( 'perl' )
True
> 'Hamadryas perlicus'.contains( 'Perl' )
False
```

括號的地方還可以用冒號取代，將你要找的子字串放在冒號後面：

```
% perl6
> 'Hamadryas perlicus'.contains: 'perl'
True
> 'Hamadryas perlicus'.contains: 'Perl'
False
```

.starts-with 和 .ends-with 方法做的事情和 .contains 類似，只是子字串必須出現在特定的位置：

```
> 'Hamadryas perlicus'.starts-with: 'Hama'
True
> 'Hamadryas perlicus'.starts-with: 'hama'
False
> 'Hamadryas perlicus'.ends-with: 'us'
True
```

這個方法都是有分大小寫的（*case sensitive*），子字串中的每個字元都必須符合目標 Str 中的大小寫。如果子字串是大寫，那目標字串中也必須是大寫。如果你不想分大小寫的話，可以用 .fc（*case folding*），做出一個 "不介意大小寫" 的 Str。這個 .fc 方法是特別為字串比較量身打造的：

```
> 'Hamadryas perlicus'.fc.starts-with: 'hama'
True
```

.fc 也能感知等價字元，例如 *ss* 和 *ß* 就是等價的，這個方法不會去改變文字；它會基於 Unicode 所定義的等價規則，去做出一個新的 Str。如果你想要處理等價字元，應該對目標子串以及子字串都使用 .fc：

```
> 'Reichwaldstrasse'.contains: 'straße'
False
> 'Reichwaldstrasse'.fc.contains: 'straße'
False
> 'Reichwaldstrasse'.contains: 'straße'.fc
True
> 'Reichwaldstrasse'.fc.contains: 'straße'.fc
True
```

.substr 可從字串中取出子字串，從你所指定子字串的開始位置和長度，第一個字元是在位置 0：

```
put 'Hamadryas perlicus'.substr: 10, 4;      # perl
```

.index 方法用來取得你指定子字串在一個大 Str 中的哪個位置（開始位置也是從 0 起算），如果找不到指定的子字串，就回傳 Nil：

```
my $i = 'Hamadryas perlicus'.index: 'p';
put $i ?? 'Found at ' ~ $i !! 'Not in string'; # 在位置 10 找到
```

兩者混用的話，就知道要從哪個位置開始取子字串了：

```
my $s = 'Hamadryas perlicus';
put do given $s.index: 'p' {
    when Nil { 'Not found' }
    when Int { $s.substr: $_, 4 }
    }
```

---

### 練習題 4.3

請持續地出現提示符號要求輸入文字，如果輸入的文字含有 "Hamad" 就回報
訊息。如果你輸入的文字沒有字元 （直接按 Enter），就停止出現提示符號。另
外，你能夠將這練習題做成忽略大小寫的嗎？

---

## 字位

Perl 6 從頭到尾用的都是 Unicode，以**字位**（*grapheme*）操作。字位和我們生活中所想
的 "字" 是差不多的意思，用途是表達一些概念，例如 *e*、*é* 或 ![butterfly]。字位以 UTF-8 編
碼，並輸出 UTF-8 文字。以下這些字雖然分屬不同語言，但它們代表同一個概念：

```
'көпөлөк'
'तितली'
' 蝴蝶 '
'Con bướm'
'tauriņš'
'πεταλούδα'
'ભંબીરા'
'פרפר'
```

你也可以用 Unicode 貼圖（emoji）：

```
my $string = '🦋🐛🌻';
put $string;
```

Perl 6 中 的 一 個 "字"，由 Universal Character Database（*UCD*）中 兩 個 以 上 的 項
目 編 成。Perl 6 將 UCD 中 的 項 目 稱 為 **編 碼**（*code*），編 碼 組 成 的 東 西 稱 為 "字"
（character），這些命名不是非常好。在本書中的字（*character*）同時代表字位以及
UCD 中的編碼。

為什麼要說這些呢？因為 .chars 方法用來取得字串的長度，這長度單位是字位。拿希伯萊文的 "毛毛蟲" 來說，它有 11 個字位，但是卻用了 14 個編碼。

```
% perl6
> 'קאַטערפּילאַר'.chars
11
> 'קאַטערפּילאַר'.codes
14
```

為什麼有這些數量上差異呢？拿א 來說，它就使用了不只一個編碼（這個字的兩個編碼，第一個是希伯萊語的 Aleph，另外一個是 patah 變音符號）。大多數時候你不用管這些，如果你需要對編碼做處理，你可以用 .ords 取得所有的編碼：

```
> 'קאַטערפּילאַר'.ords
(1511 1488 1463 1496 1506 1512 1508 1468 1497 1500
1500 1488 1463 1512)
```

## 字串比較

Perl 6 用了字彙序比較法（*lexicographic comparison*）逐一比較 Str 中的每個字元，所以 Str 物件們能知道自己比另外一個 Str 大、小或是相等。

數值做比較時用的運算子是符號，但 Str 用的運算子卻是由文字組成的。eq 運算子用來檢查兩個 Str 是否完全相等，這個動作會區分大小寫。每個在 Str 中的字，都必須完全和另外一個 Str 中的一模一樣才行：

```
% perl6
> 'Hamadryas' eq 'hamadryas'
False
> 'Hamadryas' eq 'Hamadryas'
True
```

gt 運算子用來檢查 Str 在字彙序上面是否比第二個 Str 來得大（ge 是大於或等於第二個 Str），這裡做的不是字典序比較（*dictionary comparison*），所以大小寫是不同的。小寫字元排在大寫字元後面，所以會 "比較大"。

```
% perl6
> 'Hama' gt 'hama'
False
> 'hama' gt 'Hama'
True
```

大寫字元排在小寫字元前面，所以以小寫開頭的 Str，會比大寫開頭的 Str 來得大：

```
% perl6
> 'alpha' gt 'Omega'
True
> 'α' gt 'Ω'
True
```

如果你拿數字放在字串中進行比較，得到的結果可能出乎你的想像。字元 2 比字元 1 大，所以只要以 2 開頭的 Str 都比以 1 開頭的 Str 來得大：

```
% perl6
> '2' gt '10'
True
```

lt 運算子檢查第一個 Str 在字彙序上是否比第二個小（le 是小於等於第二個 Str）：

```
% perl6
> 'Perl 5' lt 'Perl 6'
True
```

如果你在比較時想忽略大小寫，那你可以用 .lc 把兩邊都變成小寫：

```
% perl6
> 'Hamadryas'.lc eq 'hamadryas'.lc
True
```

不過這樣的做法不適用於之前有 Reichwaldstrasse 字串的那個範例，如果你要比較等價表達時，你應該使用 .fc：

```
% perl6
> 'Reichwaldstrasse'.lc eq 'Reichwaldstraße'.lc
False
> 'Reichwaldstrasse'.fc eq 'Reichwaldstraße'.fc
True
```

和數值操作時一樣，你可以串連數個比較動作：

```
% perl6
> 'aardvark' lt 'butterfly' lt 'zebra'
True
```

## 輸入提示

你之前已經使用過 prompt 來作簡單輸入了，當你呼叫 prompt 時，你的程式會讀取你輸入的整行，並丟掉換行符號。下面範例作了一點小修改，讓你看到取得的東西是什麼型態：

```
my $answer = prompt( 'What\'s your favorite animal? ' );
put '$answer is type ', $answer.^name;
put 'You chose ', $answer;
```

你輸完以後，得知它是 Str：

```
% perl6 prompt.p6
What's your favorite animal? Fox
$answer is type Str
You chose Fox
```

直到你沒有打任何字，直接按下 enter 時，它還是得到一個 Str，但是個空的 Str：

```
% perl6 prompt.p6
What's your favorite animal?
$answer is type Str
You chose
```

若你以 Control-D 結束輸入的話，結果是什麼都沒輸入，這種情況下，它得到的是 Any 型態物件。請注意，型態在提示符號的同一行，這是因為你不是按 enter 結束輸入。後面還有一行警示 Any 的值，最後才接著你最後一行輸出：

```
% perl6 prompt.p6
What's your favorite animal? $answer is type Any
Use of uninitialized value $answer of type Any in string context.
You chose
```

若要預防這個問題，你可以檢查 $answer 變數，如果是 Any 型態物件，就會回傳 False，空字串也會回傳 False：

```
my $answer = prompt( 'What\'s your favorite animal? ' );
put do
    if $answer { 'You chose ' ~ $answer }
    else       { 'You didn\'t choose anything,' }
```

prompt 會拿取所有你輸入的東西，包括空白。如果你在開頭和結尾輸入一些空白的話，這些空白也會在 Str 中出現：

```
% perl6 prompt.p6
What's your favorite animal?                    Butterfly
You chose              Butterfly
```

如果你在輸出答案前後加上一些標示的話，可以把空白看得更清楚，例如範例中加的
<>：

```
my $answer = prompt( 'What\'s your favorite animal? ' );
put do
    if $answer { 'You chose <' ~ $answer ~ '>' }
    else       { 'You didn't choose anything' }
```

現在你可以清楚看到 $answer 中多餘的空白了：

```
% perl6 prompt.p6
What's your favorite animal?                    Butterfly
You chose <              Butterfly          >
```

用 .trim 方法可以去除掉前後的空白，並把去除的結果回傳給你：

```
my $answer = prompt( 'What\'s your favorite animal? ' ).trim;
```

如果你呼叫 $answer 的 .trim，它不會有任何變化：

```
$answer.trim;
```

你必須將結果指定回 $answer，才能得到處理完的結果：

```
$answer = $answer.trim;
```

這樣寫你必須打兩次 $answer，不過如果你運用二元給值，就可以只打一次變數名稱：

```
$answer .= trim;
```

如果你不想要同時移除兩邊的空白，可以改用 .trim-leading 或 .trim-trailing，只去掉
你不想要的那一端空白。

## 數值轉字串

使用 .Str 方法，你可以很輕鬆就將數值轉為字串，轉成字串後的成果和你前面看到的
數值不一樣，它們看起來像是數值，但實際上已被轉成 Str 物件。你所看見的數字是裡
面存的字元：

```
% perl6
> 4.Str
4
> <4/5>.Str
0.8
> (13+7i).Str
13+7i
```

有個等效的一元前綴版本 ~ 也可以做到這件事：

```
% perl6
> ~4
4
> ~<4/5>
0.8
> ~(13+7i)
13+7i
```

如果你在 Str 操作中放了一個數值，它會自動地被轉換成 Str 格式：

```
% perl6
> 'Hamadryas ' ~ <4/5>
Hamadryas 0.8
> 'Hamadryas ' ~ 5.5
Hamadryas 5.5
```

## 字串轉數值

如果要把字串轉成轉值的話，會比較複雜一點。如果 Str 本身就長的像數值的話，你可以用一元前綴的 + 號，它可以將 Str 轉成可以收納的最小型態，轉換後你可以透過 .^name 看到這個最小型態是什麼：

```
% perl6
> +'137'
137
> (+'137').^name
Int
> +'1/2'
0.5
> (+'1/2').^name
Rat
```

不過這個運算方法只適用於十進位數字，可以是十進位數字 0 到 9，如果有小數點，則小數點後面要有其他數字。數值常值中也可以含有底線，另外這個轉換會忽略前後的空白：

```
% perl6
> +' 1234 '
1234
> +' 1_234 '
1234
> +' 12.34 '
12.34
```

其他的情況，包括有兩個小數點的情況，都會得到錯誤：

```
> +'12.34.56'
Cannot convert string to number: trailing characters after number
```

當你對 Str 進行數字運算時，Str 會被自動地轉換成數值：

```
% perl6
> '2' + 3
5
> '2' + '4'
6
> '2' ** '8'
256
```

---

### 練習題 4.4

寫一個要求輸入兩個數值的程式，它能算出兩數值加、減、乘、除的結果。另外，如果你輸入的不是數值時該怎麼處理呢？（不需要處理任何錯誤）

---

在前面的練習題中，你應該會得到一個轉換錯誤，但你還沒有辦法去處理這個錯誤。如果你想要事先查看一個 Str 是否能被轉換為數值時，你可以使用 val 函式。如果該 Str 可以被轉換成數值的話，這個函式會回傳一個物件來代表這個**數值**。你可以使用聰明匹配運算子來查看動作是否成功：

```
my $some-value = prompt( 'Enter any value: ' );
my $candidate = val( $some-value );

put $candidate, ' ', do
    if $candidate ~~ Numeric { ' is numeric' }
    else                     { ' is not numeric' }
```

這樣解法比較複雜，這是因為你還沒讀到 Str 的字串取代。讀完本章之後，這個工作就會變得很簡單了。

---

**練習題 4.5**

修改前一個練習題，讓它可以處理會造成轉換錯誤的非數值。如果無法轉換時，顯示一個訊息通知。

---

有時你的文字是數值，但不是十進位數值的話，`.parse-base` 方法可以為你做非十進位轉換。它可以接受一個非十進位數字的 Str，並將它轉換為數值：

```
my $octal  = '0755'.parse-base: 8;    # 493
my $number = 'IG88'.parse-base: 36;   # 860840
```

執行的結果與第 3 章中冒號格式轉換將會一致：

```
:8<0755>
:36<IG88>
```

# 字串取代

好不容易到這一章終於學到字串的括法，這個很有可能會是你最常用的功能。**替換字串**（*interpolated string*）是將 Str 中的特殊字元換成其他的字元。這樣的**字串**可以讓某些你之前看過的程式碼更好寫。

替換字串對 Str 使用的是雙引號括法，預設以 " 當作分隔符號，一般稱為**雙引號字串**（*double-quoted string*）。如果你在 Str 中需要有 " 的話，你必須用 \ 進行脫逸的動作：

```
% perl6
> "Hamadryas perlicus"
Hamadryas perlicus
> "The escaped \" stays in the string"
The escaped " stays in the string
> "Escape the \\ backslash"
Escape the \ backslash
```

反斜線也可以進行特殊的修改動作，例如 \t 代表插入一個 tab，\n 代表插入換行：

```
put "First line\nSecond line\nThird line";
```

如果你想要用的字元不容易輸入，你可以將它的編碼（一個十六進位數值）放在 \x 後面或是 \x[] 中。不用另外再前綴 0x，因為 \x 已假設它是十六進位：

```
put "The snowman is \x[2603]";
```

在 \x[] 中可用逗號分隔數個字元編碼,用來一次轉換多個字元:

```
put "\x[1F98B, 2665, 1F33B]";  # 🦋 🖤 🌻
```

如果你知道要用的字元名字,你可以把字元名字放在 \c[] 中,不用再為這個名字加括號。另外,它們是大小寫有別的:

```
put "\c[BUTTERFLY, BLACK HEART, TACO]";  # 🦋 🖤 🌮
```

這些是蠻好用的,不過若是能轉換變數就更好用了。若一個雙引號 Str 中有變數名稱時,它會用該變數值替換掉變數名稱:

```
my $name = 'Hamadryas perlicus';
put "The best butterfly is $name";
```

括號中 slang 的規則是去找到最長變數名稱(不是去找有定義的最長名稱)。如果變數名稱後面的文字看起來也像是名稱的一部分,那麼後面的文字也含在要找的變數名稱中:

```
my $name = 'Hamadryas perlicus';
put "The best butterfly is $name-just saying!";
```

由於找不到變數,所以產生編譯錯誤:

```
Variable '$name-just' is not declared
```

如果你需要將雙引號 Str 中的變數名稱和其後的文字分開,你可以將變數名稱用大括號括起來:

```
my $name = 'Hamadryas perlicus';
put "The best butterfly is {$name}-just saying!";
```

$ 號需要被脫逸,不然它可能會看起來像變數名稱:

```
put "I used the variable \$name";
```

下面這個就很厲害了,你可以在大括中放入任何程式碼。括號中的 slang 將會執行那些程式碼,並用執行結果取代整個大括號:

```
put "The sum of two and two is { 2 + 2 }";
```

這個功能讓這一章前面的一個程式變得比原來的更簡短。你可以在字串分隔符號中直接建構 Str,不用再使用數個分開的 Str 了。

```
my $answer = prompt( 'What\'s your favorite animal? ' );
put "\$answer is type {$answer.^name}";
put "You chose $answer";
```

如前面 Str 用法一樣，你也可以選用不同的分隔符號來替換字串。例如使用 qq（兩個 q 表示要用雙引號括法）放在要用的分隔符號前面：

```
put qq/\$answer is type {$answer.^name}/;
```

\n 會被改為行，而 \t 會變成 tab：

```
put qq/\$answer is:\n\t$answer/;
```

上面這個 Str 變成兩行，第二行還有縮排：

```
answer is:
    Hamadryas perlicus
```

qq// 的意義和 Q 後面帶副詞 :qq 或 :double 時一樣：

```
put Q :qq /\$answer is type {$answer.^name}/;
put Q :double /\$answer is type {$answer.^name}/;
```

如果你只想要替換 Str 的一部分，你可以對想改的部分使用 \qq[]：

```
my $genus = 'Hamadryas';
put '$genus is \qq[$genus]';
```

反過來，你也可以指定 Str 的某部分不要做替換，方法是用 \q[] 將該部分標記，讓它的行為和單引號 Str 一樣：

```
put "\q[$genus] is $genus";
```

表 4-1 是在雙括號括法時可用的特殊字元：

表 4-1　部分反斜線特殊字元

| 脫逸特殊字元 | 描述 |
| --- | --- |
| \a | ASCII 的響鈴字元 |
| \b | 退後（Backspace）字元，和輸入退後鍵一樣 |
| \r | 確認（Carriage return）字元，和輸入 Enter 一樣 |
| \n | 換行 |
| \t | Tab |
| \f | 換頁（Form feed） |
| \c[NAME] | 插入指定名稱字元 |

| 脫逸特殊字元 | 描述 |
|---|---|
| \q[...] | 將括住的部分視為單引號字串 |
| \q[...] | 將括住的部分視為雙引號字串 |
| \x[*ABCD*] | 用十六進位數值編碼插入字元 |

---

### 練習題 4.6

修改你的字元計算練習程式，讓它可以顯示輸入的 Str，以及該 Str 中有多少字元。例如顯示 'Hamadryas' 有 **10** 個字元。另外，同時也要能夠輸出單引號替換 Str。

---

# Here Doc

如果是要括住多行，你可以使用前面說過的方法，但分隔符號之間的每個字元都要小心，否則結果可能產生縮排的問題：

```
my $multi-line = '
    Hamadryas perlicus: 19
    Vanessa atalanta: 17
    Nymphalis antiopa: 0
    ';
```

即使改為取代特殊字元 \n，也不會比較好看：

```
my $multi-line = "Hamadryas perlicus: 19\n...";
```

*here doc* 是一種可用來對付多行文字的特殊方法，它的用法是指定副詞 :heredoc 修飾分隔符號。以下的範例中，slang 在看到獨立的一行中有相同的**字串**時，就表示該 Str 結束了。

```
my $multi-line = q :heredoc/END/;
    Hamadryas perlicus: 19
    Vanessa atalanta: 17
    Nymphalis antiopa: 0
    END

put $multi-line;
```

在結束分隔符號前如果有縮排的話，那些縮排會被排除，即使在程式碼中有作縮排，但是輸出結果最終不會有縮排：

```
Hamadryas perlicus: 19
Vanessa atalanta: 17
Nymphalis antiopa: 0
```

副詞 :to 的功能和 :heredoc 一樣：

```
my $multi-line = q :to<HERE>;
    Hamadryas perlicus: 19
    Vanessa atalanta: 17
    Nymphalis antiopa: 0
    HERE
```

這種副詞也可以和其他類的括法合併使用：

```
put Q :to/END/;
    These are't special: $ \
    END
```

```
put qq :to/END/;
    The genus is $genus
    END
```

# Shell 字串

Shell 字串和前面看的字串括法類似，只差在 Shell 字串不會在你的程式中建一個 Str 來存放東西，而是建立一個在 shell 中執行的外部命令，而 Shell 字串就是把該命令輸出的東西抓下來給你。第 19 章會詳細說明這個功能，不過這裡先稍微介紹一下。

qx 和 Str 使用一樣的脫逸規則，*hostname* 命令在 Unix 與 Windows 系統中都可以用：

```
my $uname = qx/hostname/;
put "The hostname is $uname";
put "The hostname is { qx/hostname/ }"; # 在已括起的字串中，再括一層
```

下面的輸出中夾了一行空行，這是因為一般命令最後都會輸出換行：

```
The hostname is hamadryas.local

The hostname is hamadryas.local
```

使用 .chomp 可以解決這個問題，它會移除掉文字最後的換行（雖然 put 還是會加上換行）：

```
my $uname = qx/hostname/.chomp;
put "The hostname is $uname";
put "The hostname is { qx/hostname/.chomp }";
```

print 不會加上自己的換行，所以你也不用再去移除命令所產生的換行了：

```
print "The hostname is { qx/hostname/ }";
```

qx 和 qqx 其實是 Str 配上副詞 :x 或 :exec 的單引號及雙引號括法，只是寫起來比較簡短：

```
print Q :q      :x    /hostname/;
print Q :q      :exec /hostname/;
print Q :single :exec /hostname/;
```

# Shell 安全性

在前一個範例中，shell 會查看 PATH 環境變數來找到 *hostname* 命令，並執行第一個找到的 *hostname* 命令。由於人可以改變 PATH 的值（或是被其他某種東西改變），導致你執行的命令不是你想象中的那一個，如果你使用絕對路徑，就不會有這個問題。全部使用文字的括法可以避免掉可能產生的脫逸問題：

```
put Q :x '/bin/hostname';
put Q :x 'C:\Windows\System32\hostname.exe'
```

 我不會說明寫安全程式的相關技巧，但我會在另外一本書 *Mastering Perl* 中寫這個主題。雖然它是一本 Perl 5 的書，但你的程式會碰到的風險問題是一樣的。

雖然你還沒有讀到關於 hash 的東西（在第 9 章），但我先告訴你如何改變你程式的執行環境。如果你把 PATH 設定為空的 Str，你的程式就無法找到任何程式：

```
%*ENV<PATH> = '';
print Q :x 'hostname';        # 這樣找不到東西
print Q :x '/bin/hostname';   # 這樣寫可以
```

如果覺得這樣綁太死了，你可以將 PATH 設定為你認為安全的路徑：

```
%*ENV<PATH> = '/sbin:/usr/local/bin';
print Q :x 'hostname';        # 這樣找不到東西
print Q :x '/bin/hostname';   # 這樣寫可以
```

在 shell Str 中，也有雙引號括法型式：

```
my $new-date-string = '...';
my $output = qqx/date $new-date-string/
```

$new-date-string 裡的值是什麼呢？如果該值的來源是使用者、外部設定或是任何你無法控制的東西，可能會惡意或不經意的地出現你不預期的結果，所以要小心點：

```
my $new-date-string = '; /bin/rm -rf';
my $output = qqx/date $new-date-string/
```

---

**練習題 4.7**

寫一個可以抓取 *hostname* 輸出的程式，讓它可以在 Windows 和 Unix 系統上運作。在 Windows 上時 $*DISTRO.is-win 的值會是 True，其他的平台則是 False。

---

# 花式括法

你可以將副詞和一般的括法合併使用，組成你要的功能。假設你只想要取代括號中的東西，其他保持原樣的話，你可以使用副詞 :c：

```
% perl6
> Q :c "The \r and \n stay, but 2 + 2 = { 2 + 2 }"
The \r and \n stay, but 2 + 2 = 4
```

如果只想要變數被換掉的話，可以使用副詞 :s，其他的保持原樣：

```
% perl6
> my $name = 'Hamadryas'
Hamadryas
> Q :s "\r \n { 2 + 2 } $name
\r \n { 2 + 2 } Hamadryas
```

你可以合併多個副詞，以得到你想要的多個功能。寫法上全部擠在一起，或是中間加空白用起來效果是一樣的：

```
% perl6
> Q :s:c "\r \n { 2 + 2 } $name"
\r \n 4 Hamadryas
> Q :s:c:b "\r \n { 2 + 2 } $name"

 4 Hamadryas
> Q :s :c :b "\r \n { 2 + 2 } $name"

 4 Hamadryas
```

副詞 :qq 其實是合併了 :s :a :h :f :c :b，所以它可以取代所有的變數、括號中的東西以及反斜線字組。如果你不想要取代其中的一些，你可以將該副詞關閉，這種的做法可能會比寫出全部再挑掉不要的容易些，只要在不要的副詞前面放!就可以了。:!c 代表關閉取代括號內容：

```
qq :!c /No { 2+2 } interpolation/;
```

表 4-2 和 4-3 是一些括法和副詞彙總。

表 4-2　部分括法格式

| 縮寫名稱 | 完整名稱 | 說明 |
| --- | --- | --- |
| 「...」 | Literal | 預設分隔符號，引號 |
| Q '...' | Literal | 泛用括法，使用其他分隔符號 |
| Q[...] | Literal | 泛用括法，使用成對的分隔符號 |
| '...' | Escaped | 預設分隔符號，單引號括法 |
| q{...} | Escaped | 使用其他成對的分隔符號 |
| Q:q{...} | Escaped | 泛用括法，使用 :q 副詞 |
| "..." | Interpolated | 預設分隔符號，雙引號括法 |
| qq[...] | Interpolated | 使用其他成對分隔符號 |
| Q:qq'...' | Interpolated | 泛用括法，使用 :qq 副詞 |
| Q:c'...{ }...' | Interpolated | 泛用括法，只取代括號中的內容 |
| Q:to(HERE) | Literal | Here doc |
| q:to(HERE) | Escaped | Here doc |
| qq:to(HERE) | Interpolated | Here doc |

表 4-3 部分括法副詞

| 縮寫名稱 | 完整名稱 | 說明 |
| --- | --- | --- |
| :x | :exec | 執行 shell 命令並將結果回傳 |
| :q | :single | 取代 \\、\qq[...] 以及脫逸過的分隔符號 |
| :qq | :double | 取代，帶有副詞 :s :a :h : f :c :b 的功能 |
| :s | :scalar | 取代 $ 變數 |
| :a | :array | 取代 @ 變數 |
| :h | :hash | 取代 % 變數 |
| :f | :function | 取代 & 呼叫 |
| :c | :closure | 取代 {...} 中的程式碼 |
| :b | :backslash | 取代 \n、\t 及其他 |
| :to | :heredoc | 如 here doc 宣告般解析結果 |
| :v | :val | 轉換為同質異像 |

# 本章總結

括號中的 slang 提供了多種方法來表示和合併文字，讓你可以很容易地得到你想要的結果。當你拿到一段文字時，你有許多種方法可以查看 Str 的內容，或是取出它裡面的部分內容。你才讀了本書開頭的一部分，繼續讀下去你會看到更多的相關的功能，然後在第 15 章集大成。

# 第五章

# 建立 Block

Block 是將數行述句組合起來的一個東西，我相信你有聽取我在導覽時給你的建議，所以你在前面已經有試用過了，現在到了要再仔細看一下的時候了。本章會說明基本觀念，然後做出一些簡單的副程式。你會在本章學到夠多的內容，足以讓你進入下一章節，然後在第 11 章學習更多相關知識。

## Block

Block 是被括號括起來的一群述句，你之前已經用過 loop 去執行一群述句。你也用過 if-else 結構，在該結構中每個分支中用 Block，而且每次只會執行其中一個：

```
loop { ... }

if $n %% 2 { put "Even!" }
else       { put "Odd!"  }
```

一個純 *block*（*bare block*）就是前後什麼都沒有的 Block，由於你沒有對它的產出做任何事情，所以它屬於 *sink context*。它會產生一個 scope，然後馬上回傳，回傳的東西則是 Block 中最後一個被評估的述句（不一定是最後一行程式碼）。下面是一個什麼事都沒做的簡單純 Block。

```
{ ; }
```

我們不建議只寫 {}，因為它會建立一個空的 hash（見第 9 章）。放一個分號在裡面的話，編譯器就會認為它是一個 Block。

在下面的例子中，一直到 Block 取得現在的時間之前，你無法分辨哪一個述句是最後被評估的述句。now 是用來取得目前時間，你可以把它直接轉成 Int：

```
{ now.Int %% 2 ?? 'Even' !! 'Odd' }
```

有時執行的結果是 Even，有時會是 Odd。不過，由於你沒有對執行結果作任何動作，所以你不知道結果究竟是什麼。這種情況下你會得到警告：

```
Useless use of constant string "Odd" in sink context
Useless use of constant string "Even" in sink context
```

當程式碼做了無用的事情時，編譯器會知道並且會發出警示，範例中的警示表示資料跑到 "sink" 之中，再也不會看見它了。

do 放在 Block 前面的話，和放在 if 或 given 前面一樣，Block 會變成它評估的最後一個述句：

```
my $parity = do { now.Int %% 2 ?? 'Even' !! 'Odd' }
put do { now.Int %% 2 ?? 'Even' !! 'Odd' }
```

Block 實際上也是一個述句，所以如果後面有其他述句的話，你需要在兩者中間放分號：

```
{ print 'Hamadryas ' }; put 'perlicus';
```

但這裡還有一個特殊的規定：如果結束的大括號是該行最後一個字元（空白不算），就不用寫分號去分隔述句：

```
{ print 'Hamadryas ' }
put 'perlicus';
```

## 詞法範圍

Block 會定出一個詞法範圍（scope），你定義在一個 Block 個中的變數與 Block 之外的變數不同。你可以利用純 Block 來限定你的變數之可見度和生命周期：

```
{
my $n = 2;
my $m = 3;
put 'The sum is ';
put $n + $m;
}
```

你寫在 Block 中的程式碼不會去改變 Block 外面同名變數的內容。下面的範例中,有數個變數被定在 Block 之外(**詞法範圍之外**),而純 Block 中又使用了一樣的變數名稱:

```
my $n = 2;
my $m = 3;

{
my $n = 'Hamadryas';
my $m = 'perlicus';
put "$n $m";              # Hamadryas perlicus
}

put "n $n m $m";          # n 2 m 3
```

利用詞法範圍,當你想要在一小段程式碼中使用變數時,就不用查清整個程式用的所有變數名稱。它讓你所採用的名稱只對當前的工作生效,不用去擔心影響到程式碼中其他使用同名的變數。

## 控制結構

純 Block 沒有一個可用來控制它的關鍵字,你可以 loop 放在一個 Block 前面,不停重複呼叫它:

```
my $n = 0;
loop {
    put $n++;
    }
```

loop 控制了 Block 要怎麼執行,由於你沒有指定任何條件,所以它就會永遠不停地執行下去。

 在你的人生中,你可能會不小心做出一些無窮迴圈,此時你可能呆坐在那,看著螢幕想著到底該怎麼辦,在這種情況下,你可以用 Control-C 去中斷(停止)你的程式。

把 $n 宣告在 loop 前面看起來有點醜,可是若你只想在迴圈中用 my 關鍵字宣告變數,每次 Block 執行都會得到一個新的 $n,那你覺得這種情況下輸出的結果會變成什麼?

```
loop {
    my $n = 0;
    put $n++;
    }
```

首次執行 Block 時，你會定義一個新的 $n，把 0 指定給它，並輸出它的值 (0)，最後將該值加 1。第二次時，你做了一樣的事情：你宣告了一個新的 $n，給它 0，接下去的動作也都一樣。就這樣一直做一樣的事情直到你中斷程式執行。

你不需要每次建立新變數，你想要的是有一個變數 $n 可以幫你把值留住，這種時候應該放棄原來的 my，改用 state 宣告變數：

```
loop {
    state $n = 0;
    put $n++;
    }
```

state 只有在 Block 第一次執行時才會動作，它會定義一個變數，並在迴圈每次執行時都保留住它的值。

這裡還有另外一種做法，你可以跳過宣告，也不用寫變數名稱。這種做法就是使用無名的 $ 符號。它會建立一個常量變數，它不限於目前的範圍，只要想用的地方就可以使用：

```
loop {
    put $++;    # 一個無名常量
    }
```

現在來看一下怎麼中止無窮迴圈：

```
loop {
    state $n = 0;
    put $n++;
    last;
    }
```

last 會馬上停止迴圈的執行，所以你的 output 只有一行輸出：

```
0
```

通常你會把 last 和一個你希望用來停止迴圈的條件式合併一起寫，例如下面這個迴圈在 $n 大於 2 時就會中止執行：

```
loop {
    state $n = 0;
    put $n++;
    if $n > 2 { last }
    }
```

寫成前綴也可以，你之後可能比較會看到這種寫法：

```
loop {
    state $n = 0;
    put $n++;
    last if $n > 2
    }
```

上面兩個範例都會在迴圈執行幾次後，從 last 停止迴圈執行：

```
0
1
2
```

迴圈還有其他的控制，如 next 會跳過 Block 中未執行的程式，並開始新一輪 Block 的執行：

```
loop {
    state $n = 0;
    next unless $n %% 2;
    put $n++;
    last unless $n < 3;
    }
```

redo 會將本次執行回到 Block 的開頭開始：

```
loop {
    state $n = 0;
    put $n++;
    redo if $n == 3;
    last if $n > 2;
    }
```

上面範例中，當 $n=3 時，它將會回到迴圈最上方再重新向下執行，呼叫 put 方法，並將 $n 遞增至 4。這就是即使 $n>2 時 last 迴圈停止執行，但你還是可以在輸出中看到 3 的原因：

```
0
1
2
3
```

## Phaser

接下來我要介紹一些有趣的 Block 功能。*Phaser* 是一種特別的副程式，在 Block 的特定次數它才會執行。例如 LAST 會在 Block 最後一次執行時才運作：

```
loop {
    state $n = 0;
    put $n++;
    last if $n > 2;
    LAST { put "Finishing loop. \$n is $n" }
    }
```

輸出的結果顯示 LAST Block 知道 $n 最後的值是什麼：

```
0
1
2
Finishing loop. $n is 3
```

類似的還有 FIRST，它會在迴圈開始那次執行。你可以將這類的 phaser 放在 Block 的任意處；它們的行為不會因為被放置不同而有所改變：

```
loop {
    state $n = 0;
    put $n++;
    last if $n > 2;
    FIRST { put "Starting loop. \$n is $n" }
    LAST { put "Finishing loop. \$n is $n" }
    }
```

上面這個範例會丟出一個警告：你還沒有初始化 $n。FIRST 知道這個範圍中有一個變數 $n，但由於 state 宣告還沒有做，所以它的值在 phaser 執行時尚未定義。$n 的起始值為型態物件 Any，而所有的型態物件都是屬於未定義的：

```
Starting loop. $n is
0
1
2
Finishing loop. $n is 3
Use of uninitialized value $n of type Any in string context.
```

NEXT 在第一次迴圈結束後每圈都會執行：

```
loop {
    state $n = 0;
    put $n++;
```

```
    last if $n > 2;
    FIRST { put "Starting loop. \$n is $n" }
    NEXT  { put "Next loop. \$n is $n" }
    LAST  { put "Finishing loop. \$n is $n" }
    }
```

在第一次迴圈之後，每次的輸出都有它：

```
Starting loop. $n is
0
Next loop. $n is 1
1
Next loop. $n is 2
2
Finishing loop. $n is 3
Use of uninitialized value $n of type Any in string context.
```

loop 還有另外一種型式，這種型式可以讓你指定初始值、測試條件和每次遞增多少。這種像 C 語言的寫法，做的事情和你之前看到的範例完全一樣：

```
loop ( my $n = 0; $n < 3; $n++ ) {
    put $n;
    }
```

下面是把上方範例中括號裡三件的事情，用其他述句寫的版本：

```
my $n = 0;
loop {
    put $n;
    last unless $n < 3;
    $n++
    };
```

注意，$n 的定義在 loop 之外仍然有效。如果你在 loop 之外有同名的變數，可能會被嚇一跳，因為你將會收到一個名稱重複定義的錯誤訊息：

```
my $n = 5;
loop ( my $n = 0; $n < 3; $n++ ) {  # 重複定義錯誤！
    put $n;
    }

put "Outside: $n"; # Outside: 3
```

---

**練習題 5.1**

寫一個可以輸出 12 到 75 之間，3 的倍數。並且在迴圈首次執行時，輸出 "開始"。

---

## while 結構

只要條件為 True，while 就會持續地執行 Block 內的程式碼。下面的範例輸出的內容和前一節中的範例一樣。你必須將變數定義在 Block 之外，這樣測試條件才看得到變數：

```
my $n = 0;
while $n < 3 {
    put $n++;
    }
```

while 會先評估測試條件，$n 大於 5 以後，Block 就不會再執行了：

```
my $n = 6;
while $n < 5 {
    put $n++;
    }
```

repeat while 則是先執行 Block，才去評估測試條件：

```
my $n = 6;
repeat while $n < 3 {
    put $n++;
    }
```

即使 $n 並不小於 3，Block 還是會執行並產生一行輸出，然後 while 才會查看測試條件，並將該條件評估為 Flase：

```
6
```

你可以選擇把 Block 放在 repeat 和 while 之間，因為這樣比較符合它們執行的順序：

```
my $n = 6;
repeat {
    put $n++;
    } while $n < 3;
```

---

### 練習題 5.2

修改你前面練習題的答案,將 loop 改為 while,並在 Block 最後一次執行時輸出訊息。

---

## 儲存 Block

你可以將一個 Block 儲存在一個變數中,之後才去執行它。now 是一個內建的詞,它會給你一個 Instant,用 := 綁定的話,可以讓右側的東西和左側的東西完全相等,所以 $block 就是 Block:

```
my $block := { now };
```

但這樣一來,你就不能指定值給 $block,因為它不含容器。

綁定一個 Block 並不是必須的動作,你也可以改用給值動作,若採用這樣的作法,之後可以改變變數的值:

```
my $block = { now };
$block = 'Hamadryas';
```

這樣寫很無聊,因為你需要使用的地方通通都可以直接寫 now 取代。不過,如果把 Block 寫成可以算出 1 分鐘後的時間呢?下面的範例是幫 now 加上 60 秒:

```
my $minute-later := { now + 60 };
```

當你執行該 Block 時,執行結果就會是最後一個述句的結果。請用 () 運算子來執行該 Block:

```
put $minute-later();  # 某個時刻
sleep 2;
put $minute-later();  # 62 秒之後的某個時刻
```

由於 $block 是一個物件,所以你可以像呼叫物件的方法一樣,使用 () 進行呼叫:

```
put $minute-later.();  # 某個時刻
sleep 2;
put $minute-later.();  # 62 秒之後的某個時刻
```

可以用 *callable* 變數來取代常量變數；用法是使用 & 印記：

```
my &hour-later := { now + 3_600 };

put &hour-later();  # 某個時刻
sleep 2;
put &hour-later();  # 1 小時後的某個時刻
```

使用 &block 的話，你呼叫時可以不寫 &，甚至不用寫括號：

```
my &hour-ago := { now - 3_600 };

put &hour-ago();  # 某個時刻
sleep 2;
put hour-ago();   # 2 秒後的某個時刻

put hour-ago;     # 同一個時刻
```

不管是哪一種用法，這裡的 Block 都不是一種副程式（馬上要講到了），所以你不能使用 return（之後會講到）。因為不能將一個結果回傳給呼叫它的人，下面的範例雖然可以編譯，但不能執行：

```
my $block := -> { return now };
```

這樣會得到一個錯誤訊息，你在第 11 章會讀到更多相關內容。

```
Attempt to return outside of any Routine
```

## Block 的參數

Signature 可定義一個 Block 的參數，這種定義包含了參數數量、型態和限制等資訊。

如果一個 Block 沒有任何的 signature，表示它不想要接收任何引數。不過，如果你在 Block 中使用 $_，就會建出一個 optional 參數的 signature：

```
my $one-arg := { put "The argument was $_" };

$one-arg();              # The argument was  (with warning!)
$one-arg(5);             # The argument was 5
$one-arg('Hamadryas');  # The argument was Hamadryas
```

由於這種隱式宣告的 signature 是將參數宣告成可寫，所以如果你去改變 $_ 的值，也將會改到原來的值（如果它是 mutable 變數）：

```
my $one-arg := {
        put "The argument is $_";
        $_ = 5;
        };

my $var = 'Hamadryas';
say "\$var starts as $var";
$one-arg($var);
say "\$var is now $var";
```

輸出顯示 Block 中的程式改變了變數值：

```
$var starts as Hamadryas
The argument is Hamadryas
$var is now 5
```

如果你在 Block 中使用 @_ 的話，你就可以傳零到多個引數了：

```
my $many-args := {
    put "The arguments are @_[]";
    }

$many-args( 'Hamadryas', 'perlicus' );
```

@_ 代表一個陣列，不過你得等到下一章才會知道它能拿來做什麼用。

---

### 練習題 5.3

寫一個可以去掉引數頭尾空白及引數中小寫的 Block，要改到原來的變數值。這種用法會在你處理資料時用到。

---

## 隱式參數

Block 還可以玩出更多花招，你可以使用佔位變數（*placeholder* 或稱為隱式參數 *implicit parameter*），用來指出你想用多少個參數：

```
my $adding-block := { $^a + $^b }
```

^ 標示佔位變數，這個標示告訴編譯器為 Block 建立一個隱式 signature。你的 Block 就會有和佔位值一樣多的參數，而呼叫時必須為每一個參數提供引數：

```
my $adding-block := { $^a + $^b }

$adding-block();          # 不行 - 引數太少
$adding-block( 1 );       # 不行 - 還是太少
$adding-block( 1, 37 );   # 對了！
$adding-block( 1, 2, 3 ); # 不行 - 引數太多了
```

引數是依佔位變數名稱的順序指定，而不是使用的順序。以下的 Block 都是用來除兩個數值；只差在使用佔位變數的順序：

```
my $forward-division  := { $^a / $^b };
my $backward-division := { $^b / $^a };
```

若你使用一樣順序的引數進行呼叫，即使用了同樣的佔位變數名稱，也傳了一樣的引數，你仍然會得到不同的答案：

```
put $forward-division( 2, 3 );   # 0.66667
put $backward-division( 2, 3 );  # 1.5
```

你可以多次使用同一個佔位變數，不用再建立其他的參數。下面的範例是把單一個引數乘上自己，只了一個參數：

```
my $square := { $^a * $^a }
```

呼叫 Block 的 .signature，你會得到 Signature 物件。用 say 將該物件輸出，你就可以取得 .gist：

```
my $square := { $^a * $^a }
say $square.signature;  # ($a)
```

---

### 練習題 5.4

寫一個帶三個佔位變數的 Block，並找出三者間的最大值。請考慮使用 max 函式，並用不同的引數執行該 Block。

---

## 顯式 signature

箭號 ->（pointy arrow）可用來代表你要開始寫參數了，如果 -> 和 { 中間沒有任何東西的話，代表你的 signature 中沒有任何參數：

```
my $block := -> { put "You called this block"; };
```

當你呼叫 Block 時，你可以為每個參數指定引數：

```
put $block();     # 沒有參數，可以執行
put $block( 2 );  # 錯誤 - 參數太多
```

在 -> 和 { 中間寫你想要的參數：

```
my $block := -> $a { put "You called this block with $a"; };
```

Singature 中定義的參數順序，也代表引數的順序。如果 $b 是第一個參數，那它會得到第一個引數，不會考慮它們的字典序：

```
my $block := -> $b, $a { $a / $b };
put $block( 2, 3 );  # 1.5
put $block( 3, 2 );  # 0.666667
```

這種參數稱為**位置參數**（*positional parameter*），還有另外一種參數，它們引數參數匹配序是不同的，稱為**名稱參數**（*named parameter*）：

```
my $block := -> :$b, :$a { $a / $b };
put $block( b => 3, a => 2 );  # 0.666667
put $block( a => 3, b => 2 );  # 1.5
```

你將在第 11 章看到更多關於 signature 的說明，但這裡的說明對目前來說已經夠用了。

## 型態限制

參數變數可以被限定只能用幾種型態，以下的 Block 可以作兩數值的除法，但它並不會強迫你一定要給它數值：

```
my $block := -> $b, $a { $a / $b };

$block( 1, 2 );
$block( 'Hamadryas', 'perlicus' );
```

所以第二個呼叫失敗了：

```
Cannot convert string to number: base-10 number must
begin with valid digits ...
```

這個失敗是來自於 Block 中，它不該執行那段程式。如果你要作數值運算的話，你應該要限定只能接受數值：

```
my $block := -> Numeric $b, Numeric $a { $a / $b };

put $block( 1, 2 );
put $block( 'Hamadryas', 'perlicus' );
```

第一個呼叫可以正常執行，但第二個呼叫試圖要使用 Str，但它會引發一個錯誤：

```
2
Type check failed in binding to parameter '$b';
expected Numeric but got Str ("Hamadryas")
```

如果 Numeric 型態對你來說範圍還是太大了，你也可以選擇其他的型態：

```
my $block := -> Int $b, Int $a { $a / $b };
```

不過這樣還是有個問題，由於 Int 限制可以允許任何可化為 Int 的東西，所以 Int 型態物件也可以通過：

```
$block( Int, 3 ); # 還是可以正常呼叫
```

這樣的呼叫可以通過檢查，但是會在除法處發生錯誤。所以請在限制型態後面加上 :D，讓它只用接受定義過的值。型態物件則永遠都是未定義的狀態：

```
my $block := -> Int:D $b, Int:D $a { $a / $b };
```

你會在第 11 章看到更多相關內容。

## 簡單副程式

副程式（*subroutine*）是一段將 Block 加上更多功能的程式碼，用法是在原來放箭號的地方改用 sub：

```
my $subroutine := sub { put "Called subroutine!" };
```

可以用相同的方法執行：

```
$subroutine();
```

副程式可以有**回傳值**（Block 不行），若你呼叫 sub 計算一些值，你就可在呼叫程式碼的範圍中使用這些值。

之前用 Block 的時候，有用它處理輸出。但在處理又要計算、又要作輸出的工作時，Block 不如 sub。Block 在內部必須決定如何處理算出來的值，但 sub 可以回傳值，讓你之後再決定要怎麼利用：

```
my $subroutine := sub { return "Called subroutine!" };
put $subroutine();
```

你可以取得計算結果，不必一定要將結果輸出：

```
my $result = $subroutine();
```

return 的功能是讓自己所在最內層的 Routine（一個 Sub 的超類別）回傳。如果某個 Block 存在於某個 Routine 裡面，你也可以在 Block 中使用 return。在這樣的 Routine 中，若你宣告了含有 return 述句的 Block，並且馬上執行的話，這個 return 將會中止 Routine 的執行：

```
my $subroutine := sub {
    -> { # 這裡不是 sub！
        return "Called subroutine!"
    }.();    # 馬上執行
    put 'This is unreachable and will never run';
};

put $subroutine();    # 呼叫副程式！
```

在使用 return 時，你通常會搭配一些會用到 Block 的東西使用，例如 if 結構。範例的 if 結構中的兩個 Block 都在一個 Routine 中，所以可以使用 return，該 Routine 會知道怎麼處理這兩個 Block：

```
my $subroutine := sub {
    if now.Int %% 2 { return 'Even' }
    else            { return 'Odd'  }
};

put $subroutine();
```

如果用 do if 的話，就只需要寫 1 個 return：

```
my $subroutine := sub {
    return do if now.Int %% 2 { 'Even' }
               else           { 'Odd'  }
```

```
    };

    put $subroutine();
```

# 具名副程式

副程式可以有名字，只要把名字指定在 sub 後面即可。你可以透過副程式的名字或是裝載它的變數來執行副程式，這兩種執行方法是等效的，因為它們實際上就是同一個東西：

```
my $subroutine := sub show-me { return "Called subroutine!" };
put $subroutine.(); # 呼叫副程式！
put show-me();       # 呼叫副程式！
```

使用時大多數情況你會直接呼叫：

```
sub show-me { return "Called subroutine!" };
put show-me();       # 呼叫副程式！
```

若是要定義副程式的 signature，就將 signature 放在副程式名稱後面（這裡和 Block 有點不同）：

```
sub divide ( Int:D $a, Int:D $b ) { $a / $b }
put divide( 5, 7 ); # 0.714286
```

如果編譯器解析得出來，你也可以省略括號。以下是宣告同樣的東西：

```
put divide 5, 7;     # 0.714286
```

和 Block 一樣，副程式的定義也是一個述句，如果你想在結尾的括號後面放空白以外的東西，就必須要有分號：

```
sub divide ( Int:D $a, Int:D $b ) { $a / $b }; put divide( 5, 6 );
```

副程式預設遵守辭法範圍，如下方範例所示。如果你將副程式定在 Block 中，那它就只會存在於該 Block 中。外面的範圍不會知道 divided 的存在，所以下面的程式會引發錯誤：

```
{
    sub divide ( Int:D $a, Int:D $b ) { $a / $b }
    put divide( 3, 2 );
}

put divide( 3, 2 );  # 錯誤！
```

這樣同時也享有辭法範圍帶來的好處：你不需要先知道其他所有的副程式長怎麼樣，才能定出你自己的副程式。這也表示如果你想暫時取代一個副程式，可以在範圍裡定義一個自己的版本：

```
sub divide ( Int:D $a, Int:D $b ) { $a / $b }

put divide 1, 137;

{ # 這個範圍裡的 divide 是修改過的
sub divide ( Numeric $b, Numeric $a ) {
    put "Calling my private divide!";
    $a / $b
    }

put divide 1.1, 137.003;
}
```

# Whatever 程式碼

這章主要是想介紹這個語言中的一個有趣功能，你將會在接下去的章節裡使用它。

Whatever 就是 *，它是一個標示，用來標示你之後會回頭來填寫內容。填寫的東西就會替換掉它。下面是它在表達式中的樣子，這個表達式用來將兩個東西相加：

```
my $sum = * + 2;
```

由於乘法需要兩個運算元，所以你知道 * 不是做乘法的意思，那麼它是什麼呢？編譯器會認出 * 號，並建立一個 WhateverCode（也稱為 *thunk*）。它是一段不會定義辭法範圍，也不會立即執行的程式碼。它和帶一個引數的 Block 很像：

```
my $sum := { $^a + 2 }
```

帶一個引數呼叫那個 WhateverCode，就可以得到最後的值：

```
$sum = * + 2;
put $sum( 135 );    # 137
```

如果你想要有兩個引數，你可以用 2 個 *，那麼你的 WhateverCode 就能接受兩個引數了：

```
my $sum = * + *;
put $sum( 135, 2 );    # 137
```

在很多有趣的架構中都有 Whatever * 的蹤跡；這也是你會這麼早在這本書裡見到它的原因，緊接著我們就要說兩個它的有趣用法。

## 子集

WhateverCode 讓你可以將程式碼插入到述句中，你可以搭配 subset 和 where 建出更多有趣的型態。讓我們先來建一個沒有限制的新型態，你可以告訴 subset 從一個既有的型態開始，以下的程式會做出一個和 Int 一樣的東西：

```
subset PositiveInt of Int;
my PositiveInt $x = -5;
put $x;
```

在執行時期會檢查給值的動作，你指定的 $x 的型態必須是 PositiveInt，但由於 PositiveInt 目前和 Int 是一樣的（至少現在還是），而 -5 是 Int，所以不會出問題。

現在藉由指定 where 子句以及一個 Block 程式碼，限定只能使用部分 Int 中的值：

```
subset PositiveInt of Int where { $^a > 0 };
my PositiveInt $x = -5;
put $x;
```

當你試圖指定值給 $x 時，你會觸發執行時期型態檢查。變數 $x 知道自己需要的是 PositiveInt，它接收一個可能符合 PositiveInt 的值，並將該值交給 where 子句中的 Block。如果評估為 True，那變數可接受該值，如果結果為 False，那你就會得到錯誤：

```
Type check failed in assignment to $x;
expected PositiveInt but got Int (-5)
```

Whatever 讓你可以省去一些打字的工夫，* 符號會幫你搞定。用 * 即代表你想要檢查的東西，所以不用將全部內容打出來，就可以進行完整的動作了：

```
subset PositiveInt of Int where * > 0;
my PositiveInt $x = -5;
put $x;
```

定好了 subset 之外，你可以將它應用在 signature 中，如果一個引數不是一個正整數的話，你就會得到錯誤：

```
subset PositiveInt of Int where * > 0;

sub add-numbers ( PositiveInt $n, PositiveInt $m ) {
    $n + $m
    }
```

```
put add-numbers 5, 11;      # 16
put add-numbers -5, 11;      # 錯誤
```

但其實你不需要顯式地將 subset 定義出來，你可以直接將 where 用在 signature 中，這樣的寫法在該限制只用一次時很好用：

```
sub add-numbers ( $n where * > 0, $m where * > 0 ) {
    $n + $m
    }
```

由於它是一種用很少程式碼就可以達成限定的方法，所以繼續讀下去的話，你會看到更多用到 subset 的東西。雖然你尚未看過整個模組，但是 Subset::Common 裡面有幾個你可能會覺得很好用的範例。

---

**練習題 5.5**

請用 subset 去建立一個 divide 副程式，這個副程式限定分母不能為 0。

---

# 本章總結

這一章大致上看了副程式和其他類似的東西，還有用簡單 Block 來將程式碼集在一起並定義範圍，也看了複雜一點的副程式，可以用來把值回傳給呼叫者，而它們都有各自的方法來處理引數。這一章給你足夠的內容，讓你可以在後面的幾章使用。你將會在第 11 章看到更強大的副程式功能。

# 第六章

# Positional

在你寫程式的生涯中,真正做的事情其實大多時候是把某種有序的一列東西,轉成另外一種東西。有可能是排定的工作清單、購物清單、網頁清單或是其他的東西。

對於這種清單類的東西,廣泛的稱呼它 Positional。並不是在這一章中的每樣東西都是 Positional:不過暫時可以假裝它們都是其中的一種。Perl 6 可輕鬆的將你在這章中看到的型態轉換成其他的型態,有時保持簡單是很重要的。注意它們之間的使用差異,可以讓你得到想要的結果。

這是你首次會感受到這個語言有多懶惰的章節,在你用程式碼寫完指定的計算動作之後,你的程式將會記住它要做某件事,而只有在你真正需要使用時,程式才實際動作。這個功能讓你可以擁有無限多的清單及序列,而不用真的去建立它們。

## 建立 List

List 是一個擁有 0 到多個內容項目的可變序列,最簡單的 List 是空 *List*(*empty list*),可以不給引數建立出一個空清單。整個 List 可以被當成一個東西,儲存到常量變數中:

```
my $empty-list = List.new;
put 'Elements: ', $empty-list.elems;  # 元素:0
```

.elems 方法回傳元素有多少,如果是空 List 的話,回傳值就是 0。空 List 看起來好像沒什麼用,但是想像一下,若回傳的是無結果呢?此時空 List 和非空 List 重要性就是一樣的了。

如果不呼叫 .new 的話，你也可以改用空括號建立空 List。一般來說，括號是用來分組東西的，但這裡是一個特別的語法：

```
my $empty-list = (); # 建立空白 List
```

還有另一個特別的物件 Empty 也可以建立空 List，這樣寫的話程式碼的企圖一目瞭然：

```
my $empty-list = Empty;
```

在建立 List 時，你可以將元素用逗號分隔放在 .new 中，分號和括號的呼叫型式都適用：

```
my $butterfly-genus = List.new:
    'Hamadryas', 'Sostrata', 'Junonia';

my $butterfly-genus = List.new(
    'Hamadryas', 'Sostrata', 'Junonia'
    );
```

 你無法用 $() 建立空 List，它等同於 Nil。

如果把一串東西放在 $() 裡面，也可以建立一個 List。$ 表示它是一個東西，而這個東西剛好是個 List 物件，你可以用 .elems 檢查裡面有多少元素：

```
my $butterfly-genus = $('Hamadryas', 'Sostrata', 'Junonia');
put $butterfly-genus.elems;    # 3
```

括號前面也可以省略 $，但是一對括號不能省略，因為給值動作的優先權比逗號高：

```
my $butterfly-genus = ('Hamadryas', 'Sostrata', 'Junonia');
put $butterfly-genus.elems;    # 3
```

List 裡的元素也可以是容器。當你改變了該容器內容，它看起來雖然像是 List 改變了，但其實並沒有改變，因為 List 裡裝的是那個容器，而該容器仍然是 List 元素：

```
my $name = 'Hamadryas perlicus';
my $butterflies = ( $name, 'Sostrata', 'Junonia' );
put $butterflies; # (Hamadryas perlicus Sostrata Junonia)

$name = 'Hamadryas';
put $butterflies; # (Hamadryas Sostrata Junonia)
```

你也可以在 List 中用無名變數容器佔位，不必一定是有名稱的變數，之後再填要放什麼東西。由於這種用法沒有值（也沒有型態），所以它是一個 Any 型態物件：

```
my $butterflies = ( $, 'Sostrata', 'Junonia' );
put $butterflies; # ((Any) Sostrata Junonia)
```

這些括號和逗號分隔符號看起來有點無趣沉悶，還好有簡化的做法。你可以用 qw 來括住一串東西，裡面用空白隔開的文字，會變成一個個的元素。下面的範例是做出一個裝載著三個元素的 List：

```
my $butterfly-genus = qw<Hamadryas Sostrata Junonia>;
put 'Elements: ', $butterfly-genus.elems;  # 元素: 3
```

qw 是你在第 4 章看過泛用括法的另外一種型式，它是用副詞 :w，並且回傳一個 List。這種型式不太常見，不過它和你現在做的事情是一樣的：

```
my $butterfly-genus = Q :w/Hamadryas Sostrata Junonia/
```

不過還有更簡單的做法，你可以將 Str 包在角括號中，不需寫括法和逗號。下面的寫法和 qw 是等效的：

```
my $butterfly-genus = <Hamadryas Sostrata Junonia>;
```

只有在你的 Str 中都沒有空白存在時，才能用 <>。下面的範例會產生四個元素，因為 'Hamadryas' 和 'perlicus' 中間的空白分開了它們：

```
my $butterflies = < 'Hamadryas perlicus' Sostrata Junonia >;
put 'Elements: ', $butterflies.elems;  # 元素: 4
```

Perl 6 也想到這件事了，並提供一個 List 的括法機制來作保護。<<>> 括住的東西即使包含了空白，也會被當成單一個元素：

```
my $butterflies = << 'Hamadryas perlicus' Sostrata Junonia >>;
put 'Elements: ', $butterflies.elems;  # 元素: 3
```

在 <<>> 中，你可以作變數替換，變數中的值會是獨立的一個元素，而且不會連結到原來的變數：

```
my $name = 'Hamadryas perlicus';
my $butterflies = << $name Sostrata Junonia >>;
say $butterflies;
```

如果不用 `<<>>` 的話，你可以用花式括法單字元的 `«»` 版本（雙角括），這種用法有時被稱為**法式括法**（*French quotes*）：

```
my $butterflies = « $name Sostrata Junonia »;
```

這兩種保護括法形式和 Q 的副詞 `:ww` 是等效的：

```
my $butterflies = Q :ww/ 'Hamadryas perlicus' Sostrata Junonia /;
put 'Elements: ', $butterflies.elems;  # 元素: 3
```

有時你想要做一個元素全部相同的 List，可以利用清單重複運算子 `xx`，幫你做到這件事：

```
my $counts = 0 xx 5; # ( 0, 0, 0, 0, 0 )
```

Str 中 List 的取代方法和其他常量變數一樣：

```
my $butterflies = << 'Hamadryas perlicus' Sostrata Junonia >>;
put "Butterflies are: $butterflies";
```

List 的字串化是靠元素間放空白來做到的。所以在下面範例中，你無法正確分辨元素結束和下一個開始的位置：

```
Butterflies are: Hamadryas perlicus Sostrata Junonia
```

而 `.join` 讓你選擇在元素間要放什麼東西：

```
my $butterflies = << 'Hamadryas perlicus' Sostrata Junonia >>;
put "Butterflies are: ", $butterflies.join: ', ';
```

這樣一來，輸出的元素間就有逗號了：

```
Butterflies are: Hamadryas perlicus, Sostrata, Junonia
```

你可以讓 List 被某個字元包住，然後又把裡面的 Str 一個個分開：

```
my $butterflies = << 'Hamadryas perlicus' Sostrata Junonia >>;
put "Butterflies are: /{$butterflies.join: ', '}/";
```

這麼一來，當你需要在其他的程式中解析這個 Str 時，抓出斜線中間的元素即可：

```
Butterflies are: /Hamadryas perlicus, Sostrata, Junonia/
```

---

**練習題 6.1**

寫一個能接受兩個引數的程式，第一個引數是一個 Str，第二個是要把第一引數重複多少次數。請使用 xx 和 .join 在獨立的行重複輸出文字，共輸出第二引數所指定的次數。

---

## 迭代所有元素

迭代（*Iteration*）是對一個集合中的每個元素重複地做同樣的事情。for 控制結構可以迭代 List 中每個元素，並且為每一個元素執行一次它的 Block。你可以使用 .List 方法將你的常量變數（即你的 List），看成各別的元素：

```
for $butterfly-genus.List {
    put "Found genus $_";
    }
```

每個元素都會有一行輸出如下：

```
Found genus Hamadryas
Found genus Sostrata
Found genus Junonia
```

 雖然我傾向稱呼這些東西為 Positional，但事實上 for 裡面用的是另外一個稱為 Iterable 的東西。我在本書中介紹的 Positional 也可以扮演 Iterable 的角色，所以即使嚴格來說我是錯的，但我還是不打算將它們兩者分開看待。

呼叫 .List 有點煩，所以這邊還是有捷徑可以抄。在變數前面放 @ 也可以達成相同的功能：

```
for @$butterfly-genus {
    put "Found genus $_";
    }
```

拿掉 $ 印記，改用 @ 印記可將一個 List 儲存在一個變數中．

```
my @butterfly-genus = ('Hamadryas', 'Sostrata', 'Junonia');

for @butterfly-genus {
```

```
    put "Found genus $_";
    }
```

這個動作其實和你前面看過的給值動作不同，它是一個 List 的給值動作，此處的 = 優先
權較低：

```
    my @butterfly-genus = 'Hamadryas', 'Sostrata', 'Junonia';
```

要怎麼選擇該使用 $ 還是 @ 呢？如果是對 $butterfly-genus 給值的話，會得到一個被完
全限制住的 List，你不能增加或移除元素。你可以去改變容器中的值，但是你不能改變
容器本身。再看下方範例，若是改成另外一種給值以後，會得到什麼呢？

```
    my @butterfly-genus = 'Hamadryas', 'Sostrata', 'Junonia';
    put @butterfly-genus.^name;  # Array
```

你得到一個 Array，你將會在本章稍後看到更多關於它的內容。得到的 Array 完全沒有限
制，它讓你可以加入或刪除元素，或是改變其值。請依你的需求選擇要用哪一種給值，
如果你不想要資料被改變，你就選擇那個不能被改變的。

搭配字串值取代更好用，因為這樣就不會漏掉字前後的空白。

```
    for @butterfly-genus {
        put "$_ has {.chars} characters";
        }
```

通常你會想幫你的變數取一個有意義的名字，你可以使用箭號 Block，來將你的參數取
名字，這樣就不用使用 $_ 了：

```
    for @butterfly-genus -> $genus {
        put "$genus has {$genus.chars} characters";
        }
```

這樣的寫法和用 ->{ ... } 去定義副程式看起來很像，事實上就是同一件事。訂出來的
參數在辭法範圍上屬於該 Block，就如同定義副程式時一樣。

如果你的 Block 有超過一個以上的參數，而 for 視需要幾個元素就拿幾個，以下的範例
是每次拿兩個直接把 List 元素都用過：

```
    my @list = <1 2 3 4 5 6 7 8>;

    for @list -> $a, $b {
        put "Got $a and $b";
        }
```

每次迭代時 Block 都會得到兩個元素：

```
Got 1 and 2
Got 3 and 4
Got 5 and 6
Got 7 and 8
```

請確認你有足夠的元素來填充所有參數，否則的話你將會得到錯誤。請試試看把元素刪去一個，再跑看看會發生什麼事！

你可以在 Block 中使用佔位變數，但在這種情況下，你不該使用箭號 Block，因為箭號 Block 會幫你建立 signature。下面是使用佔位變數的示範：

```
my @list = <1 2 3 4 5 6 7 8>;

for @list {
    put "Got $^a and $^b";
    }
```

## 讀取輸入行

lines 函式會讀取你在命令列指定檔案中所有行，若沒有指定檔案，則是由標準輸入取得輸入。你將會在第 8 章讀到更多相關內容，這裡將示範配上 for 會有多好用：

```
for lines() {
    put "Got line $_";
    }
```

你的程式會進行讀取，而且將所有檔案中的所有行都輸出。自動偵測行結尾刪除（*autochomped*）；由於你可能想要的就是這樣，所以行結尾會被除去。下面的 put 會為你加回行結尾：

```
% perl6 your-program.p6 file1.txt file2.txt
Got line ...
Got line ...
...
```

即使沒有引數，你還是需要寫那些括號。lines 函式可以接受 1 個引數，該引數用來指出要取得多少行：

```
for lines(17) {
    put "Got line $_";
    }
```

你可以將行的內容切為一個個的 "字"，這會用到一個 Str（或是可以轉換成 Str 的物件），切了以後你會得到一個個分開中間無空白的元素。

```
say "Hamadryas perlicus sixus".words; # (Hamadryas perlicus sixus)
put "Hamadryas perlicus sixus".words.elems; # 3
```

合併 for 和 lines 使用的話，就可以迭代每一個字：

```
for lines.words { ... }
```

.comb 方法則更進一步將 lines 切為一個個的字元，每次迭代一個字元：

```
for lines.comb { ... }
```

你將會在第 16 章看到更多關於 .comb 的內容，在那一章你將會學到如何指定 Str 的切分。

理解這三件事以後，你就可以實作自己的 *wc* 程式（譯按：一個工具程式，用於計算檔案的字數、行數、字元及位元組數）：

```
for lines() {
    state $lines = 0;
    state $words = 0;
    state $chars = 0;
    $lines++;
    $words += .words;
    $chars += .comb;
    LAST {
        put "lines: $lines\nwords: $words\nchars: $chars";
        }
    }
```

這個版本的字元計算並沒有算到所有的字元，因為行結尾被自動地刪除掉了。

---

### 練習題 6.2

在命令列指定一個檔案，讀取檔案中所有行。在每一行前面加上行號後輸出，在每行的最後面顯示該有多少 "字"。

---

## 練習題 6.3

請找出蝴蝶種群調查檔案（從 *https://www.learning/perl6.com/downloads/* 取得檔案）中，輸出所有含有 *Pyrrhogyra* 基因的行。請問你一共找到多少行？如果你不想要使用這個檔案，你可以用手邊的檔案替代。

---

# Range

Range 是一群有上下界的值，用了 Range 就不用各別在 List 中建立這些值。Range 可以是無限的，因為它並不會實際去建立所有的元素；如果是 List 就不行，那會用盡你所有記憶體。

建立 Range 時請用 ..，也要指定上下邊界：

```
my $digit-range =   0 .. 10;
my $alpha-range = 'a' .. 'f';
```

如果左邊的值比右邊的值大的話，你還是可以得到一個 Range，但它將不含任何元素，你也會得到一個警告：

```
my $digit-range = 10 .. 0;
put $digit.elems; # 0
```

你可以把 ^ 放在 .. 運算子的左邊或右邊，用以排除那端的端點值，有些人把這個符號稱為貓耳朵（*cat ear*）：

```
my $digit-range = 0 ^.. 10;  # 不含  0     ( 1..10 )
my $digit-range = 0 ..^ 10;  # 不含 10     ( 0..9 )
my $digit-range = 0 ^..^ 10; # 不含  0 和 10 ( 1..9 )
```

如果邊界是從 0 開始的話，有簡化的寫法，只要寫 ^ 和上界（不含）就可以了，這是 Perl 6 常見的寫法：

```
my $digit-range = ^10; # 和 0 ..^ 10 相同
```

這樣寫法可以得到 0 到 9 一共 10 個值，但是 10 並不包含在這個範圍中。

---

### 練習題 6.4

從 'aa' 開始到 'zz' 結束的 Range 中間有多少東西？那 'a' 到 'zz' 有多少東西呢？

---

Range 自己很清楚它的邊界在何處，若要看它到底含有多少值，你可以使用 .List 將它的值轉為一個清單。但是要小心，如果你的 Range 很大的話，你系統中的記憶體用量可能會突然爆增，所以你通常不會這麼做，不過在除錯時很好用就是了：

```
% perl6
> my $range = 'a' .. 'f';
"a".."f"
> $range.elems
6
> $range.List
(a b c d e f)
```

---

### 練習題 6.5

顯示試算表中 B5 到 F9 之間的的所有儲存格位址。

---

對 Range 使用聰明匹配，可以檢查一個值是否落在 Range 的上下界之間：

```
% perl6
> 7 ~~ 0..10
True
> 11 ~~ ^10
False
```

Range 和 List 是不同的東西，落在 Range 中的任何值都屬於 Range，即使是 Range 列示不出來的值：

```
% perl6
> 1.37 ~~ 0..10
True
> 9.999 ~~ 0..10
True
> -137 ~~ -Inf..Inf # 無限 range！
True
```

把邊界排除掉並不表示最後一個元素就是下一個最小的整數值。下面的範例中，被排除的值是 *10*；而任何小於 *10* 的正數都仍然屬於該 Range：

```
% perl6
> 9.999 ~~ ^10
True
```

這個結果和把它列示出來時差很多！

# @Coercer

Range 和 List 不同，在某些情況下，它用起來像擁有各別的元素，而不是只有上下界，而其他時候它就是代表一段範圍。能夠有這個特性，是因為有個隱藏的 Coercer 在幫你。

讓我們從 Range 的角度切入，它可以用 put 或 say 輸出。輸出的結果是兩種不同的呈現，這是因為這兩種物件中的文字顯示不同：put 用了 .Str，而 say 用的是 .gist：

```
my $range = 0..3;
put $range.^name; # Range
say $range;       # 0..3
put $range;       # 0 1 2 3
```

這種物件呈現上的差異是很重要的，當你在本書中看到 say 的時候，是因為我想讓你看到 .gist 的結果，因為這樣比較能呈現物件的概要。

你可以用 .List 方法，將前面的 Range 壓縮成一個 List：

```
my $list = $range.List;
put $list.^name; # List
say $list;       # (0 1 2 3)
```

採用 Range 或 List 可是有差別的喔！List 在搭配聰明匹配時的行為不同，因為用來匹配的元素必須是 List 中的一個元素：

```
put "In range? ", 2.5 ~~ $range;  # True
put "In list? ", 2.5  ~~ $list;   # False
```

取代老是要輸入 .List 的動作，你可以用前綴 list 的上下文運算了 @，一如你在前面看過的 + 和 ~ 上下文運算子：

```
my $range = 0..3;

put "In range? ",  2.5 ~~ $range;        # True (Range 物件)
```

```
put "In .List? ",  2.5 ~~ $range.List;  # False (List 物件 )
put "In @?     ",  2.5 ~~ @$range;      # False (List 物件 )
```

之後你會看到把 @ 印記用在 Array 變數上，不過現在先把它當成是把 Range 視為 List 看待的一個方便方法。

# 序列

序列 Seq 是一種進階的 List，它和 List 類似，但它更懶（*lazy*）。它會知道擁有的值要從哪裡來，然後在你實際要用的時候才去產生值。

 Seq 並不真的屬於 Positional，但它可以冒充。與其多作解釋，我也會把它看成是 Positional。

對 List 來說，呼叫它的 .reverse 方法可以翻轉 List 內容。但你也可以對 Seq 呼叫 List 的方法，也可以正常使用：

```
my $countdown = <1 2 3 4 5>.reverse;
put $countdown.^name; # Seq
put $countdown.elems; # 5
```

執行的結果會得到一個 Seq，但多數情況下來說這並不是重點。其他東西若希望把結果拿來當 List 用，都可以如願以嚐，而且在這種情況下，當 Seq 知道值要從哪裡取得時，也不會立即就去建出另外一個 List。

然而，還是可以呼叫 .eager 將 Seq 轉換成 List：

```
my $countdown = <1 2 3 4 5>.reverse.eager;
put $countdown.^name; # List
put $countdown.elems; # 5
```

如果你將 Seq 指定給某個帶 @ 印記的變數，該 Seq 會被轉換成一個 Array。下面的範例是對 Array 做迫切給值（*eager assignment*）（後面馬上會講到）：

```
my @countdown = <1 2 3 4 5>.reverse;
put @countdown.^name; # Array
put @countdown.elems; # 5
```

呼叫 .pick 方法的話，可以從 List 中隨機取出一個元素：

```
my $range = 0 .. 5;
my $sequence = $range.reverse;
say $sequence.^name; # Seq;

put $sequence.pick;  # 5（也有可能是別的）
```

預設上來說，你只能迭代 Seq 一次，用法是使用一個元素，然後一次向後移動一個。這代表 Seq 必須知道如何弄出下一個元素，一旦用完以後就可以丟掉該元素 —— 它不會記得已經用過的值。如果你試圖使用去使用已經迭代過所有元素的 Seq 的話，你會得到一個錯誤：

```
put $sequence.pick;  # 3（也有可能是別的）
put $sequence;        # 錯誤
```

錯誤訊息中有說明如何解決：

```
This Seq has already been iterated, and its values consumed
(you might solve this by adding .cache on usages of the Seq, or
by assigning the Seq into an array)
```

加上 .cache 可以記住 Seq 的元素，這樣一來就可重複使用。用了以後，再呼叫 .pick 的話，就不會有錯誤了：

```
my $range = 0 .. 5;
my $sequence = $range.reverse.cache;
say $sequence.^name; # Seq;

put $sequence.pick;  # 5（也有可能是別的）
put $sequence;        # 5 4 3 2 1 0
```

不過，請不要任意地這樣用。使用 Seq 的其中一個優點，就是除非必須，否則它不會複製資料以節省記憶體。

## 無限 Lazy List

Seq 必須把所有元素都做出來，才能從中 .pick 一個，這個動作做完之後，它就忘了那些做出來的元素，也無法再次做出那些元素。Perl 6 用無限 lazy list 來化解這個問題，你可以用三點序列運算子 ... 搭配上 Seq 來建立無限 lazy list，只把它宣告出來，而不會馬上處理值：

```
my $number-sequence := 1 ... 5;
```

上面的範例代表從整數 1 開始到 5，Seq 會看著開頭的值，去找出如何到達結束值的方法。對於這個序列來說，到達的方法就是整數遞增。

你可以讓結束值不被包含（但開頭值不行），下面的 Seq 代表整數 1 到 4：

```
my $exclusive-sequence := 1 ...^ 5;
```

Range 不能向下數，但 Seq 可以。下面的程式將會整數遞減：

```
my $countdown-sequence := 5 ... 1;
```

字母也可以做同樣的事情：

```
my $alphabet-sequence := 'a' ... 'z';
```

你可以告訴 Seq 如何決定下一個元素，在開始處指定多幾個值用來描述：

```
my $s := 0, 1, 2 ... 256; # 257 個數 , 0 .. 256
```

這是一個含有整數 0 到 256 的序列，可以說是最簡單的序列版本了。但如果是在 2 後面加上一個 4 的話，這個序列就變成了 2 的次方：

```
my $s := 0, 1, 2, 4 ... 256; # 2 的次方
say $s; # (0 1 2 4 8 16 32 64 128 256)
```

... 不僅可以找出算術或幾何數列，只要你有個複雜的序列，而且也可以說明如何找到下一個項目是什麼的話，它還可以做更強大的事。找到下一個項目的方法，可以是一個 Block，這種 Block 會抓取前一個引數，並進行轉換。下面的程式是將前一個元素加上 0.1，至多加到 1.8 為止，這種動作 Range 是做不到的：

```
my $s := 1, { $^a + 0.1 } ... 1.8;
say $s; # (1 1.1 1.2 1.3 1.4 1.5 1.6 1.7 1.8)
```

如果你的 Block 需要一個以上的位置參數才能完成該數列的話，可以看下面 Fibonacci 數列的例子，其最大值為 21：

```
my $s := 1, 1, { $^a + $^b } ... 21;
say $s; # (1 1 2 3 5 8 13 21)
```

一直到 Seq 中新建的數字確切的等於尾端數字時，才會停止建立數列。如果你將上列尾端數字改為 20，你就會建出一個無限數列，如果你的程式因為想計算元素數量而去建立所有元素的話，就會當掉：

```
my $s := 1, 1, { $^a + $^b } ... 20;
say $s.elems;  # 無法得到答案，但它又不會放棄
```

除了常數作為尾端之外，你還可以用一個 Block 當作尾端。Seq 會在 Block 值被評估為 True 時就會停止建立（會包含讓它變成 True 的值）：

```
my $s := 1, 1, { $^a + $^b } ... { $^a > 20 };
say $s.elems; # (1 1 2 3 5 8 13 21)
```

上面用的 Block 看起來有點蠢，不過你可以用 Whatever 來少打幾個字，先看一下寫法：

```
my $s := 1, 1, { $^a + $^b } ... * > 20;
```

你可以用兩個 Whatever 來縮短第一個 Block，WhateverCode 會看見兩個 * 符號，於是它就知道那裡需要使用兩個元素：

```
my $s := 1, 1, * + * ... * > 20;
```

這樣的寫法會讓 Fibonacci 數列停止在 21，但如果你想要的是完整的 Fibonacci 數列呢？把 Whatever 獨自當成尾端的話，其評估值永遠不會為 True；也就是數列永遠不會結束的意思：

```
my $s := 1, 1, * + * ... *;
```

.gist 在此時就彰顯了它存在的意義，它可以給出物件的匯總資訊。它知道做出來的是一個無限 Seq，所以不會嘗試去顯示出來：

```
put $s.gist; # (...)
say $s;      # (...), 隱式地使用了 .gist
```

這就是 Seq 的重點了，它可以做出一個無限的數列，但它又不會馬上把數列產生，它知道的是如何找出每個數字的方法。

還記得一旦 Seq 用過所有數字，而沒有儲存或再製的話，就不會記住所有數字吧！在這個例子裡第一個 put 會將一個數列反向排列，並使用完整個數列，所以第二個 put 就什麼也沒有了：

```
my $s := 1 ... 5;

put $s.reverse; # (5 4 3 2 1)
put $s;         # 錯誤
```

你得到的錯誤訊息如下：

```
This Seq has already been iterated, and its values consumed
(you might solve this by adding .cache on usages of the Seq, or
by assigning the Seq into an array)
```

這個訊息告訴你該怎麼辦，你可以呼叫 Seq 的 .cache 方法，去強迫它記得值，即使這個行為可能會用完你所有的記憶體：

```
my $s := 1 ... 5;
put $s.cache.reverse; # 5 4 3 2 1
put $s;               # 1 2 3 4 5
```

當你需要把一個 Seq 當成一個 List 用時，可以用 @。這樣的用法會讓所有的值都產生出來：

```
my $s = ( 1 ... 5 );
put $s.^name; # Seq

my $list-from-s = @$s;
put $list-from-s.^name; #List
```

大多數時候，Seq 的行為和 List 是一樣，不過有時還是有些差異。

# 收集值

前面講的 Seq 都能輕鬆地基於前一個值，去算出下一個值，但事情不是永遠都這麼美好。將 gather 搭配 Block 使用可以回傳一個 Seq。當你想要下一個值時，gather 就會執行該段程式碼。take 的用途是產生一個值。下面使用 gather 的例子和 1 ... 5 是等效的。

```
my $seq := gather {
    state $previous = 0;

    while $previous++ < 5 { take $previous }
    }

say $seq;
```

每次程式執行到 take 時，它就會產出一個值，然後等待下次有人來索取值。該 gather Block 程式碼跑完的時候，Seq 也就會終止了。在這個範例中，每次存取 Seq 時，while Block 就會執行一次。

如果述句可以在一行寫完，你就不用寫 Block 的括號。例如下面這個無限的 Seq：

```
my $seq := gather take $++ while 1;
```

這個功能很容易和你已知的其他功能整合，下面的例子是建立一個裝載隨機值的 Seq，gather 可以不停地從 @array 中取得隨機值：

```
my @array = <red green blue purple orange>;
my $seq := gather take @array.pick(1) while 1;
```

下面例子中 gather 會取得輸入的行，並只提供出含有 eq 的行，它不需要等到所有的輸入都結束了以後，才開始產生值。由於 Seq 控制了輸入，所以你不需要馬上去使用或儲存輸入的內容：

```
my $seq := gather for lines() { next unless /eq/; take $_ };

for $seq -> $item {
    put "Got: $item";
    }
```

你可以好整以暇地用 Positional 儲存：

```
my @seq = lazy gather for lines() { next unless /eq/; take $_ };

for @seq -> $item {
    put "Got: $item";
    }
```

不管你是用什麼方法建立一個 Seq，只要 Seq 建出來以後，你就可以使用它，也可以將它像其他序列一樣任意傳遞。

---

### 練習題 6.6

使用 gather 和 take 從一個色彩名稱的 Array，製作出一個無限循環的色彩名稱。當你用到陣列結尾時，請回到陣列開頭重新開始。

---

# 單一元素存取

不管是 List、Range、Seq 或是其他的 Positional 物件，你都可以取得該物件中特定位置的元素。每個位置都有一個 index，它是一個正整數（包含 0）。若要取得某索引位置的元素，就對你的物件使用 [ 位置 ]：

```
my $butterfly-genus = <Hamadryas Sostrata Junonia>,
my $first-butterfly = $butterfly-genus[0];
put "The first element is $first-butterfly";
```

[ 位置 ] 是一個**後環綴運算子**（*postcircumfix*）。運算子其實是一種方法（見第 12 章），所以你可以將呼叫方法的點放在物件和 [ 位置 ] 中間（雖然你不會這麼做）：

```
my $first-butterfly = $butterfly-genus.[0];
```

不管寫不寫點，都可以在**雙引號字串**中進行值取代動作：

```
put "The first butterfly is $butterfly-genus[0]";
put "The first butterfly is $butterfly-genus.[0]";
```

由於索引是從 0 開始算的，所以最後一個位置是元素值減 1，最後一個位置也可以用 .end 方法取得：

```
my $end = $butterfly-genus.end;              # 2
my $last-butterfly = $butterfly-genus[$end];  # Junonia
```

如果物件是 lazy list 的話，試圖去找它的最後一個元素，將會得到一個錯誤；你可以先用 .is-lazy 檢查它是不是 lazy list，若是的話就用不同的處理方法：

```
my $butterfly-genus = <Hamadryas Sostrata Junonia>;
$butterfly-genus = (1 ... * );
put do if $butterfly-genus.is-lazy { 'Lazy list!' }
        else {
            my $end = $butterfly-genus.end;
            $butterfly-genus[$end]
            }
```

如果你指定位置索引值小於 0 的話，也會得到錯誤。如果你是用一個常值去表示這個負索引的話，錯誤訊息會告訴你，你把其他語言的使用習慣用在這裡了：

```
$butterfly-genus[-1];   # 在 Perl 5 可以用，但 Perl 6 中是錯誤！
```

錯誤訊息還會告訴你要用 *-1 取代原指定的索引值，這個用法稍待一會馬上會說明：

```
Unsupported use of a negative -1 subscript to index from the end;
in Perl 6 please use a function such as *-1
```

但如果你將索引值放在變數中，例如來自一個錯誤的計算結果，你會得到另外一個不同的錯誤訊息：

```
my $end = -1;
$butterfly-genus[$i];
```

這時錯誤訊息告訴你的是 - 你超過邊界了：

```
Index out of range. Is: -1, should be in 0..^Inf
```

但如果你試圖要存取的元素是在另外一端，結果就不一樣了，你不會得到錯誤訊息，只會得到 Nil：

```
my $end = $butterfly-genus.end;
$butterfly-genus[$end + 1];  # Nil!
```

可是這樣很奇怪阿，你不能因為拿到的是 Nil，就判定存取的位置不正確，因為 Nil 可以是 List 中的一個元素：

```
my $has-nil = ( 'Hamadryas', Nil, 'Junonia', Nil );
my $butterfly = $has-nil.[3]; # 可用，但得到的結果一樣是 Nil！
```

你也可以在中括號中放幾乎任何的程式碼，程式碼會被評估為一個 Int，但如果程式碼不能被評估為一個 Int 的話，那運算子會將它轉換成一個 Int。例如下方範例中，你可以跳過之前一直用的 $end 變數，直接使用 .end：

```
my $last-butterfly = $butterfly-genus[$butterfly-genus.end];
```

如果你想要到數第二個元素的話，可以減去 1：

```
my $next-to-last = $butterfly-genus[$butterfly-genus.end - 1];
```

這樣從尾端倒數的做法有點無趣，所以另外有個簡單的方法可以做到一樣的事。如果在 [] 中放了 Whatever 星星符號，它就代表 list 中元素的數量（不是最後一個索引值喔！）。* 值將會比最後一個位置的索引值大 1，所以把 * 減掉 1 的話，就能得到最後一個元素的索引值了：

```
my $last-butterfly = $butterfly-genus[*-1];
```

同樣地，如果要取得最後第二個元素的話，就再減 1：

```
my $next-to-last = $butterfly-genus[*-2];
```

如果你減去的數值比元素的數量還多，你會得到 Nil（而不是像原來不是用 * 的情況時，會得到的索引錯誤訊息）。

如果你有一個 Seq，它將會把你要求存取東西之前的東西都建出來。例如三角形數列就是將元素的索引值加上前一個值，然後得到數列的下一個數值。如果你想得到第五個的話，會這麼寫：

```
my $triangle := 0, { ++$ + $^a } ... *;
say $triangle[4];
```

---

### 練習題 6.7

平方數列可以用 *2n-1* 加上前一個值來計算，*n* 代表數列的索引位置。請使用數
列運算子 ... 去計算 25 的平方。

---

## 改變一個元素

如果你的 List 中的元素是一個容器，你就可以改變它的值。例如之前你有用過無名常量
容器，放在你的 list 中當作佔位用：

```
my $butterflies = ( $, 'Sostrata', 'Junonia' );
say $butterflies; # ((Any) Sostrata Junonia)
```

你不能改變容器本身，但你可以改變該容器中的值：

```
$butterflies.[0] = 'Hamadryas';
say $butterflies; # (Hamadryas Sostrata Junonia)
```

試圖改變非容器的值的話，你會得到錯誤：

```
$butterflies.[1] = 'Ixias';
```

這個錯誤告訴你，該元素是不可以改的：

```
Cannot modify an immutable Str (...)
```

## 存取多元素

你可以一次存取多個元素。此時可使用切片（*slice*），它可在括號中指定多個索引值：

```
my $butterfly-genus = <Hamadryas Sostrata Junonia>;
my ( $first, $last ) = $butterfly-genus[0, *-1];
put "First: $first Last: $last";
```

注意到了嗎？你可以在 my 後面的括號中，一次宣告多個變數。由於它不是一個副程式，
所以你仍然需要在 my 後面加空格。範例程式輸出的是第一個和最後一個元素：

```
First: Hamadryas Last: Junonia
```

可以用 Positional 物件去指定索引值，如果你是將索引值儲存在常量變數中的話，就要
先作一些**轉換**才能用：

```
put $butterfly-genus[ 1 .. *-1 ];     # Sostrata Junonia

my $indices = ( 0, 2 );
put $butterfly-genus[ @$indices ];  # Hamadryas Junonia
put $butterfly-genus[ |$indices ];  # Hamadryas Junonia

my @positions = 1, 2;
put $butterfly-genus[ @positions ]; # Sostrata Junonia
```

利用括號也可以做到一次指定多個元素的值，但被指定的元素必定要是可變的
（mutable）。如果它們不是容器，你就不能改變它們的值：

```
my $butterfly-genus = ( $, $, $ );
$butterfly-genus[ 1 ] = 'Hamadryas';
$butterfly-genus[ 0, *-1 ] = <Gargina Trina>;
put $butterfly-genus;
```

如果要克服這一點的話，你可以使用 Array，Array 會自動地將它的元素容器化，你馬上
就會讀到相關內容了：

```
my @butterfly-genus = <Hamadryas Sostrata Junonia>;
@butterfly-genus[ 0, *-1 ] = <Gargina Trina>;
put @butterfly-genus;
```

# Array

你不能改變一個 List，一旦建好一個 List 之後，它就是那樣，元素的數量不會再改變。
你不能加入或刪除任何元素，除非元素是一種容器，否則每個 List 的元素都是固定的。

Array（陣列）就不一樣囉！它會將所有元素容器化，所以你就可以改變其元素，而
Array 本身也屬於一種容器。你可以試著用 Array 類別來建立一個陣列物件：

```
my $butterfly-genus = Array.new: 'Hamadryas', 'Sostrata', 'Junonia';
```

雖然之後你大概再也不會看到這樣的寫法，因為你會用中括號來建立一個 Array。每個
Array 中的元素，都會變成一個容器，即使它本來不是容器也一樣：

```
my $butterfly-genus = ['Hamadryas', 'Sostrata', 'Junonia'];
```

由於每個元素都是一個容器，所以你可以透過單一元素存取，把想改的值指定給某元素：

```
$butterfly-genus.[1] = 'Paruparo';
say $butterflies; # [Hamadryas Paruparo Junonia]
```

下方範例中是一個新的動作，使用了 @ 印記（看起來有點像 *Array* 的 *a*）。如果你指定一列東西給一個 @ 變數，你就會得到一個 Array：

```
my @butterfly-genus = <Hamadryas Sostrata Junonia>;
put @butterfly-genus.^name;  # Array
```

這裡用的 = 和之前你用過的一樣，由於你把 Array 放在運算子的左側，所以 = 知道自己要作用在類似像 list 的東西，此時它的優先序會比逗號低，所以你可以把調整優先序的括號去掉：

```
my @butterfly-genus = 1, 2, 3;
```

---

### 練習題 6.8

你已經在不知不覺中用過 Array 了，@*ARGS 代表你指定在命令列的 Str 引數的集合，請在不同行分別印出各引數。

---

## 建立一個 Array

在下面的範例中，其實背後有一個隱藏的 list 給值動作。完整把動作展開的話，會含有好多個步驟，簡化來說，就是 Array 為所有元素準備好常量容器，Array 可以儲存並綁定這些常量容器：

```
my @butterfly-genus := ( $, $, $ ); # 綁定
```

接著就是將接收的 list 中的東西，指定給 Array 中的各容器：

```
@butterfly-genus = <Hamadryas Sostrata Junonia>;
```

你不用動手做任何事，因為在你指定值給 Array（就是前面有 @ 的變數）時，這些都自動發生了。Array 裡面的東西必然是容器，而 Array 本身也是一個容器。

用中括號來建立 Array（中括號也可以用來索引 Array），你可以把常量或 Array 指定給一個 Array 變數。

```
my $array = [ <Hamadryas Sostrata Junonia> ];
put $array.^name;       # Array
put $array.elems;       # 3
put $array.join: '|';  # Hamadryas|Sostrata|Junonia

my @array = [ <Hamadryas Sostrata Junonia> ];
```

```
put @array.^name;      # Array
put @array.elems;      # 3
put @array.join: '|';  # Hamadryas|Sostrata|Junonia
```

如果你要指定值給 @array，就不需要使用中括號。以下的程式是等效的：

```
my @array = <Hamadryas Sostrata Junonia>;
put @array.^name;      # Array
put @array.elems;      # 3
```

在你還不想或不知道要給什麼值時，中括號可以讓你跳過變數不寫，通常在你建立資料結構或副程式參數時，會想做這件事，你會在之後看到更多例子。

## Array 值取代

利用雙括 Str 可以在 Positional 變數中對單一或多個甚至全部的元素進行取代，方法是用中括號去選取你想要的元素：

```
my $butterflies = <Hamadryas Sostrata Junonia>;
put "The first butterfly is $butterflies[0]";
put "The last butterfly is $butterflies[*-1]";
put "Both of those are $butterflies[0,*-1]";
put "All the butterflies are $butterflies[]";
```

當它作多個元素取代時，它會在兩個元素間括入空白：

```
The first butterfly is Hamadryas
The last butterfly is Junonia
Both of those are Hamadryas Junonia
All the butterflies are Hamadryas Sostrata Junonia
```

你也可以對 Range 做值取代：

```
my $range = 7 .. 13;
put "The first is $range[0]";    # The first is 7
put "The last is $range[*-1]";   # The last is 13
put "All are $range";            # All are 7 8 9 10 11 12 13
```

其他種類的 Positional 變數的值取代行為也雷同。

## 使用 Array

由於 Array 是一個容器，所以你可以改變它。和 List 不同，你可以為 Array 加上或移除元素。.shift 方法用於移除 Array 中第一個元素，並將該元素交給你，之後該元素就不再存在於 Array 中了：

```
my @butterfly-genus = <Hamadryas Sostrata Junonia>;
my $first-item = @butterfly-genus.shift;
say @butterfly-genus;  # [Sostrata Junonia]
say $first-item;       # Hamadryas
```

如果 Array 是空，你會得到一個 Failure，但你在第 7 章之前不會讀到任何相關內容。你並不會立即地得到一個錯誤；而是在之後你試圖要使用它時，錯誤才會出現：

```
my @array = Empty;
my $element = @array.shift;
put $element.^name;  # Failure ( 軟性 exception)
```

雖然這個錯誤會被評估為 False，但在條件式裡使用時，並不會顯示錯誤：

```
while my $element = @array.shift { put $element }
```

用 .pop 方法可以移除最後一個元素：

```
my @butterfly-genus = <Hamadryas Sostrata Junonia>;
my $first-item = @butterfly-genus.pop;
say @butterfly-genus;  # [Hamadryas Sostrata]
say $first-item;       # Junonia
```

如果想在最前面加入一或多個東西就用 .unshift，所加入的東西的最上層物件會變成 Array 的一個元素：

```
my @butterfly-genus = Empty;
@butterfly-genus.unshift: <Hamadryas Sostrata>;
say @butterfly-genus;  # [Hamadryas Sostrata]
```

.push 的功能是將一串東西加在另外一串東西的後面：

```
@butterfly-genus.push: <Junonia>;
say @butterfly-genus;  # [Hamadryas Sostrata Junonia]
```

用 .splice 的話，你可以指定 Array 的任意位置加入或是移除多個元素，它需要有一個開始的索引、一個長度以及要移除幾個元素，它會將移除出來的元素交給你：

```
my @butterfly-genus = 1 .. 10;
my @removed = @butterfly-genus.splice: 3, 4;
```

```
say @removed;         # [4 5 6 7]
say @butterfly-genus; # [1 2 3 8 9 10]
```

你可以指定東西給 .splice，用指定的東西取代移除的東西：

```
my @butterfly-genus = 1 .. 10;
my @removed = @butterfly-genus.splice: 5, 2, <a b c>;
say @removed;         # [6 7]
say @butterfly-genus; # [1 2 3 4 5 a b c 8 9 10]
```

如果長度為 0 的話，你不會移除任何東西，但你還是可以插入取代值，只是你會取回一個空的 Array：

```
my @butterfly-genus = 'a' .. 'f';
my @removed = @butterfly-genus.splice: 5, 0, <X Y Z>;
say @removed;         # []
say @butterfly-genus; # [a b c d e X Y Z f]
```

以上這些 Array 的方法都有等效的副程式版本：

```
my $first = shift @butterfly-genus;
my $last  = pop @butterfly-genus;

unshift @butterfly-genus, <Hamadryas Sostrata>;
push @butterfly-genus, <Junonia>

splice @butterfly-genus, $start-pos, $length, @elements;
```

---

### 練習題 6.9

請建立一個含有字母 *a* 到 *f* 的 Array，利用 Array 運算子移動 Array 中的所有元素，以顛倒順序放入到另一個新的 Array 中。

---

### 練習題 6.10

建一個含有字母 *a* 到 *f* 的 Array，使用 .splice，做到以下的動作：移除第一個元素、移除最後一個元素、在最前面加入一個大寫的 *A*，在最後面加上一個大寫的 *F*。

# 由 List 組成的 List

一個 List 可以是另外一個 List（或 Seq）的元素，如果以前用過的語言也支援的話，你可能會覺得這件事是 "理所當然！"，否則的話，可能會覺得 "這怎麼可以！"。

.permutations 方法可以產生一個由子 list 組成的 Seq，每個子 list 代表原來的所有元素的某一種順序：

```
my $list = ( 1, 2, 3 );
say $list.permutations;
put "There are {$list.permutations.elems} elements";
```

輸出的結果顯示 List 所組成的 List，其中每個元素都是另外一個 List：

```
((1 2 3) (1 3 2) (2 1 3) (2 3 1) (3 1 2) (3 2 1))
There are 6 elements
```

你也可以直接做出一個來，下面範例中的 List 中有兩個元素，各別都是 List：

```
my $list = ( <a b>, <1 2> );
put $list.elems;              # 2
say $list;                    # ((a b) (1 2))
```

你可以明確地用括號指定元素為一個子 list：

```
my $list = ( 1, 2, ('a', 'b') );
put $list.elems;  # 3
say $list;        # (1 2 (a b))
```

你可以用分號分隔各個子 List，在兩個分號間的元素最後就會在同一個子 list 中，不過只有一個元素的子 list，會被視為單一元素（譯按：不被當成 List）。

```
my $list = ( 1; 'Hamadryas'; 'a', 'b' );
put $list.elems;        # 3
say $list;              # (1 Hamadryas (a b))
put $list.[0].^name;  # Int
put $list.[1].^name;  # Str
put $list.[*-1].^name; # List
```

## 壓扁 List

如果你的一堆元素沒有結構的話，也許你比較喜歡扁平化的 List。.flat 取出子 List 的所有元素，並將它變成單一層的 簡單 List（simple list），下面範例中建出的扁平 List 有四個元素，而不是三個：

```
my $list = ( 1, 2, ('a', 'b') );
put $list.elems;   # 3

my $flat = $list.flat;
put $flat.elems;   # 4
say $flat;          # (1 2 a b)
```

不管 List 有幾層，這個動作會一路向下做。下面範例中的最後一個元素是子 list，而這個子 list 中還有另外一個子 List，所以壓扁後的 List 中有六個元素：

```
my $list = ( 1, 2, ('a', 'b', ('X', 'Z') ) );
put $list.elems;   # 3

my $flat = $list.flat;
put $flat.elems;   # 6
say $flat;          # (1 2 a b X Z)
```

碰到不想某個子 List 也被壓扁的時候，你可以在括號前面放 $ 符號，來項目化（*itemize*）該 List，被項目化的元素就不會被壓扁了：

```
my $list = ( 1, 2, ('a', 'b', $('X', 'Z') ) );
put $list.elems;   # 3

my $flat = $list.flat;
put $flat.elems;   # 5
say $flat;          # (1 2 a b (X Z))
```

List 中如果有已物件化的常量變數，也不會被壓扁：

```
my $butterfly-genus = ('Hamadryas', 'Sostrata', 'Junonia');

my $list = ( 1, 2, ('a', 'b', $butterfly-genus ) );
my $flat = $list.flat;
say $flat;          # (1 2 a b (Hamadryas Sostrata Junonia))
```

如果要除去物件化時怎麼辦呢？你可以在前面放一個 |，就可以照樣壓扁它了。如下面範例示範**去除物件化**：

```
my $butterfly-genus = ('Hamadryas', 'Sostrata', 'Junonia');

my $list = ( 1, 2, ('a', 'b', |$butterfly-genus ) );
my $flat = $list.flat;
put $flat.elems;   # 7
say $flat;          # (1 2 a b Hamadryas Sostrata Junonia)
```

| 可以去除 Capture、Pair、List、Map 和 Hash 的物件化。你可以在第 11 章看到更多相關內容。實際上，它是建立一個 Slip 物件，Slip 物件是一種 List，它可以自動地壓扁然後進到外面的 List 中，你可以用 .Slip 轉化你的 List，這個動作是等效的：

```
my $list = ( 1, 2, ('a', 'b', $butterfly-genus.Slip ) );
```

這樣做以後，在 $butterfly-genus 中的元素就會和外層 List 中的元素在同一個層級中了：

```
(1 2 (a b Hamadryas Sostrata Junonia))
```

slip 副程式的功能也一樣：

```
my $list = ( 1, 2, ('a', 'b', slip $butterfly-genus ) );
```

在這一章後面會讓這類 Slip 展現它們的好用之處。

## 有趣的子 List

這邊要介紹一些有用的東西。.rotor 方法可以將一個扁平 List 打散，變成 List 組成的 List。而你可以指定每個子 list 中有多少元素，例如你可以做出 5 個長度為 2 的子 List：

```
my $list = 1 .. 10;
my $sublists = $list.rotor: 2;
say $sublists;          # ((1 2) (3 4) (5 6) (7 8) (9 10))
```

這個功能在你想一次迭代多個元素時特別好用，它會抓取你指定數量的元素，你只要提供單一的 List 就可以作迭代：

```
my $list = 1 .. 10;
for $list.rotor: 3 {
    .say
    }
```

預設上來說，它只會抓你指定的數量，如果數量不足時，它也不會給你殘缺的 List。以下的輸出沒有 10：

```
(1 2 3)
(4 5 6)
(7 8 9)
```

如果你若也想拿到尾端數量不足的子 list 時，加上副詞 :partial 即可：

```
my $list = 1 .. 10;
for $list.rotor: 3, :partial {
    .say
    }
```

加了以後，迭代的最後一次會拿到較短的 list：

```
(1 2 3)
(4 5 6)
(7 8 9)
(10)
```

---

### 練習題 6.11

使用 lines 和 .rotor 用三行一組的型式從命令列讀取東西，並將每組中間那行輸出。

---

# 合併 List

建立和操作 Positional 物件只是你程式的初級技巧，Perl 6 有數種讓你可以做管理、合併以及處理多個 Positional 的功能。

## Zip 運算子 Z

Z 運算子從你提供的兩個 List 中取得同位置的元素，並為它們建立子 List：

```
say <1 2 3> Z <a b c>;  # ((1 a) (2 b) (3 c))
```

持續做到短的那個 List 結束時，整個動作就結束了，不管哪個 List 比較短都一樣。

```
say <1 2 3> Z <a b>;  # ((1 a) (2 b))

say <1 2> Z <a b c>;  # ((1 a) (2 b))
```

zip 副程式功能是一樣的：

```
say zip( <1 2 3>, <a b> );  # ((1 a) (2 b))
```

下面的範例輸出和前面範例一樣，因為 $letters 裡面的元素不足以做出更多的子 List：

```
my $numbers = ( 1 .. 10 );
my $letters = ( 'a' .. 'c' );

say @$numbers Z @$letters; # ((1 a) (2 b) (3 c))
```

即使大於兩個 List 也一樣可以用：

```
my $numbers = ( 1 .. 3 );
my $letters = ( 'a' .. 'c' );
my $animals = < 🐱 🐰 🐭 >; # 貓 兔子 老鼠
say @$numbers Z @$letters Z @$animals;
```

每個子 List 裡面有三個元素：

```
((1 a 🐱)(2 b 🐰)(3 🐭))
```

zip 的功能和 Z 是一樣的：

```
say zip @$numbers, @$letters, @$animals;
```

也可以搭配 for 使用：

```
for zip @$numbers, @$letters, @$animals {
    .say;
    }
```

```
(1 a 🐱)
(2 b 🐰)
(3 c 🐭)
```

---

### 練習題 6.12

請用 Z 運算子，做出一個 List 組成的 Array，每個子 List 中有兩個元素，一個是英文字母，另外一個是該字母的順位。

## 交叉運算子 X

X 運算子的功能是將 Positional 變數中的元素，分別和另外一個 Positional 變數中的所有元素合併：

```
my @letters = <A B C>;
my @digits  = 1, 2, 3;

my @crossed = @letters X @digits;
say @crossed;
```

輸出的結果是每個字母和每個數字的交叉組合：

```
[(A 1) (A 2) (A 3) (B 1) (B 2) (B 3) (C 1) (C 2) (C 3)]
```

---

### 練習題 6.13

一副 52 張牌的撲克牌有四種花色♣ ♡ ♠ ◇，每種花色有十三張牌，分別是 2 到 13 和 A。請使用交叉運算子做一個 List 組成的 List 來代表每張牌，然後請在一行輸出同一個花色的所有牌。

---

## 超運算子

若不想將 Positional 合併，你也可以直接做成對的操作，然後把結果建成一個 List。超運算子（*hyperoperator*）的功能就是這個。如果將 + 號放在 <<>> 中間，它的功能是將 @right 的第一個元素加上 @left 的第一個元素。而這個加的動作，結果將會是產出中第一個元素。然後第二個、第三個依序做下去：

```
my @right = 1, 2, 3;
my @left  = 5, 9, 4;

say @left <<+>> @right;  # [6 11 7]
```

下面範例是另外再選一個運算子，然後做同一個流程。例如連接符號可以將每個元素轉成字串相接：

```
my @right = 1, 2, 3;
my @left  = 5, 9, 4;

say @left <<~>> @right;  # [51 92 43]
```

如果任一邊的元素較少，`<<>>` 就會把較短那邊循環回到最前面，不管哪一邊較短都一樣。下面的範例中，`@left` 的元素較少，當做到第三個元素時，就會循環使用 `@left` 開頭的 `11`：

```
my @right = 3, 5, 8;
my @left  = 11, 13;

say @left <<+>> @right;  # [14 18 19]
say @right <<+>> @left;  # [14 18 19]
```

如果把角括號的尖角向內，就是強制兩邊必須要有相等數量的元素才行。如果不匹配的話，你就會得到錯誤：

```
say @left >>+<< @right;  # 錯誤！
```

另一用法是強制一邊一定要多於另外一邊，同時也不循環使用開頭的元素。這種用法是將角括號指元素較多的那一邊，超運算子就不會循環使用較少那邊的元素：

```
my @long  = 3, 5, 8;
my @short = 11, 13;

say @short >>+>> @long;    # [14 18]    不循環
say @long  >>+>> @short;   # [14 18 19]

say @short <<+<< @long;    # [14 18 19]
say @long  <<+<< @short;   # [14 18]    不循環
```

如果不想用兩個角括號，也可以使用 `»«`：

```
my @long  = 3, 5, 8;
my @short = 11, 13;

say @short  «+» @long;    # [14 18 19]
say @short  »+« @long;    # 錯誤

say @short  »+» @long;    # [14 18]    不循環
say @long   »+» @short;   # [14 18 19]

say @short  «+« @long;    # [14 18 19]
say @long   «+« @short;   # [14 18]    不循環
```

# 簡化運算子

簡化運算子（*reduction operator*）和 Z、X 以及超運算子有點不一樣。它會對 Positional 中兩個元素進行操作，然後把兩個元素變成一個元素。

前綴的 [] 就是簡化運算子，在中括號裡面放上你想做的二元運算子。這個二元運算子會取 Positional 開頭的兩個元素，把這兩個元素變成一個元素。然後將會把兩個值用結果取代；所以得到的結果會比原來的輸入少一個元素，它會一直動作到所有的元素用完，也就是用完最後一個值為止。

範例是用它來快速的加總一些數字：

```
my $sum = [+] 1 .. 10;  # 55
```

如果你把步驟拆開寫，效果等同於下列程式碼：

```
((((((((((1 + 2) + 3) + 4) + 5) + 6) + 7) + 8) + 9) + 10)
```

也可以用來算乘積：

```
my $factorial = [*] 1 .. 10;  # 3628800
```

想知道所有的元素是否都能被評估為 True 嗎？將 && 套用到最前面兩個元素，並且將這兩個元素以它運算的結果取代，這個行為會一直重複直到用完所有的元素為止。動作完成後，使用 ?（或 .so）將結果轉換為布林值：

```
my $condition = ?( [&&] 1 .. 10 );  # True
my $condition = ?( [&&] ^10 );      # False
```

另外還有二元的 max 運算子：

```
my $max = 1 max 137; # 137;
```

你可以將它放到括號中，這樣一來你就可以找到元素中最大的數值：

```
my $max = [max] @numbers
```

如果你想要用自己寫的副程式，就多用一組大括號，並在裡面加上 & 印記，這樣它就可以當成運算子使用：

```
sub longest {
    $^a.chars > $^b.chars ?? $^a !! $^b;
    }

my $longest =
```

```
    [[&longest]] <Hamadryas Rhamma Asterocampa Tanaecia>;

    put "Longest is $longest"; # Longest is Asterocampa
```

這個技巧可以將副程式轉換成為一個二元運算子：

```
$first [&longest] $second
```

# 篩選 List

.grep 方法可用來從 Positional 中篩選出符合你指定條件的元素。符合條件的元素會變成新 Seq 中的成員：

```
my $evens = (0..10).grep: * %% 2;  # (0 2 4 6 8 10)
```

也可以搭配 Block 使用，當前的元素會在 $_ 的位置：

```
my $evens = (0..10).grep: { $_ %% 2 };  # (0 2 4 6 8 10)
```

如果你的條件是要指定符合某種型態的話，.grep 也會很聰明地將符合該型態的目前元素挑出來：

```
my $allomorphs = <137 2i 3/4 a b>;
    my $int-strs = $allomorphs.grep: IntStr;      # (137)
    my $rat-strs = $allomorphs.grep: RatStr;      # (3/4)
    my $img-strs = $allomorphs.grep: ComplexStr;  # (2i)
    my $strs     = $allomorphs.grep:  Str;        # (137 2i 3/4 a b)
```

要記得對於型態的聰明匹配，符合指定型態的基礎型態也會被挑出來。如果試圖匹配的是 Str 型態的話，所有的東西都會符合條件，因為 <> 會建立變體，使得每個元素都和 Str 匹配：

```
my $everything = $allomorphs.grep: Str; # (1 2i 3/4 a b)
```

.does 方法會檢查元素是否都有一個角色（role），在下面的範例中是你不想要元素符合某個角色的用法－如果元素可以是一個數值，就排除它：

```
my $just-str = $allomorphs.grep: { ! .does(Numeric) };  # (a b)
```

有些副詞你可以用來和 .grep 搭配使用，例如副詞 :v（"value"，代表取值），這個副詞用在這裡和不用它會得到一樣的結果：

```
my $int-strs = $allomorphs.grep: IntStr, :v;  # 用或不用副詞 :v 將得到一樣的結果
```

使用副詞 :k（"key"，表示索引）會得到符合條件元素的位置，下面的範例會回傳 1，
因為該位置的元素符合條件：

```
my $int-strs = $allomorphs.grep: ComplexStr, :k;  # (1)
```

你可以將取值和取索引合在一起使用 :kv，你會得到一個壓扁的 List，元素是成對的索
引和值：

```
my $int-strs = $allomorphs.grep: RatStr, :kv;  # (2 3/4)
```

如果有多個元素都符合條件，你會得到一個更長的 Seq，偶數位置的元素都是索引：

```
$allomorphs.grep: { ! .does(Numeric) }, :kv;  # (3 a 4 b)
```

grep 也有副程式的版本，Positional 寫在匹配條件的後面：

```
my $matched = grep IntStr, @$allomorphs;
```

# 轉換 List

.map 會基於既有的 Seq，取零到多個元素來建立一個新的 Seq。下面的範例是回傳含有平
方數的 Seq。.map 可以搭配 Block 或 WhateverCode（但用起來會有很多 * 符號）：

```
my $squares = (1..5).map: { $_ ** 2 }; # (0 1 4 9 16 25)
my $squares = (1..5).map: * ** 2;
```

副程式版本的 map 效果也是一樣的：

```
my $even-squares = map { $_ ** 2 }, @(1..5);
```

如果要把字母都變成小寫，就這樣做：

```
my $lowered = $words.map: *.lc;
```

當你的處理沒有輸出的元素時，你要怎麼回傳一個空 List 物件，讓它成為新的 Seq 中當
成一個元素呢？下面範例中的 |() 即可用來建立空的 List，並加入到另一個更大的 List
中：

```
my $even-squares = (0..9).map: { $_ %% 2 ?? $_**2 !! |()  }; # (0 4 16 36 64)
```

你可以將上面講過的方法合併使用，下面的範例是選取偶數，並將它們做平方：

```
my $squares = $allomorphs
    .grep( { ! .does(Numeric) } )
    .map(  { $_ %% 2 ?? $_**2 !! |()  } );
```

# List 排序

需要將 List 以某種順序排列的情況，是件常會碰到的事。也許是從小到大、按照字母順序、字串的長度或任何你想用的方法排序。此時請使用 .sort 來做這件事：

```
my $sorted = ( 7, 5, 9, 3, 2 ).sort;   # (2 3 5 7 9)

my $sorted = <p e r l 6>.sort;          # (6 e l p r)
```

預設上來說 .sort 會用 cmp 兩兩比對元素，如果兩個元素是數值，它就把兩元素以數值方法做比較。如果它覺得元素是 Str，也會用 Str 的方法做比較。如果你是第一次看到下面範例中的 Str 比較，可能會嚇你一跳（以後就是煩而已）：

```
my $sorted = qw/1 11 10 101/.sort;     # (1 10 101 11)
```

這到底是怎麼回事呢？由於你用了 qw 來建立 list，所以你得到的是一排的 Str 物件。Str 物件的比較是逐字比較的，所以文字 101 比文字 11 來得 "小"。而且，這裡用的可不是字典順序喔！例如下方範例是有大寫有小寫的情況：

```
my $sorted = qw/a A b B c C/.sort;
```

和你想像中的答案一樣嗎？有些讀者可能會猜錯答案。小寫的文字編碼是在大寫的之後，所以它們比較大：

```
(A B C a b c)
```

cmp 是用通用字元集（Universal Character Set，UCS）的編碼順序進行排序的，如果你習慣使用 ASCII 的話，它們的編碼順序是一樣的。其他非 ASCII 的字集也可能有不同的排列。

 有個 .collate 方法可以處理不同語言 Unicode 字集的排序，但它還沒有正式發布。

你可以要求 .sort 如何去比較元素，如果想用的是字典序（不分大小寫），那就要稍微多做一點事。可以用一個副程式去告訴 .sort 方法如何排序，讓我們從完整寫法開始講起：

```
my $sorted = qw/a A b B c C/.sort: { $^a cmp $^b }
```

你也可以用兩個 Whatever 寫，就不用再打括號了。下面的是等效範例：

```
my $sorted = qw/a A b B c C/.sort: * cmp *
```

如果你想進行不分大小寫的比較，你可以呼叫 .fc 方法進行大小寫折疊：

```
my $sorted = qw/a A b B c C/.sort: *.fc cmp *.fc
```

得到的結果就是忽略大小寫的順序：

```
(A a B b C c)
```

不過，如果你想要把拿來比較的兩個元素都事先做一個轉換的話，也不用分開寫；.sort 會負責處理好，它會將轉換結果存下來，然後再拿來做比較。這表示 Perl 6 內建 Schwartzian 轉換（Perl 5 的用語，代表排序被快取住的鍵）！

```
my $sorted = qw/a A b B c C/.sort: *.fc;
```

不過，cmp 有個問題，你最後得到的元素順序，取決於元素的型態以及你輸入元素的順序：

```
for ^5 {
    my @numbers = (1, 2, 11, '21', 111, 213, '7', 77).pick: *;
    say @numbers.sort;
    }
```

.pick 方法會隨機從 List 中取出任意個你指定數量的元素。* 符號會將取出的元素放到 List 中。這樣就會得到一個擁有部分元素，且無序的 List。取出的元素有些是 Int，有些是 Str。依元素出現的次數，將會影響排序的結果：

```
(1 2 11 111 21 77 213 7)
(1 2 11 111 21 213 7 77)
(1 2 11 21 77 111 213 7)
(1 2 11 111 21 7 77 213)
(1 2 11 21 77 111 213 7)
```

此時，如果你想要它們都用 Str 值排序的話，就使用 leg（*less-equal-greater*）：

```
say @numbers.sort: * leg *;
```

如果要它們都用數值排的話，就用 <=>：

```
say @numbers.sort: * <=> *;
```

不然，也可以將輸入先轉換成你要的那種型態再進行排序：

```
say @numbers.sort: +*;  # 數值
```

```
say @numbers.sort: ~*;  # 字串
```

最後要講到 .sort 也有副程式版本，它有一個參數的型式，接受一個 List 作為參數，也有兩個參數的型式，可以接受一個排序副程式以及一個 List：

```
my $sorted = sort $list;
my $sorted = sort *.fc, $list;
```

---

### 練習題 6.14

請用一個 List 組成的 List 來代表一副撲克牌，發 5 張牌給 5 個玩家，並升序排列印出他們手上的牌。

---

## 多比較值的排序

你可以使用 Block 去建立更複雜的比較，兩個東西的某個屬性相同的話，就去比另外一個屬性。例如，當兩個人的姓氏一樣時，你可以依他們的名字排序。如果你使用預設的 .sort，得出來的結果可能不是你想要的：

```
my @butterflies = (
    <John Smith>,
    <Jane Smith>,
    <John Doe>,
    <Jon Smithers>,
    <Jim Schmidt>,
    );

my @sorted = @butterflies.sort;

put @sorted.join: "\n";
```

由於 .sort 是從兩個各別 Str 子 List 組成的一個 Str，再用組成的 Str 進行排序，所以結果是依字母序排列：

```
Jane Smith
Jim Schmidt
John Doe
```

```
John Smith
Jon Smithers
```

改為只對第二個子 List 元素進行排序：

```
my @sorted = @butterflies.sort: *.[1];

put @sorted.join: "\n";
```

現在姓氏以依照字母序排好了，但名字還是亂的（應該是以你輸入的順序為順序）：

```
John Doe
Jim Schmidt
John Smith
Jane Smith
Jon Smithers
```

複雜的比較能解決這種問題，讓每個子 List 都去相互比較姓氏，如果是一樣的話，就用邏輯 or 進行另外一個比較：

```
my @sorted = @butterflies.sort: {
    $^a.[1] leg $^b.[1]  # 姓氏
        or
    $^a.[0] leg $^b.[0]  # 名字
    };
```

當程式對子 List(John Smith) 以及 (Jane Smith) 進行比較時，它會試圖比較姓氏是不是相同。如果相同的話，它就會再依名字排序，並產生你要的結果：

```
John Doe
Jim Schmidt
Jane Smith
John Smith
Jon Smithers
```

---

### 練習題 6.15

建立一副撲克牌，並輪流發 5 張牌給 5 個人，每輪發牌時，都將 5 人手牌大小排序。如果數字一樣大時，就依花色排序。

## 本章總結

List、Range 以及 Array 型態都是 Positional，而 Seq 型態在有需要的時候，也可以假裝它也是 Positional。這樣的特性創造出了許多不可思議的延遲功能，你不需為延遲功能做任何事，直到你真正需要使用它的時候。而且，只要稍加練習，你就可以本能地使用它們。

一旦你有了自己的資料結構以後，就能以更強大的方式去合併資料結構，造出更複雜的資料結構。你會發現，明智地選擇好操作的結構，將使你的程式設計生涯過得更輕鬆。

# 第七章

# 除錯

當出問題的時候，Perl 6 不一定會馬上停止執行。它可以軟性失敗（fail softly），如果一個問題不會影響程式其他的地方，就不需要報錯。不過，當它變成一個真正的問題時，你就需要注意到它了。

這一章會向你說明錯誤的機制，以及如何處理錯誤。你將會看到錯誤處理程式如何替你找到問題，還有你自己怎麼檢驗和回報問題。

## Exception 例外

這裡是一些試圖將非數字的文字轉換成數值的程式碼，就像變數裡被放了不適當的東西一樣：

```
my $m = 'Hello';
my $value = +$m;
put 'Hello there!';   # 沒有出現錯誤，那就是寫對囉？
```

你的程式沒有報出任何錯誤，是因為你並沒有把出錯的東西拿來用。如果將程式改為要輸出這段你認為是做數值轉換的結果：

```
my $m = 'Hello';
my $value = +$m;
put $value;
```

於是，現在就出現錯誤訊息了：

```
Cannot convert string to number: base-10 number must
begin with valid digits or '.' in '⏏Hello' (indicated by ⏏)
    in block <unit> at ... line 2
```

```
Actually thrown at:
    in block <unit> at ... line 3
```

看看錯誤訊息裡寫了什麼，它報出了兩個行號。錯誤發生在第 2 行，但直到第 3 行才變成問題（就是 put 那行）。這就是**軟性失敗**（*soft failure*），而 $result 裡面實際上裝了什麼呢？裝的是 Failure 物件：

```
my $m = 'Hello';
my $value = +$m;
put "type is {$value.^name}";  # 型態是 Failure
```

這些軟性失敗在你不介意某些東西是否失敗時很好用。假設因為訊息記錄器壞了，導致你無法記錄程式訊息，你會怎麼辦？你會改為去記錄錯誤嗎？同樣地，有時因為出現的是很常見的問題，所以你不介意某些東西的失敗，不過這都取決於你的認定。

Failure 物件其實是 Exception（例外）的再包裝，所以你得先知道什麼是 Exception。

## 捕捉 Exception

Exception 是由想要報告異常的東西 "**丟**（*throw*）" 出來的，你可以說 "該副程式丟出了一個例外"。有些人可能會說 "回報了一個例外"，基本上指的是同樣的事情。如果你不處理 Exception，程式就會被中斷執行。

try 可以把某些程式碼夾住，並且**捕捉** Exception，如果 try 抓到 Exception，會放入 $! 這個特殊的變數中：

```
try {
    my $m = 'Hello';
    my $value = +$m;
    put "value is {$value.^name}";
    }
put "ERROR: $!" if $!;

put 'Got to the end.';
```

你可以捕捉到 Exception，而且程式碼也會繼續執行：

```
ERROR: Cannot convert string to number
Got to the end.
```

如果一行可以寫完，就不用寫括號：

```
my $m = 'Hello';
try my $value = +$m;
```

如果程式碼執行成功，try 會回傳值。你可以將 try 放到等號的另一邊：

```
my $m = 'Hello';
my $value = try +$m;
```

多數的 Exception 型態都在 X 下面，並繼承自 Exception——在下方範例中的型態就是 X::Str::Numeric：

```
put "Exception type is {$!.^name}";
```

如果 Exception 不存在的話，$! 裡面的東西將會是 Any。這點令人有點困擾，因為 Exception 本身也是繼承 Any。在發生錯誤的情況下，不同的錯誤會決定 $! 的內容是什麼，將它和 given 一起使用，去聰明匹配你想處理的型態，你未寫出的型態則用 default Block 處理：

```
put 'Problem was ', do given $! {
    when X::Str::Numeric { ... }
    default { ... }
    };
```

Exception 型態有多個方法可以給出資訊，因為每種型態用不同的方法來回報錯誤是很合理的。不同型態中為你抓取到不同的資訊，像 X::str::Numeric Exception 型態就會知道問題是在 Str 的什麼位置被發現的：

```
put 'Problem was ', do given $! {
    when X::Str::Numeric  { "Char at {.pos} is not numeric" }
    when X::Numeric::Real { "Trying to convert to {.target}" }
    default { ... }
    };
```

如上面範例，在沒有 try 時，會使用到 $! 和 given。配合 try 使用時，CATCH Block 可以做到一樣的功能，如下範例 X::str::Numeric Exception 存在於 $_ 中：

```
try {
    CATCH {
        when X::Str::Numeric { put "ERROR: {.reason}" }
        default { put "Caught {.^name}" }
        }
    my $m = 'Hello';
    my $value = +$m;
```

```
        put "value is {$value.^name}";
        }

    put 'Got to the end.';
```

X::str::Numeric Exception 是從程式碼 my $value = +$m; 丟出的,然後程式 Block 剩下的
部分不執行,錯誤處理是輸出發生的錯誤,並繼續執行後面的程式:

```
ERROR: base-10 number must begin with valid digits or '.'
Got to the end.
```

多數繼承自 Exception 的物件,都帶有一個 .message 方法,這個方法可提供更多資訊。
下面範例中,用 default 去捕捉這些物件,並在 default 中輸出物件的名稱:

```
    try {
        CATCH {
            default { put "Caught {.^name} with「{.message}」" }
            }
        my $m = 'Hello';
        my $value = +$m;
        put "value is {$value.^name}";
        }

    put "Got to the end.";
```

現在,輸出的訊息長得就和你未處理的錯誤一模一樣了:

```
Caught X::Str::Numeric with「Cannot convert string to number:
base-10 number must begin with valid digits or '.' in '⏏Hello'
(indicated by ⏏)」
Got to the end.
```

---

### 練習題 7.1

請將一個數值除以 0,請問你得到的 Exception 是什麼型態?

---

## 回溯

Exception 中含有一個 Backtrace 物件,記錄著錯誤發生的經歷。下面的範例中,有三層
的副程式呼叫,最後會丟出一個 Exception:

```
    sub top    { middle()    }
    sub middle { bottom()    }
```

```
sub bottom { 5 + "Hello" }

top();
```

你沒有在 middle 中處理 Exception，也沒有在 top 中處理，最後也沒有在最外層處理，所以 Exception 就發生了，並且顯示程式碼中的歷程：

```
Cannot convert string to number: base-10 number must
begin with valid digits or '.' in '⏏Hello' (indicated by ⏏)
  in sub bottom at backtrace.p6 line 3
  in sub middle at backtrace.p6 line 2
  in sub top at backtrace.p6 line 1
  in block <unit> at backtrace.p6 line 5

Actually thrown at:
  in sub bottom at backtrace.p6 line 3
  in sub middle at backtrace.p6 line 2
  in sub top at backtrace.p6 line 1
  in block <unit> at backtrace.p6 line 5
```

別看到像這麼長的錯誤訊息就焦慮，請先看錯誤的第一層，並想一下哪裡出錯。然後逐層向下，一次看一層，通常只要一點修正就可以排除錯誤了。

你可以在這種呼叫連結的任何地方處理 Exception，最簡單的方法是用一個 try 把呼叫 bottom 的地方包起來。寫成一行的話，就不用加 Block 括號包住程式碼。在 middle 中，因為沒寫 CATCH，所以預設的錯誤處理是丟棄該 Exception：

```
sub top    { middle()      }
sub middle { try bottom()  }
sub bottom { 137 + 'Hello' }

put top();
```

上面的範例程式不會產生（或輸出）錯誤，這也許是你想要的情況。在中層那層可以用回傳一個特殊的數字 NaN（"not a number" 的縮寫代表 "非數字"，）來處理無法轉換 Str 為數值的情況：

```
sub top    { middle() }
sub middle {
    try {
        CATCH { when X::Str::Numeric { return NaN } }
        bottom()
        }
    }
```

```
sub bottom { 137 + 'Hello' }

put top();
```

下面的範例是將程式碼改為產出另外一個錯誤，而這個錯誤在 middle 的 CATCH 中不會處理。試著除以零並將結果轉換為 Str：

```
sub top     { middle() }
sub middle {
    try {
        CATCH { when X::Str::Numeric { return NaN } }
        bottom()
        }
    }

sub bottom { ( 137 / 0 ).Str  }

put top();
```

在 middle 中的 CATCH 不會處理這個新型態的錯誤，所以呼叫 top 後，Excetion 會中斷程式執行：

```
Attempt to divide 137 by zero using div
  in sub bottom at nan.p6 line 12
  in sub middle at nan.p6 line 8
  in sub top at nan.p6 line 4
  in block <unit> at nan.p6 line 14
```

若範例改成在 top 裡面做捕捉的話，Exception 會從不做處理的 middle 傳來。這是因為當錯誤沒有被處理時，它會沿呼叫層級向上，最後到達 top 時，錯誤處理會回傳一個特殊的 Inf 值（譯按：*infinity* 的縮寫，無窮大的意思）：

```
sub top {
    try {
        CATCH {
            when X::Numeric::DivideByZero { return Inf }
            }
        middle()
        }
    }
sub middle {
    try {
        CATCH {
            when X::Str::Numeric { return NaN }
```

```
        }
        bottom()
        }
    }

sub bottom { ( 137 / 0 ).Str  }

put top();
```

這樣處理層疊的模式，在擴展更多層時也是一樣的，例如下面範例中將錯誤改為呼叫 **137** 的一個從未定義方法：

```
sub top {
    try {
        CATCH {
            when X::Numeric::DivideByZero { return Inf }
            }
        middle()
        }
    }

sub middle {
    try {
        CATCH {
            when X::Str::Numeric { return NaN }
            }
        bottom()
        }
    }

sub bottom { 137.unknown-method }

try {
    CATCH {
        default { put "Uncaught exception {.^name}" }
        }
    top();
    }
```

產生了一個你之前沒有處理過的錯誤：

```
Uncaught exception X::Method::NotFound
```

有時候你不在意一個方法是不是未被定義，如果有的話你就呼叫，沒有的話就不呼叫。這個行為有一個特別的語法，如果你把一個 ? 放在呼叫方法的點點後面，即使該方法沒有定義，也不會有 Exception：

```
sub bottom { 137.?unknown-method }
```

## 再次丟出錯誤

當你捕捉到一個 Exception，但沒有打算做處理時，這裡有個更好的做法，就是修改 middle 中的 CATCH，讓它去截住 X::Method::NotFound 並輸出訊息，然後 .rethrow 再次丟出它：

```
sub top    {
    try {
        CATCH {
            when X::Numeric::DivideByZero { return Inf }
            }
        middle()
        }
    }

sub middle {
    try {
        CATCH {
            when X::Str::Numeric    { return NaN }
            when X::Method::NotFound {
                put "What happened?";
                .rethrow
                }
            }
        bottom()
        }
    }

sub bottom { 137.unknown-method  }

try {
    CATCH {
        default { put "Uncaught exception {.^name}" }
        }
    top();
    }
```

你可以看到 middle 還是能做些什麼，但 Exception 最終是由 top 處理：

```
What happened?
Uncaught exception X::Method::NotFound
```

---

### 練習題 7.2

實作一個副程式，這個副程式中的程式碼只有 ...，這個表示符號表示你想之後再回來寫程式碼。請從另外一個副程式呼叫它，並捕捉 Exception。你捉到的 Exception 是什麼型態？你可以輸出屬於自己的 Backtrace 嗎？

---

## 丟出自定 Exception

到這裡為止，你已看過從原始碼中的錯誤所產生的 Exception，在這種不複雜的範例程式碼中，這些錯誤是很容易被看出來的。你也可以丟出屬於你的 Exception，最簡單的方法就是使用 die，然後給它一個 Str 引數：

```
die 'Something went wrong!';
```

副程式 die 能產生一個 X::AdHoc 型態的 Exception，把引數 Str 當成是 Exception 的訊息。只要是沒有適當型態的 Exception，就歸屬在 X::AdHoc 型態。

呼叫 die 並帶入一個 Str 和自行建構一個 X::AdHoc 是等效的，你可以自己建構 die 時要用的 Exception 型態：

```
die X::AdHoc.new( payload => "Something went wrong!" );
```

 實際上你是建立一個 Pair 物件，只是直到第 9 章或第 11 章的具名參數時，才會看到關於 => 的內容，所以請先假定就是這樣用。

die 是很重要的，僅僅只是建構 Exception 物件，並不會丟出它：

```
# 什麼事也不會發生
X::AdHoc.new( payload => "Something went wrong!" );
```

不過，你還是可以 .throw 剛才建出來的 Exception 物件，這個做法和 die 一樣：

```
X::AdHoc
    .new( payload => "Something went wrong!" )
    .throw;
```

你也可以建立其他預定義型別的 Exception，X::NYI 型態用來代表還未實作的功能：

```
X::NYI.new: features => 'Something I haven't done yet';
```

---

### 練習題 7.3

請修改前一個練習題，修改成使用 die 和一個 Str 引數。現在你捕捉到的是什麼？再進一步修改，使用 die 和你手動建構的 X::StubCode 物件。

---

## 定義自定 Exception 型態

雖然現在建立子類別還有點太早——你將會在第 12 章看到如何建立子類別，不過有點信心，你還是可以現在就做到。下面的範例是建立一個單純以 Exception 為基礎的類別：

```
class X::MyException is Exception {}

sub my-own-error {
    die X::MyException.new: payload => 'I did this';
    }

my-own-error();
```

當你執行 my-own-error 副程式時，程式會立刻掛掉，錯誤型態是你剛新定義的型態：

```
Died with X::MyException
```

現在你有了新型態之後，可以將它用在 CATCH 中（或聰明匹配中），即使沒有太多額外的設計，光它的名稱也能讓你知道發生了什麼事：

```
try {
    CATCH {
        when X::MyException { put 'Caught a custom error' }
        }

    my-own-error();
}
```

第 12 章將會提到類別的建立。讓你看到更多在類別中可以做的事，以及如何利用既存的類別。

# Failure

Failure 是未丟出 Exception 的包裝版本，在你使用它之前，它是不動作的──所以稱為"軟性" Exception。它們不會中斷你程式的執行，直到有東西把它們當成一般的值使用，此時就會丟出它們的 Exception。

如果去看 Failure 的布林值的話，它永遠是 False。你可以藉由查驗 Failure 來解除它的功能，查驗可以用 if 作邏輯判斷，或是用 .so 或 ? 將它布林化。這些動作都會將 Failure 標記為已被處理，避免它丟出 Exception：

```
my $result = do-something();
if $result { … }
my $did-it-work = ?$result;
```

Failure 永遠都是未定義的；如果你想設定一個預設值，可以這麼做：

```
my $other-result = $result // 0;
```

你可以不使用 try 就能處理一個 Failure，.exception 方法可以將 Exception 物件取出，這樣你就可以查看它了：

```
unless $result {
    given $result.exception {
        when    X::AdHoc { ... }
        default          { ... }
        }
    }
```

如果要自己建立 Failure，就把 die 換成 fail：

```
fail "This ends up as an X::AdHoc";

fail My::X::SomeException.new(
    :payload( 'Something wonderful' ) );
```

當你在一個副程式使用 fail 時，Failure 物件就會變成該副程式的回傳值。由於可以讓使用你程式的程式設計師決定如何處理錯誤，所以與其使用 die，你應該改用 fail。

---

**練習題 7.4**

建立一個可以接收兩個引數的副程式，回傳兩引數的和。如果任一個引數不
是數值，就回傳一個 Failure，並適當的說明錯誤為何。你會怎麼處理這種
Failure 呢？

---

# Warning

如果不想要用 die，還可以用 warn（警告），警告可以輸出一樣的訊息，但不會停止程
式執行，也不一定要用程式去捕捉 Exception：

```
warn 'Something funny is going on!';
```

警告也是一種 Exception，你也可以捕捉它。由於它和 Exception 不是相同的型態，所以
在 CATCH Block 中也不能寫在一起。警告是一種控制例外，你必須用 CONTROL Block 去捕
捉它們：

```
try {
    CONTROL {
        put "Caught an exception, in the try";
        put .^name;
        }
    do-that-thing-you-do();
    }

sub do-that-thing-you-do {
    CONTROL {
        put "Caught an exception, in the sub";
        put .^name;
        }
    warn "This is a warning";
    }
```

如果你不想理會警告（畢竟它們很煩人），你可以用 quietly Block 將程式碼包起來：

```
quietly {
    do-that-thing-you-do();
    }
```

---

### 練習題 7.5

修改前一個練習題，只要是不能轉換成數值的引數都要給出 warn。輸出警告訊息之外，再將程式改為可以忽略那些警告。

---

# 使用 Exception 的智慧

Exception 很有爭議，它是個愛用的人就很愛，討厭的人就很討厭它的東西。由於它們是個功能，所以你必須知道有這種東西。我想要在你給自己弄出一堆麻煩之前，給你一些叮嚀。而你對 Exception 的愛恨也有可能隨著你的職涯而變化。

Exception 是一種溝通資訊的方法，這功能在設計上來說，是希望你可以使用有組織的錯誤，並給予適當的處理，這樣就代表你實際上真的有好好處理錯誤。如果你遇到一種你的程式無法修正的情況，那麼這時就不合適使用 Exception。

即使你的程式可從錯誤中修正，大多數的人也不期待程式設計師可以好好處理錯誤。你的捕捉或忽略例外，可能造成更多麻煩。在你要花大量時間去建構可以涵蓋所有錯誤的 Exception 之前，請好好的考慮一下。

在程式執行的過程中，Exception 扮演的是一種奇特的中斷機制，你原先在一段程式碼中，然後突然跳到另外一段程式碼中執行。這樣的情況應該要盡量避免，你應該用正常的程式流程來處理想做的事情。

我說完了，也許你不太同意。沒關係，你可以自己再好好研究，然後根據你的情況下判斷。

# 本章總結

Exception 是 Perl 6 的一個功能，但它應該不致於難倒你。它可以是軟性的失敗，直到引發真正的問題時才出現。

不要被你程式中可能出現的不同 Exception 型態給打倒了，在本書接下去的內容中，你將持續地看到更多型態的 Exception。適當地使用它們（不論是哪一種），讓它們能有效地標示出程式執行上的問題。請盡早地偵測出程式運作上的問題。

# 第八章

# 檔案和目錄 / 輸入和輸出

從檔案讀取和寫入檔案是你程式的基本功能。你會將資料儲存在檔案中，之後再讀取出來。本章節全都是在說明你要用什麼功能做到這件事，過程中你會看到處理檔案路徑、移動檔案以及操作目錄等。這些多數可用你已看過的語法撰寫，只是現在要用不同的物件而已。

本章做的事情中，大多數都有可能因為程式外部的原因而失敗。你可能會期待存取特定的目錄或是特定的檔案，如果目錄或檔案不對，就不要繼續動作，這也是一般程式在處理外部資源時會碰到的現實問題。

## 檔案路徑

IO::Path 物件代表檔案路徑，它知道如何基於你的檔案系統規則，去拆開或組合路徑。只要是符合規則，它不管檔案是否存在，而你之後看到如何處理檔案遺失的情況。現在，我們呼叫 Str 的 .IO 方法，以將它轉換為 IO::Path 物件：

```
my $unix-path = '/home'.IO;
my $windows-path = 'C:/Users'.IO;
```

若要擴展成更深的路徑，你可以使用 .add，一次可以增加多層路徑，.add 不會修改原來的物件；它會給你一個新的物件：

```
my $home-directory = $unix-path.add: 'hamadryas';
my $file = $unix-path.add: 'hamadryas/file.txt';
```

若你還是想要用原來的物件，就把它指定回原來那個物件：

```
$unix-path  = $unix-path.add: 'hamadryas/file.txt';
```

二元給值的型式可能更好用：

```
$unix-path .= add: 'hamadryas/file.txt';
```

.basename 和 .parent 方法可以用來拆開路徑：

```
my $home = '/home'.IO;
my $user = 'hamadryas';     # Str 或 IO::File 都可以
my $file = 'file.txt'.IO;

my $path = $home.add( $user ).add( $file );

put 'Basename: ', $path.basename;  # Basename: file.txt
put 'Dirname: ',  $path.parent;    # Dirname: /home/hamadryas
```

.basename 會回傳一個 Str，而不是 IO::Path。如果需要的是 IO::Path，你可以再呼叫 .IO 即可。

呼叫 .parent 的話，路徑會向上走一層：

```
my $home = '/home'.IO;
my $user = 'hamadryas';
my $file = 'file.txt'.IO;

my $path = $home.add( $user ).add( $file );

put $path;                       # /home/hamadryas/file.txt
put 'One up:', $path.parent;      # One up: /home/hamadryas
put 'Two up: ', $path.parent(2);  # Two up: /home
```

你可以用問的來確定是絕對路徑或是相對路徑：

```
my $home = '/home'.IO;
my $user = 'hamadryas';
my $file = 'file.txt'.IO;

for $home, $file {
    put "$_ is ", .is-absolute ?? 'absolute' !! 'relative';
    # put "$_ is ", .is-relative ?? 'relative' !! 'absolute';
    }
```

若要把相對路徑轉成絕對路徑就用 .absolute，如果沒給參數，它就會拿你建立 IO::Path
物件時的工作路徑來用。如果你想把基礎路徑改成其他目錄，就把想用的目錄當成引數
傳給它。不管有沒有給引數，最終你都會得到一個 Str（不是 IO::Path）。.absolute 方
法並不管自己用的路徑是否真實存在：

```
my $file = 'file.txt'.IO;
put $file.absolute;                # /home/hamadryas/file.txt
put $file.absolute( '/etc' ); # /etc/file.txt
put $file.absolute( '/etc/../etc' ); # /etc/../etc/file.txt
```

若呼叫 .resolve，則會實際去檢查檔案系統。它會處理 . 和 ..，也會解譯符號鏈結
（symbolic link）是代表誰。請注意範例程式中 /etc/.. 被取代為 /private，因為在 macOS
中 /etc 是 /private/etc 的符號鏈結：

```
my $file = 'file.txt'.IO;
put $file.absolute( '/etc/..' ); # /etc/../file.txt
put $file.absolute( '/etc/..' ).IO.resolve; # /private/file.txt
```

你可以用 :completely 副詞來堅持檔案一定要存在才行。如果路徑的任何一段（最後一
段之外的任何段）不存在或是路徑無法解析，你就會得到錯誤：

```
my $file = 'file.txt'.IO;

{
CATCH {
    default { put "Caught {.^name}" }   # Caught X::IO::Resolve
    }
put $file.absolute( '/homer/..' ).IO.resolve: :completely; # 失敗
}
```

## 檔案測試運算子

檔案測試運算子可以回答你關於路徑的各種問題，它們之中的大多數會回傳 True 或
False。讓我們先呼叫 Str 的 .IO 方法，建立 IO::Path 物件。然後使用 .e 檢查該檔案是
否存在（表 8-1 中列出其他各種檔案測試）：

```
my $file = '/some/path';

unless $file.IO.e {
    put "The file <$file> does not exist!";
    }
```

為什麼是 .e 呢？這是由 Unix 的 *test* 程式而來的，這個 *test* 程式使用命令列參數（例如 -e）控制要不要回答關於路徑的問題，*test* 程式的這些參數就演化成這些方法。表 8-1 是所有的檔案測試方法，在相似的語言中差不多都是用這些，其中有少部分多字元方法是合併多個功能。

表 8-1　檔案測試方法

| 方法 | 能回答什麼問題 |
| --- | --- |
| e | 是否存在 |
| d | 是否是目錄 |
| f | 是否是檔案 |
| s | 檔案大小（多少位元組） |
| l | 是否為符號鏈結 |
| r | 目前使用者可讀取 |
| w | 目前使用者可寫入 |
| rw | 目前使用者可讀取或寫入 |
| x | 目前使用者可執行 |
| rwx | 目前使用者可讀取、寫入以及執行 |
| z | 存在，但大小為零 |

幾乎所有檔案測試方法都是回傳一個布林值，唯一一個不合群的是 .s，它是用來問檔案占多少位元組的方法，答案不是一個布林值。那當它碰到檔案不存在時，要怎麼表示呢？由於檔案內可以空無一物，所以它有回傳 0 的可能，因此在檔案不存在時，不能回傳 0（所以有 .z 方法用來檢驗檔案存在並且為 0 長度），出錯時 .s 不會回傳 False，而是回傳一個 Failure：

```
my $file = 'not-there';
given $file.IO {
    CATCH {
        # $_ 在這裡代表 exception 物件
        when X::IO::NotAFile
            { put "$file is not a plain file" }
        when X::IO::DoesNotExist
            { put "$file does not exist"      }
        }
    put "Size is { .s }";
    }
```

在你試圖要取得檔案大小之前，可以檢查一個檔案是否存在，以及它是否真的是一個檔案（ .f 涵蓋 .e 的功能），但這樣做並不是太安全，如下方範例所示，目標檔案可能在你進入 Block 時還存在，但在試圖要取得檔案大小前消失：

```
my $file = 'not-there';
given $file.IO {
    when .e && .f { put "Size is { .s }"    }
    when .e        { put "Not a plain file" }
    default        { put "Does not exist"   }
    }
```

這並不是做檔案測試的唯一一種語法，另外還有副詞的版本。你可以聰明匹配想做的測試，下面的範例使用了 Junction 來合併測試，不過我們要到第 14 章才會講到這種用法：

```
if $file.IO ~~ :e & :f {  # Junction!
    put "Size is { .s }"
    }
```

---

### 練習題 8.1

建立一個可以從命令列引數接受一堆檔案名稱的程式，並能回報目前使用者是否可讀、可寫或是可執行那些檔案。若檔案不存在的話，你該怎麼辦呢？

---

## 檔案詮釋資料

檔案記錄下的資訊，不只放在檔案內容中而已，它們還保留了關於已身的額外資訊；這些資訊就是**詮釋資料**（*metadata*）。 .mode 方法可以回傳一個檔案的 POSIX 權限（如果你的檔案系統有支援的話），POSIX 權限是用一個整數代表檔案的使用者、群組以及任意人的使用設定：

```
my $file = '/etc/hosts';
my $mode = $file.IO.mode;
put $mode.fmt: '%04o';    # 0644
```

 有些 POSIX 或類 Unix 系統上的概念不適用於 Windows，當我在寫這本書的時候，還沒有特定的模組來填補這些概念在 Windows 上的缺乏。

每部分的權限設定都有 3 個位元：表示讀、寫以及執行。你可以使用位元運算子（你還沒看過）從中取出每種權限設定。

位元的 AND 運算子 +&，可以用位元遮罩把設定獨立出來（例如下方範例中的 0o700）。右移位元運算子 +>，則可以把正確的值取出來：

```
my $file = '/etc/hosts';
my $mode = $file.IO.mode;
put $mode.fmt: '%04o';    # 0644

my $user  = ( $mode +& 0o700 ) +> 6;
my $group = ( $mode +& 0o070 ) +> 3;
my $all   = ( $mode +& 0o007 );
```

在每組權限設定中，你可以使用另外一個遮罩去獨立取出每個你想要的位元。這部分做完以後，你最後會得到 True 或是 False：

```
put qq:to/END/;
mode: { $mode.fmt: '%04o' }
  user:  $user
    read:    { ($user +& 0b100).so }
    write:   { ($user +& 0b010).so }
    execute: { ($user +& 0b001).so }
  group: { $group }
  all:   { $all }
END
```

你可以用 chmod 副程式來改變這些權限值，只要提供對應的數值即可，最容易表示的方法應該是八進位數值：

```
chmod $file.IO.chmod: 0o755;
```

## 檔案時間

.modified、.accessed 以及 .changed 方法，分別會回傳一個代表修改、取存以及檔案 inode 改變的時間（如果你的系統支援這些的話）的 Instant 物件。你可以使用 .DateTime 方法將 Instant 物件轉為人類可讀的日期格式：

```
my $file = '/home/hamadryas/.bash_profile';

given $file.IO {
    if .e {
        put qq:to/HERE/
            Name:     $_
```

```
                Modified: { .modified.DateTime }
                Accessed: { .accessed.DateTime }
                Changed: { .changed.DateTime }
                Mode:     { .mode      }
            HERE
        }
    }
```

範例執行的結果如下：

```
Name:     /home/hamadryas/.bash_profile
    Modified: 2018-08-15T01:19:09Z
    Accessed: 2018-08-16T10:07:00Z
    Changed:  2018-08-15T01:19:09Z
    Mode:     0664
```

## 建立與去除檔案連結

檔案名稱是一個標籤，代表你存在某處的某些資料，你必須知道檔案名稱並不是資料。比方說，目錄或文件夾也是一樣的概念，它們實際上並不 "包含" 檔案，它們做的是記下所有該記得的檔案。瞭解這個概念會比較容易掌握接下來的內容。

檔案名稱是一個資料的 **連結**（*link*），而且同一份資料可以有多個指向它的連結，只要有連結你就可以找到資料。但這並不表示資料如果沒有連結就是不存在，這種放在儲存體裡的資料是提供其他的東西使用，它們這也是為何你可以復原資料的原因。依你的作業系統不同做法可能也不同，不過基本概念就是這樣。

一般來說，你能否移除一個連結，要看的是目錄權限而不是檔案權限。實際上你是把檔案從目錄的管轄清單中移除。

如果要刪去一個檔案，你可以使用 **.unlink** 將指到它的連結移除，而不是移除資料；這也是為什麼它不是呼叫 **.delete** 或一個類似名稱的東西。而指到同一份資料的連結可能還是存在，如果 **.unlink** 可以移除該檔案連結，它會回傳 True，如果失敗就會是 X::IO::Unlink：

```
my $file = '/etc/hosts'.IO;

try {
CATCH {
    when X::IO::Unlink { put .message }
```

```
    }
$file.unlink;
}
```

若要改為使用副程式的版本，你可以一次移除好幾個檔案的連結。副程式版本會回傳用
來從備份還原的檔案名稱（藉此就知道檔案被成功的移除連結了）：

```
my @unlinked-files = unlink @files;
```

Set（集合）的差集功能此時顯得很好用，雖然你要到第 14 章才會看到 Set 的功能。請
注意，你可以移除不存在檔案的連結，而且它們也不會出現在 @error-files 中：

```
my @error-files = @files.Set (-) @unlinked-files.Set;
```

你可以把檔案名稱移除，但資料實際上還是存在的，一直要到所有的連結都被移除了，
資料才會不見。這裡還沒講到怎麼移除目錄，但稍等一會馬上就會看到了。

若要為一份資料建立連結，就呼叫 .link。使用的路徑一定要和資料在同一個磁碟或分
割區，如果動作失敗，就會丟出 X::IO:Link：

```
my $file = '/Users/hamadryas/test.txt'.IO;

{
CATCH {
    when X::IO::Unlink { ... }
    when X::IO::Link { ... }
    }

$file.link: '/Users/hamadryas/test2.txt';
$file.unlink;
}
```

還有另外一種類似的連結叫做**符號連結**（*symbolic link*，縮寫 *symlink*），它不是一個真
的連結；它是一種指到另外一個檔案名稱（就是 "目標檔案"）的檔案。當作業系統碰
到符號連結的時候，它會改用目標檔案路徑。

目標檔案是最後的檔案名稱，也就是你的符號連結指向的東西。請呼叫目標檔案
的 .symlink 方法，去建立一個指向它的檔案：

```
{
CATCH {
    when X::IO::Symlink { ... }
    }
```

```
$target.symlink: '/opt/different/disk/test.txt';
}
```

# 改名與複製檔案

若想改變檔案的名字，就用 .rename。和 .link 一樣，它也要在同磁碟或分割區才行。它不會移動資料，只是改變標籤而已，如果失敗，就會丟出 X::IO::Rename：

```
my $file = '/Users/hamadryas/test.txt'.IO;

{
CATCH {
    when X::IO::Rename { put .message }
    }
$file.rename: '/home/hamadryas/other-dir/new-name.txt';
}
```

你可以用 .copy 將資料複製到不同的裝置或分割區，這個動作實際上會將資料複製到磁碟上的新地方。原來的資料以及指向它的連結全部保留，而新複製出來的資料則會擁有它自己的連結。動作完成之後，你會擁有兩份完全獨立的資料，如果動作失敗，就會丟出 X::IO::Copy：

```
my $file = '/Users/hamadryas/test.txt'.IO;

{
CATCH {
    when X::IO::Copy { put .message }
    }
$file.copy: '/opt/new-name.txt';
}
```

你可以用 .move 將資料先複製，緊接著移除原來那一份資料。如果新檔案已經存在，.copy 將會覆蓋掉已存在的檔案（必須要有正確的權限）：

```
my $file = '/Users/hamadryas/test.txt'.IO;

{
CATCH {
    when X::IO::Move { put .message }
    }
$file.copy: '/opt/new-name.txt';
}
```

若指定 :create-only 副詞，就可以避免被覆蓋：

```
$file.copy: '/opt/new-name.txt', :create-only;
```

.move 方法合併了 .copy 和 .unlink 兩個動作：

```
$file.move: '/opt/new-name.txt';
```

.move 在做完複製動作後，可能會發生無法移除原檔的情況，你可以藉由在動作前先檢查權限，但沒人能保證權限不會突然改變。

# 目錄操作

在你程式開始執行時，有一個叫做*目前工作路徑*（*current working directory*）的概念，它被儲存在一個特殊的變數 $*CWD 中。當你用到檔案相對路徑時，你的程式會在目前工作路徑找檔案。

```
put "Current working directory is $*CWD";
```

若要改變目前工作路徑，請用 chdir。若指定一個絕對路徑，它就可以切換到該路徑：

```
chdir( '/some/other/path' );
```

若是指定一個相對路徑，它會切換到相對於目前工作目錄的子路徑：

```
chdir( 'a/relative/path' );
```

如果動作失敗，它會回傳一個 Failure，裡面是 X::IO::Chdir Exception：

```
unless my $dir = chdir $subdir {
    ... # 錯誤處理
    }
```

如果不給 chdir 任何引數，你可能以為這樣是到你的家目錄去，但其實只會得到一個錯誤。如果你想要到家目錄去的話，請使用 $*HOME 當作引數傳給 chdir，$*HOME 是一個特殊的變數，儲存著你的家目錄位置：

```
chdir( $*HOME );
```

究竟 $*HOME 裡面裝的是什麼，要視你的作業系統而定。在一些 Unix 類的系統中，應該是 HOME 環境變數的內容，而在 Windows 上，應該是 HOMEPATH 環境變數。

---

**練習題 8.2**

請輸出你的家目錄路徑,並建立指向一個既存子目錄的路徑,然後將家目錄路徑切換過去。請輸出你的目前工作路徑,若該子目錄不存在,會發生什麼事情呢?

---

有時候你只是想在程式中暫時改一下路徑,之後馬上要回到初始的路徑。此時可以利用 `indir` 副程式,它可以接受一個路徑以及程式碼區塊,並且把該路徑當成目前工作路徑來執行該程式區塊。這個副程式不會真的去改動 `$*CWD`:

```
my $result = indir $dir, { ... };
unless $result {
    ... # 處理錯誤
    }
```

如果可以執行,`indir` 會回傳程式區塊的結果,即使結果可能是一個 False 值,或甚至是一個 Failure。如果 `indir` 不能改變目錄,就會回傳一個 Failure。要謹慎地看待的處理這些情況。

## 目錄列表

`dir` 回傳的是 `IO::Path` 物件組成的一個 Seq,代表一個目錄中的所有檔案,其中包括隱藏檔(但不含虛擬檔案如 `.` 和 `..`)。若不給它引數,它取得的就會是目前路徑:

```
my @files = dir();
my $files = dir();
```

如果給它引數指定路徑,它取得的就是該路徑下所有檔案的 Seq:

```
my @files = dir( '/etc' );

for dir( '/etc' ) -> $file {
    put $file;
    }
```

得到 Seq 中,每個元素都含有一個路徑元件。如果當初給的引數是相對路徑,那麼回傳的也會是相對路徑。如果在你建完 Seq 之後去切換工作目錄,這些路徑就不能使用了:

```
say dir( '/etc' ); # ("/etc/emond.d".IO ...)
say dir( 'lib' ); # ("lib/perl6".IO ...)
```

如果出了問題，例如指定的目錄不存在的話，dir 會回傳一個 Failure。

dir 還有另外一種好用的功能：它可以用來排除一些不要的檔案。第二個參數是個可選參數，能用來檢驗取得的檔案，看看是不是要排除掉。預設上來說，這種檢驗用的是一個排除虛擬目錄 . 和 .. 的 Junction（第 14 章）：

```
say dir( 'lib', test => none( <. ..> ) );
```

---

**練習題 8.3**

請輸出另外一個目錄下的所有檔案清單，並將它們帶列號分列顯示。你可以排序這個檔案清單嗎？如果你不知道要用哪個目錄的話，Unix 類系統可以試看看用 */etc*，Windows 系統可以試著用 *C:\rakudo*。

---

**練習題 8.4**

請寫一個可以接受目錄名稱的程式，讓它列出所有該目錄下的檔案，然後到下一層目錄並列出下一層目錄的所有檔案。之後在第 19 章你可能會再度使用到這個程式。

---

# 建立目錄

透過 mkdir 你可以建立自己的目錄，如果你要求的話，它也可以為你建造一個擁有數層子目錄的目錄。如果 mkdir 無法建出指定的目錄，它會丟出一個 X::IO::Mkdir Exception：

```
try {
    CATCH {
        when X::IO::Mkdir { put "Exception is {.message}" }
        }
    my $subdir = 'Butterflies'.IO.add: 'Hamadryas';
    mkdir $subdir;
    }
```

它的第二個參數是個可選引數，格式是 Unix 八進位樣式的權限（Windows 下不適用這個引數），採用八進位的 Unix 權限讓人更容易閱讀：

```
mkdir $subdir, 0o755;
```

你也可以從 Str 開始並利用 .IO 方法將它轉為一個 IO::Path 物件，然後再呼叫轉出物件的 .mkdir，你可以自由選擇要不要加權限：

```
$subdir.IO.mkdir;
$subdir.IO.mkdir: 0o755;
```

---

### 練習題 8.5

寫一個程式用來建立一個子目錄，這個子目錄由命令列引數指定。若你指定傳入的引數是一個絕對路徑，會發生什麼事？如果要傳入的目錄是已經存在，又會怎麼樣呢？

---

## 移除目錄

有兩種方法可以刪除目錄，但你大概只會使用其中一種。在你開始玩這個題目之前先想一下，是否有必要在虛擬機器中做，或是改用特定的帳號，以避免誤刪了什麼重要的東西。請特別小心！

首先，用 rmdir 來刪除多個目錄，只要目錄是空（沒有任何檔案或子目錄）的就可以被刪除：

```
my @directories-removed = rmdir @dirs;
```

這樣的寫法你可以一次移除一個目錄，如果動作失敗，就會丟出一個 X::IO::Rmdir Exception：

```
try {
    CATCH {
        when X::IO::Rmdir { ... }
        }
    $directory.IO.rmdir;
    }
```

不過這樣有點不方便，通常我們會想在刪除一個目錄時，連帶刪除底下的所有東西。此時就可以用 File::Directory::Tree 中的 rmtree 副程式來做：

```
use File::Directory::Tree;
my $result = try rmtree $directory;
```

# 格式化輸出

在你作輸出之前，你可以格式化一個數值，或是將它們格式化後插入成為一個*字串*。你可能在其他的語言看過這個功能，而這裡的用法是一樣的。

下面的範例是將樣式 Str 傳給 .fmt 以決定數值要怎麼呈現，這裡的樣式字串使用的是指令符號（*directive*）；指令符號以 % 符號開頭，後面接著一個字母來描述樣式。下面的範例是同一個數值被格式化為十六進位（%x）、八進位（%o）以及二進化（%b）：

```
$_ = 108;

put .fmt: '%x';    # 6c
put .fmt: '%X';    # 6C（大寫！）
put .fmt: '%o';    # 154
put .fmt: '%b';    # 1101100
```

某些指令符號還有額外的功能，寫在 % 與字母中間。例如數值可以指定最小欄寬（雖然可能會溢位），然後要不要用零填充欄位中的空白。當你對 Str 做插入時，可以很明顯地看到效果；加在格式化後字串兩端的字元，讓我們很容易看到 .fmt 到底做出了什麼東西：

```
put "$_ is ={.fmt: '%b'}=";    # 108 is =1101100=
put "$_ is ={.fmt: '%8b'}=";   # 108 is = 1101100=
put "$_ is ={.fmt: '%08b'}=";  # 108 is =01101100=
```

樣式文字中可以放其他的字元，如果放的字元不是指令符號，那就是當成一般字元。所以在前一個範例中，可以把所有要輸出的文字也放在樣式字串中：

```
put .fmt: "$_ is =%08b=";  # 108 is =01101100=
```

如果你想要一個字元 %，就用一個 % 符號去脫逸 % 符號。%f 指令符號用於格式化浮點數，常用在顯示百分比。除此之外，你也可以指定格式化後字串的長度（包括小數點）以及小數點後有幾位：

```
my $n = 1;
my $d = 7;
put (100*$n/$d).fmt: "$n/$d is %5.2f%%";  # 1/7 is 14.29%
```

不指定總長度，只指定小數點後有幾位也是可以的。下面範例的小數做了四捨五入：

```
put (100*$n/$d).fmt: "$n/$d is %.2f%%";  # 1/7 is 14.29%
```

如果在一個 Positional 呼叫 .fmt 方法，就會將每個元素跟據指定的樣式進行格式化，然後用空格分開每個元素，最後回傳給你單一個 Str：

```
put ( 222, 173, 190, 239 ).fmt: '%02x';  # de ad be ef
```

.fmt 方法的第二個引數，可以讓我們改變分隔用的字元：

```
put ( 222, 173, 190, 239 ).fmt: '%02x', '';  # deadbeef
```

副程式 sprintf 可以做到一樣的事，然而它可控制的東西又更多。它一樣是在第一個引數接收樣式字串，第二個是數值組成的 list，list 中每個值會依序對應一個指令符號，而且你不一定要輸出執行結果：

```
my $string = sprintf( '%2d %s', $line-number, $line );
```

副程式 printf 也可以做到一樣的事，但是它會直接將結果輸出到標準輸出中（不會換行）：

```
printf '%2d %s', $line-number, $line;
```

表 8-2 列出所有 sprintf 可用的指令符號。

表 8-2　部分 sprintf 可用的指令符號

| 指令符號 | 描述 |
| --- | --- |
| %d | 帶號十進位整數 |
| %u | 不帶號十進位整數 |
| %o | 不帶號八進位整數 |
| %x | 不帶號十六進位整數（小寫） |
| %X | 不帶號十六進位整數（大寫） |
| %b | 不帶號二進位整數 |
| %f | 浮點數 |
| %s | 文字 |

---

### 練習題 8.6

寫一支使用 printf 的程式，指定欄寬並將輸出向右對齊的數值，輸出一條對準線可能會有幫助。

## 常見的格式化工作

用 %f 作四捨五入，並指定整個樣版的寬度及小數有幾位。小數點及後面的數字都含在寬度計算中：

```
put (2/3).fmt: '%4.2f';  # 0.67;
```

不過，指定總長度並不是限制總寬度，它的意義是一欄至少可以多寬，實際上也可以更寬：

```
put (2/3).fmt: '%4.5f';  # 0.66667;
```

如果你不介意總寬度的話，也可以不指定。下面範例就是只對小數作指定位數的四捨五入：

```
put (2/3).fmt: '%.3f';  # 0.667;
```

把 # 放在 % 後面的話，就是將數字系統在數字前面加上前綴，不過這種前綴不是 Perl 6 專用的前綴，而是廣泛為人所用的前綴；八進位的部分是以 0 開頭表示：

```
put 108.fmt: '%#x'; # 0x6c
put 108.fmt: '%#o'; # 0154
```

%s 用來格式化文字，如果指定了寬度，它就會將文字推到最右邊，並在必要時用空白填充；如果在前面放一個 -，就會將文字推到最左：

```
put 'Hamadryas'.fmt: '|%s|';     # |Hamadryas|
put 'Hamadryas'.fmt: '|%15s|';   # |      Hamadryas|
put 'Hamadryas'.fmt: '|%-15s|';  # |Hamadryas      |
```

使用 sprintf 可建立一欄一欄的輸出，利用指定欄寬使得每行輸出都對齊：

```
my $line = sprintf '%02d %-20s %5d %5d %5d', @values;
```

---

### 練習題 8.7

從命令列指定兩個數字，輸出它們的百分比關係，並限定輸出到小數第三位。

---

### 練習題 8.8

輸出一個 12 乘 12 的乘法表。

# 標準 FileHandle

*filehandle* 是你的程式和檔案之間的連結，預設為存在三個，其中兩個是輸出用，另外一個是輸入用。標準輸出（standard output）是你在本書一開頭就過用的，它是你程式輸出的預設 filehandle。你也用過標準錯誤（standard error）了，因為在警告和錯誤情況發生時，就會採用這個 filename。而標準輸入（standard input）則是在連接你的程式和某人提供的資料時使用。

在進行一般任意檔案的讀寫之前，如果先瞭解基本的 filehandle，將會十分有幫助。如果你已經知道它們是怎麼運作的話，就直接跳過這一章不用有罪惡感。

## 標準輸出

預設的標準輸出是大部分輸出函式預設的 filehandle。當你使用以下副程式時，你就會用到標準輸出：

```
put $up-the-dishes;
say $some-stuff;
print $some-stuff;
printf $template, $thing1, $thing2;
```

在 $*OUT 呼叫這些方法，就會看得更清楚了。$*OUT 是一個特殊的變數，內含預設標準輸出：

```
$*OUT.put: $up-the-dishes;
$*OUT.say: $some-stuff;
$*OUT.print: $some-stuff;
$*OUT.printf: $template, $thing1, $thing2;
```

偶爾你會在命令列上使用轉向 >，> 會將你程式的標準輸出轉向一個檔案中（或其他指定地方）：

```
% perl6 program.p6 > output.txt
```

如果你只想要執行你的程式，不在乎看不看得到程式輸出，你也可以將輸出送到 null device。這樣一來輸出就會直接消失。用法在 Unix 系統和 Windows 系上稍有不同：

```
% perl6 program.p6 > /dev/null
C:\ perl6 program.p6 > NUL
```

---

**練習題 8.9**

寫一支可以輸出一些東西到標準輸出的程式，執行該程式並將其轉向到一個檔案中。執行結束後，請再執行它一次，這次將輸出轉向到 null device。

---

## 標準錯誤

標準錯誤是另外一個輸出的途徑，當不想要和標準輸出的內容混在一起時，程式會使用標準錯誤來輸出警告訊息或是其他訊息。所以，你不用破壞原來設計好的訊息格式，仍然可以得到警告訊息。

warn 會將它的訊息輸出到標準錯誤，而且不會阻擋你的程式繼續執行。和它的名稱一樣，它是用來在你進入非預設情況時，輸出覺得必要警告用的：

```
warn 'You need to use a number between 0 and 255';
```

fail 和 die 很相似，它們會將自己的訊息送到標準錯誤，但它們同時會停止你的程式執行，直到你捕捉或是處理發生的錯誤。

note 和 say 相似；它會呼叫引數的 .gist 方法，並將結果輸出到標準錯誤，通常是在除錯時使用：

```
note $some-object;
```

通常這類的輸出同時會做出一些命令列的開關或其他設定：

```
note $some-object if $debugging > 0;
```

上述的錯誤方法同時也適用於 $*ERR 變數——這個變數內部就是預設的錯誤 filehandle：

```
$*ERR.put: 'This is a warning message';
```

當你透過終端機執行程式時，通常同時會看到標準輸出和標準錯誤的訊息（或說 "混合在一起"）。如果使用 2>，就可以將錯誤輸出轉向；2 代表檔案描述號碼 2 號（也就是標準錯誤），將輸出到 2 號的東西送到終端機外的地方。如果你不知道這是什麼意思，那就先照下面的範例做：

```
% perl6 program.p6 2> error_output.txt
C:\ perl6 program.p6 2> error_output.txt
```

```
% perl6 program.p6 2> /dev/null
C:\ perl6 program.p6 2> NUL
```

將檔案描述號碼 2 號轉向到檔案描述號碼 1 號，就可以將標準輸出和標準錯誤合併。同
樣地，你可以依照範例的方法做：

```
% perl6 program.p6 2>&1 /dev/null
```

---

### 練習題 8.10

寫一個可以輸出一些東西到標準輸出和標準錯誤的程式，執行它並將標準輸出
轉向到一個檔案。再次執行它，這次將標準錯誤轉向到 null device。

---

## 標準輸入

當你不帶引數呼叫 lins() 時，它就會從標準輸入讀取，於是資料就進到你的程式
之中：

```
for lines() {
    put ++$, ': ', $_;
    }
```

上面的範例程式等待你輸入完東西之後，馬上輸出顯示給你看：

```
% perl6 no-args.p6
Hello Perl 6
0: Hello Perl 6
this is the second line
1: this is the second line
```

如果你只想要從標準輸入取得資料的話，你可以顯式地指定從 $*IN 取得。可以如下所示
呼叫它的 .lines 方法：

```
for $*IN.lines() {
    put ++$, ': ', $_;
    }
```

標準輸入也可以從其他的程式取得資料，你可以從另外一個程式建立輸出的管道
（pipe），作為另外一個程式的輸入：

```
% perl6 out-err.p6 | perl6 no-args.p6
```

---

### 練習題 8.11

建立兩個程式，第一個程式的第二個命令列引數後的所有引數是檔案名稱，只
要檔案內容中含有第一個引數的話，就輸出該檔案名稱。然後將第一個程式的
輸出當作第二個程式的輸入，然後在程式二中轉換成大寫以後輸出。最後實際
執行程式一並把輸出接管道（pipeline）到程式二的輸入：

---

# 讀取輸入

至此你已看過數種把資料導入到你程式的方法了，例如 prompt 副程式會顯示一個訊息，
並等待使用者做出一行的輸入：

```
my $answer = prompt( 'Enter some stuff> ' );
```

如果要一次把整個檔案讀取到程式中就用 slurp，它可以用方法執行，也可以用副程式
的版本執行：

```
my $entire-file = $filename.IO.slurp;
my $entire-file = slurp $filename;
```

如果你無法讀取指定的檔案，就會得到一個 Failure，請你永遠都要去檢查自己想做的
事情是否能做：

```
unless my $entire-file = slurp $filename.IO.slurp {
    ... # 處理錯誤
    }
```

# 讀取輸入行

在第 6 章，你已讀過如何使用 lines() 去讀取你寫在命令列檔案名稱的檔案內容。下
面的範例是由你自己手動做這件事，利用 @*ARGS 的內容，並對內容裡每個檔案呼叫
lines，這樣一來，你可以將不存在或有問題的檔案濾除（這是 lines() 做不到的）：

```
for @*ARGS {
    put '=' x 20, ' ', $_;

    # 這裡可以做更多錯誤處理
    unless .IO.e { put 'Does not exist'; next }

    for .IO.lines() {
```

```
    put "$_:", ++$, ' ', $_;
    }
  }
```

不過這做法有點囉嗦，所以可以改為呼叫 filehandle $*ARGFILES 的 lines()，它可以做到一樣的功能：

```
for $*ARGFILES.lines() {
    put ++$, ': ', $_;
    }
```

可從 $*ARGFILES.path 取得目前的檔案名稱：

```
for $*ARGFILES.lines() {
    put "{$*ARGFILES.path}:", ++$, ' ', $_;
    }
```

上面的範例在每個檔案開始時，不會去重新計算行號，不過這裡有個小技巧，就是 $*ARGFILES 知道它要換到下一個檔案時，讓你執行一些程式碼。利用 .on-switch 執行一個程式碼區塊，在區塊中執行在檔案切換時要做的事情。下面的範例是利用它來重設行號計數器：

```
for lines() {
    state $lines = 1;
    FIRST { $*ARGFILES.on-switch = { $lines = 1 } }

    put "{$*ARGFILES.path}:{$lines++} $_";
    }
```

 當我撰寫本書時，如果 lines 碰到無法讀取的檔案，它就會丟出一個無法繼續執行的 Exception。我跳過這部分不討論，因為我預期很快這個情況會被修復。

---

### 練習題 8.12

撰寫一個程式，這個程式能輸出所有你在命令列指定檔案中的所有內容行。並且先輸出是從哪個檔案讀取的，然後再輸出每一行內容。在你完成最後一行輸出後，會發生什麼事呢？

## 讀取檔案

slurp 和 lines 默默做了很多細節，但 open 則可以讓你隨意控制，它會回傳你要讀取的檔案的 filehandle，如果出錯，則 open 會回傳一個 Failure：

```
my $fh = open 'not-there';
unless $fh {
    put "Error: { $fh.exception }";
    exit;
    }

for $fh.lines() { .put }
```

也可以改為方法呼叫：

```
my $fh = $filename.IO.open;
```

你可以改變的有編碼、行結尾處理以及特定的行結尾。副詞 :enc 可供設定輸入編碼：

```
my $fh = open 'not-there', :enc('latin1');
```

若要保留原來的行結尾，而不是自動截斷，就用 :chomp：

```
my $fh = open 'not-there', :chomp(False);
```

用 :nl=in 設定行結尾，並且可以設定多個 Str，每個都會被用上：

```
my $fh = open 'not-there', :nl-in( "\f" );
my $fh = open 'not-there', :nl-in( [ "\f", "\v" ] );
```

如果你不想要有行結尾（如同 slurp 時一樣），就設定空 Str 或 False：

```
my $fh = open 'not-there', :nl-in( '' );
my $fh = open 'not-there', :nl-in( False );
```

你也可以只讀一行，只要告訴 .lines 你想讀幾行就好：

```
my $next-line = $fh.lines: 1;
```

.lines 是一個延遲方法，呼叫方法時並不會馬上去讀入一行，直到你使用如範例中的變數 $next-line 時，它才會去讀。如果你想要它在呼叫時馬上就去讀的話，可以這麼做：

```
my $next-line = $fh.lines(1).eager;
```

如果你想要讀取所有行，可以呼叫 filehandle 的 .slurp 方法：

```
my $rest-of-data = $fh.slurp;
```

如果你的工作做完了，請關閉 filehandle。雖然不這麼做程式會自動地幫你在某個時候關閉，但你應該不想任由這些東西在程式結束時出現：

```
$fh.close;
```

---

### 練習題 8.13

請打開每一個在命令列指定的檔案，並輸出它們的第一行和最後一行，然後顯示中間跳過了幾行。

---

# 寫入輸出

spurt 是寫檔最簡單的方法，只要將檔案名稱和資料給它，它就會做好剩下的工作了：

```
spurt $path, $data;
```

如果檔案已經存在的話，它會覆寫掉原來的檔案。如果要將內容加在後面，就用副詞 :append：

```
spurt $path, $data, :append;
```

你可以指定副詞 :exclusive，如此一來，唯有檔案不存在時，才能輸出資料。如果檔案已存在的話，它就會失敗：

```
spurt $path, $data, :exclusive;
```

若 spurt 成功完成執行，它會回傳 True，如果有問題，就回傳一個 Failure：

```
unless spurt $path, $data {
    ... # 處理錯誤
    }
```

## 打開一個供寫入的檔案

使用 spurt 是很簡便沒錯,但當你每次使用它時,實際上是做了打開檔案、寫它以及關閉它等動作。如果你想要一直加東西到一個檔案中,你可以自己打開那個檔案,讓它持續開啟直到你做完想做的工作:

```
unless my $fh = open $path, :w {
    ...;
    }

$fh.print: $data;
$fh.print: $more-data;
```

任何用來輸出的方法,filehandle 都可以用:

```
$fh.put: $data;
$fh.say: $data;
```

如果你對這個檔案的動作都做完了,就呼叫 .close 關閉該檔案,若有資料被緩衝在底層,這個動作會確保它們被寫入到該檔案中:

```
$fh.close;
```

如果你不喜歡預設的分行符號,可以指定你想要的。在你想把多行歸屬在同一筆記錄時,利用 /f 跳頁字元當作換行會很好用:

```
unless my $fh = open $path, :w, :nl-out("\f") {
    ...;  # 處理錯誤
    }

$fh.print: ...;
```

改用 try 可能會看起來更簡潔:

```
my $fh = try open $path, :w, :exclusive, :enc('latin1'), :nl-out("\f");
if $! {
    ... # 處理錯誤
    }
```

---

### 練習題 8.14

寫一支程式將介於兩個數值之間的所有質數寫到一個檔案中,你可以在命令列指定那兩個數值。思考一下,如果檔案已經存在的話,你該怎麼辦呢?

---

# 二進位檔案

二進位檔案（*binary file*）不是以字元當作基礎的，像是圖片、電影等等就是一種二進位檔案。你不會想要檔案讀取器將這種檔案內容解碼為 Perl 內部的字元格式；你會想保留原始資料。此時，你就要在使用 slurp 時搭配副詞 :bin。它不會回傳一個 Str，而是會回傳一個 Buf，然後你可以像處理其他 Positional 般，將這個 Buf 做進一步處理：

```
my $buffer = slurp $filename, :bin;  # Buf 物件
for @$buffer { ... }
```

下面的範例是用副詞 :bin 進行開啟一個檔案，這樣就可以拿到它的原始資料：

```
unless my $fh = open $path, :bin {
    ... # 處理錯誤
    }
```

# 移動

告訴 .read 你想讀取多少位元組，它就會將讀取的結果放在一個 Buf 中回傳給你，Buf 中的每個元素都是一個介於 0 到 255（即不帶號 8-bit 的範例）的整數：

```
my Buf $buffer = $fh->read( $count );
```

Buf 是一種 Positional，每個元素就是一個位元組，你可以利用元素的位置取得某個位元組：

```
my $third_byte = $buffer[2];
```

下一次你再呼叫 .read 時，會從上次檔案讀取的位置繼續向後讀位元組。若要移動到其他的位置，就用 .seek，而指定 SeekFromCurrent 的話，就會從最近一次讀取位置向後移動：

```
my $relative_position = 137;
$fh.seek( $relative_position, SeekFromCurrent );
```

負值就是向前移動：

```
my $negative_position = -137;
$fh.seek( $negative_position, SeekFromCurrent );
```

如果你指定 SeekFromBeginning 的話，它會從檔案的開頭開始起算，並移動到你指定的位置：

```
my $absolute_position = 1370;
$fh.seek( $absolute_position, SeekFromBeginning );
```

---

### 練習題 8.15

寫一個可以輸出十六進位的小程式。請從一個檔案中每次讀取 16 個位元組，輸出這些位元組的 16 進位值，以空白分隔並在行尾加上換行符號，每行看起來要像這樣：

```
20 50 65 72 6c 20 36 2c 20 4d 6f 61 72 56 4d 20
```

---

## 寫入二進位檔案

你也可以反過來將位元組寫入到一個檔案中，請同樣用副詞 :bin 開啟一個可寫的檔案：

```
unless my $fh = open $path, :w, :bin {
    ...;
    }
```

使用 .write 並給它一個 Buf 物件，Buf 物件中的每個元素都要是介於 0 到 255 之間的整數：

```
my $buf = Buf.new: 82, 97, 107, 117, 100, 111, 10;
$fh.write: $buf;
```

用 16 進位可能更容易表示：

```
my $buf = Buf.new: <52 61 6b 75 64 6f 0a>.map: *.parse-base: 16;
```

---

### 練習題 8.16

請寫一支程式將上面的 Buf 寫到上面的檔案中，檔案的內容最後會變成什麼呢？

---

# 本章總結

你在這一章中看到的功能，在許多程式中都會用到。你可以將資料放到檔案中，也可以再取回來。你可以建立目錄、將檔案移動到目錄中或是刪除檔案與目錄。多數的動作都很簡單也很直捷；只要你知道要用的物件是什麼，就很容易找到該用的方法為何。不過，這些功能多數會與程式外的世界連結，如果出錯的話將會是嚴重的錯誤，請不要對這些錯誤視而不見！

# 第九章

# Associative

Associative 用一個稱為 *key* 的名稱，來索引一個值。Associative 是沒有順序的，因為裡面的 key 沒有特定的順序。在其他的語言中有相似的資料結構，稱為關聯陣列（associative array）、字典（dictionary）、hash、map 或其他類似功能的資料結構。Associative 下還有幾種型態的資料結構，有些你已經用過了。

## Pair

一個 Pair 由一個 key 以及一個 value 組成，你之前已經以它的副詞樣式用過它了，雖然當時你並不知道它們就是 Pair。利用通用的物件建構式，將 key 的名稱以及值當作引數傳入即可：

```
my $pair = Pair.new: 'Genus', 'Hamadryas';
```

=> 代表 Pair 的建構子，你不需要在左側寫括號，因為只要左邊的東西看起來像是個詞，=> 就會幫你處理好了：

```
my $pair = Genus => 'Hamadryas';  # 可以這樣用
my $nope = ▓     => 'Hamadryas';  # 這種不行
```

Pair 的值可以是任意值，下面範例中 value 放的是一個 List：

```
my $pair = Pair.new: 'Colors', <blue black grey>;
```

若將 .new 和 => 合併使用，結果可能不會如你所想的那樣。這樣寫是將一個 Pair 當作引數傳給 .new，而且你還少寫了 value。.new 方法會覺得後面是一個 Pair，而你漏寫了 value：

```
my $pair = Pair.new: 'Genus' => 'Hamadryas';  # 錯了
```

## 副詞

副詞形式是比較常用的寫法，在做 Q 括法的時候你已經見過了。寫法是先寫一個冒號加上不加括號的 key，再把 value 放在 <> 中，或是放在 () 中然後你再加引號括起來：

```
my $pair = :Genus<Hamadryas>;
my $pair = :Genus('Hamadryas');

my $genus = 'Hamadryas';
my $pair  = :Genus($genus);
```

如果沒有顯式地指定 value，則副詞預設 value 為 True：

```
my $pair = :name;  #  name => True
```

副詞搭配 Q 一起用，而且沒有指定 value 時，表示你想要打開該項功能（預設上只要放了其他任何 value 都代表 False）：

```
Q :double /The name is $butterfly/;
```

如果你想要的就是 False，那就在 key 前面放！：

```
my $pair = :!name; #  name => False
```

你可以利用一個常量變數建立 Pair，變數名稱會變成 key，而 value 就會是變數的值，之後你會經常看到這樣的寫法：

```
my $Genus = 'Hamadryas';
my $pair = :$Genus;    # 和 'Genus' => 'Hamadryas'; 一樣
```

另外還有一種很有技巧的寫法，這種語法可以將數字和文字 key 反過來，它可讓用來代表位置（例如 1st、2nd、3rd 等）的副詞，更好閱讀：

```
my $pair = :2nd; # 和 nd => 2 一樣
```

.key 和 .value 方法可以從 Pair 裡取出屬於各自的部分：

```
put "{$p.key} => {$pair.value}\n";
```

.kv 方法可將 key 和 value 兩者一起以 Seq 型態回傳：

```
put join ' => ', $pair.kv;
```

---

### 練習題 9.1

請寫一個副程式，這個副程式為數字 0 到 10 分別建立 Pair，若引數給的是 1，那副程式要回傳 Pair :1st，若給的是 2，它要回傳 :2nd，若給的是 3，它要回傳 :3rd，若是給其他的數字，就用 th 當作後綴。

---

## 修改 Pair

你不能改變 Pair 中的 key，你只能製作一個新的 Pair，給它另外一個 key：

```
my $pair = 'Genus' => 'Hamadryas';
$pair.key = 'Species';  # 不行！
```

如果 Pair 中的 value 是一個容器，那你就可以改變該容器中的值，但如果 value 是利用一個常值 Str 建的，由於它不是個容器，所以你也不能改變它的值：

```
my $pair = 'Genus' => 'Hamadryas';
$pair.value = 'Papillo'; # 不行！
```

如果 value 是來自一個儲存著容器的變數，你就可以指定它的值：

```
my $name = 'Hamadryas';
my $pair = 'Genus' => $name;
$pair.value = 'Papillo';
```

請記得，不是所有的變數都是可變的：

```
my $name := 'Hamadryas';  # 直接綁定值，而不是容器
my $pair = 'Genus' => $name;
$pair.value = 'Papillo';  # 不行！仍然是不可變的值
```

為了要確認有容器可用，可以把值指定給一個無名變數，這樣一來你就不用建立一個新的具名變數，又可得到容器：

```
my $pair = 'Genus' => $ = $name;
$pair.value = 'Papillo';  # 可以！
```

對一個 Pair 做 .freeze 的話，是讓它的 value 變成不可變的，不論它原來是可變還是不可變：

```
my $name = 'Hamadryas';
my $pair = 'Genus' => $name;
$pair.freeze;
$pair.value = 'Papillo';  # 不行！
```

關於 Pair，還有最後一件你要知道的事。你可以用冒號格式（譯按：副詞格式）從頭寫到尾，即使你在中間不寫逗號，它也會建立一個清單：

```
my $pairs = ( :1st:2nd:3rd:4th );
```

上面的範例和下面用逗號寫的範例，它們效果是一樣的：

```
my $pairs = ( :1st, :2nd, :3rd, :4th );
```

其實你在使用 Q: 時就用過這種寫法，你可以寫一排的副詞，一次使用數個功能。下面範例中的 :q:a:c 就是三個獨立的副詞：

```
Q :q:a:c /Single quoting @array[] interpolation {$name}/;
```

# Map

Map 代表一種不可變的 key-value 對應關係，可以是 0 到多個 key-value。如果你得到一個 key，就可以查詢它的 value 是多少。範例中是色彩名稱和它的 RGB 值，其中 .new 方法接受一個 list 引數，這個 list 是由多個 Str 和每個 Str 對應的值組成：

```
my $color-name-to-rgb = Map.new:
    'red',    'FF0000',
    'green',  '00FF00',
    'blue',   '0000FF',
    ;
```

你可以使用胖箭頭符號（*fat arrow*）做出由 Pair 組成的一個 list：

```
my $color-name-to-rgb = Map.new:
    'red'    => 'FF0000',
    'green'  => '00FF00',
    'blue'   => '0000FF',
    ;
```

使用胖箭頭時，自動括號不會動作；因為胖箭頭覺得那些是具名引數，而不是 Map 要用的 Pair，而且它們會被看成是方法的參數，而不是一堆 key 和 value。下面的範例會生成一個沒有 key 也沒有 value 的 Map：

```
# 請別這麼做！
my $color-name-to-rgb = Map.new:
    red    => 'FF0000',
    green  => '00FF00',
    blue   => '0000FF',
    ;
```

Map 是一個固定的東西；你建好它以後就再也不能改動了。但這也可能正好是你想要的特性，因為可以防止什麼東西不小心改掉這些值：

```
$color-name-to-rgb<green> = '22DD22'; # 錯誤！
```

若要從裡面找出一個色彩的值，你就對該物件用下標，跟 Positional 的用法類似，只是改用不同的後環綴字元而已。使用自動括法 <> 或是你手動對 {} 中的東西加括號：

```
put $color-name-to-rgb<green>;      # 自動括住 key
put $color-name-to-rgb{'green'};    # 括住的 key
put $color-name-to-rgb{$color};     # 利用取代括住 key
```

如果我們想要一次查找多個 key 值，你可以使用切片來得到一個由 value 組成的 List：

```
my @rgb = $color-name-to-rgb<red green>
```

# 查看 key

若要在使用以前查看一個 key 是否存在，就在元素存取後面加上副詞 :exists。這個動作並不會建出 key，它的動作是若該 key 存在 Map 中，你會得到 True，否則得到 False：

```
if $color-name-to-rgb{$color}:exists {
    $color-name-to-rgb{$color} = '22DD22';
    }
```

.keys 方法會回傳所有 key 組成的一個 Seq：

```
for $color-name-to-rgb.keys {
    put "$^key => {$color-name-to-rgb{$^key}}"」
    }
```

也有類似的方法讓你拿到所有的 value：

```
my @rgb-values = $color-name-to-rgb.values;
```

.kv 方法會同時回傳一個 key 和屬於該 key 的 value，這個方法讓你的 Block 中省了很多的複雜動作：

```
for $color-name-to-rgb.kv -> $name, $rgb {
    put "$name => $rgb";
    }
```

Block（箭號 Block 不行）中的佔位變數，則是幫你做完大部分的事：

```
for $color-name-to-rgb.kv {
    put "$^k => $^v";
    }
```

## 用 Positional 建立

你可以用 .map 從一個 Positional 建立一個 Map，如此一來會回傳一個 Seq，你就可以將這個 Seq 作成給 .new 的引數。下面範例中是根據原來 Positional 裡的值建立新的值：

```
my $plus-one-seq =  (1..3).map: * + 1;
my $double       = (^3).map: { $^a + $^a }
```

 雖然 Map 型態和 .map 方法名稱相同，做的事情也類似，但一個是不可變的物件，提供一種對應關係，而另外一個則是個方法，將一個 Positional 轉換為一個 Seq。

Block 或程式碼中可以用多個參數，例如使用兩個參數就可以建出 Pair：

```
my $pairs = (^3).map: { $^a => 1 }; # (0 => 1 1 => 1 2 => 1)
my $pairs = (^3).map: * => 1;        # 一樣的效果
```

map 也有副程式的版本，呼叫 map 副程式時，請把程式碼寫在前面，value 寫在後面，範例中的兩種寫法都需要在程式碼和 value 之間寫上逗號：

```
my $pairs = map { $^a => 1 }, ^3;
my $pairs = map * => 1, ^3;
```

下方範例中，.map 的結果馬上就會當成引數傳給 .new：

```
my $map-thingy = Map.new: (^3).map: { $^a => 1 }
```

這些範例都假設你想要做出數個 Pair，程式可以如下方範例。如果你只是想要建一個含有很多東西的 list，你必須建立一個 Slip，這樣你最後拿到手的才不會是由 List 組成的 List：

```
my $list = map { $^a, $^a * 2 }, 1..3; # ((1 2) (2 4) (3 6))
put $list.elems;  # 3
```

解決方法是加上 Slip，加上以後會建立一個 Slip 物件，這個物件會自動地壓平到裝載它的資料結構中：

```
my $list = map { slip $^a, $^a * 2 }, 1..3; # (1 2 2 4 3 6)
put $list.elems;  # 6
```

---

### 練習題 9.2

將上一小節練習題中的副程式重寫，請使用一個 Map 來決定哪個 Pair 要回傳。如果是 Map 中不存在的數字，就用 th。請加入一個新的規則，就是數字尾數如果是 5（但 15 不算），就應該要用 ty（例如，5ty）。

---

## 查看允許的 value

Map 的一個常見用法，就是用來找可用值。如果你的副程式只允許特定的輸入，你就將這個特定的值做成一個 Map，存在於 Map 中的就是合法的值，如果不存在的話，就是非法的值。

下面範例會查看色彩列表，然後回傳色彩的名稱和一個值（1 表示可用）。現在你只需要用 key，所以之後再查值：

```
my @permissible_colors = <red green blue>;
my $permissable_colors =
    Map.new: @permissible_colors.map: * => 1;

loop {
    my $color = prompt 'Enter a color: ';
    last unless $color;

    if $permissable_colors{$color}:exists {
        put "$color is a valid color";
        }
```

```
    else {
        put "$color is an invalid color";
        }
    }
```

這樣的資料結構，不管你有多少 key，查起來的時間都是一樣的。如果和只用 List 的做法比較，範例中的 scan-array 副程式會檢查陣列中的每個元素，直到它找到匹配的元素：

```
sub scan-array ( $list, $item ) {
    for @$list {
        return True if $^element eq $item;
        }
    return False;
    }
```

也許你可以藉由使用 .first，在找到匹配的元素時就停止搜尋，以縮短時間。不過這樣的查看方法，最糟的情況還是每次都要看過所有元素：

```
sub first-array ( Array $array, $item ) {
    $array.first( * eq $item ).Bool;
    }
```

---

### 練習題 9.3

使用 .map 為數字 0 到 10（包括 10）建立一個 Map，這個數字對應的值是它們的平方值。請建立一個迴圈，用來提示使用者要輸入數字，如果輸入的數字存在 Map 中的話，就印出它的平方值。

---

# Hash

Hash 是一個類似 Map 的東西，但它是可變的。你可以加入或刪除 key，也可以變更 value。Hash 大概是 Associative 型態中，你會最常用的一種。若要建立一個 Hash，可透過它的物件建構器：

```
my $color-name-to-rgb = Hash.new:
    'red',   'FF0000',
    'green', '00FF00',
    'blue',  '0000FF',
    ;
```

上面的方法有點乏味，你可以改為將 key-value 放在 %() 中來建立 Hash：

```
my $color-name-to-rgb = %(   # 一樣可以建立 Hash
    'red',    'FF0000',
    'green',  '00FF00',
    'blue',   '0000FF',
    );
```

還有大括號也可以用來建立一個 Hash，但比較不鼓勵你這樣用。將胖箭頭運算子做出的 Pair 放在大括號中的話，會讓編譯器認為這是要做出一個 Hash：

```
my $color-name-to-rgb = {   # 一樣可以建立 Hash
    'red'   => 'FF0000',
    'green' => '00FF00',
    'blue'  => '0000FF',
    };
```

如果編譯器得到的資訊不夠理解大括號中的內容是什麼，你最終可能會得到一個 Block，而不是一個 Hash：

```
my $color-name-to-rgb = {   # 這是 Block!
    'red',    'FF0000',
    'green',  '00FF00',
    'blue',   '0000FF',
    };
```

Associative 有一個特別的印記可以用，如果你使用 % 印記的話，可以用一個 List 的給值動作來建立你的 Hash：

```
my %color-name-to-rgb =
    'red',    'FF0000',
    'green',  '00FF00',
    'blue',   '0000FF'
    ;
```

此時若你不喜歡 blue 的 value，你可以指定新的值給它。請注意，在做這種單一元素存取時，仍然使用了一樣的印記：

```
%color-name-to-rgb<blue> = '0000AA';   # 變暗一點
```

你可以用副詞 :delete 來刪除一個 key，它會回傳該被刪除 key 的 value：

```
my $rgb = %color-name-to-rgb<blue>:delete
```

若要加入新的色彩，你可以藉由給值到你想新加的 key 來達成：

```
%color-name-to-rgb<mauve> = 'E0B0FF';
```

---

### 練習題 9.4

請將你之前寫的序數後綴程式改為使用 Hash，這部分應該不難。改好了以後，
請使用你的 Hash 去暫存住值，如此一來，你就不需要再重新計算。

---

## 用 Hash 做累加

計數是 Hash 另外一個常見的應用，key 當成你要計數的東西，它的 value 就是計數。讓
我們先做出一個可以計數的東西，下面的範例是模擬擲骰子：

```
sub MAIN ( $die-count = 2, $sides = 6, $rolls = 137 ) {
    my $die_sides = 6;

    for ^$rolls {
        my $roll = (1..$sides).roll($die-count).List;
        my $sum = [+] $roll;
        put "($roll) is $sum";
        }
    }
```

.roll 方法會從你的 List 中選一個元素出來，重複你所指定的次數。它選到一個元素
後，因第二次選是完全獨立的，所以有可能會選到重複的元素。這個動作做完後會輸出
每個骰子的點數，以及所有骰子的點數加總：

```
(3 4) is 7
(4 1) is 5
(6 4) is 10
(2 6) is 8
(6 6) is 12
(1 4) is 5
(5 6) is 11
```

現在有數種東西可以供你做計數了，讓我們從計算加總數字出現的次數開始。在下面範
例中，for 裡面使用加總當作 Hash 的 key，加總出現的次數當作 value：

```
sub MAIN ( $die-count = 2, $sides = 6, $rolls = 137 ) {
    my $die_sides = 6;
```

```
my %sums;
for ^$rolls {
    my $roll = (1..$sides).roll($die-count).List;
    my $sum = [+] $roll;
    %sums{$sum}++;
    }

# 依 value 來排序 Hash
my $seq = %sums.keys.sort( { %sums{$^a} } ).reverse;

for @$seq {
    put "$^a: %sums{$^a}"
    }
}
```

做完以後，你就有骰子加總數字出現的頻率表了：

```
7: 27
8: 25
5: 19
4: 13
9: 12
6: 11
11: 9
10: 8
3: 7
2: 3
12: 3
```

如果你很積極的話，可以將這些值和完美骰子機率做比較。不過這裡還有另外一個有趣的東西你可以拿來做計數，就是每次擲出了哪些點數。如果你將 $roll 當成 key，它會被字串化，然後你就可以計算每個字串出現的次數，將結果排序，讓 (1 6) 和 (6 1) 這種相等的結果合併到同一個 key：

```
sub MAIN ( $die-count = 2, $sides = 6, $rolls = 137 ) {
    my $die_sides = 6;

    my %sums;
    for ^$rolls {
        my $roll = (1..$sides).roll($die-count).sort.List;
        %sums{$roll}++;
        }


    my $seq = %sums.keys.sort( { %sums{$^a} } ).reverse;
```

```
        for @$seq {
            put "$^a: %sums{$^a}"
            }
    }
```

做完以後，你就有骰子每次擲出幾點的清單了：

```
3 4: 15
1 4: 11
1 2: 10
2 5: 9
3 5: 9
3 6: 9
2 3: 8
```

---

**練習題 9.5**

寫一支程式去計算一個檔案中不同字出現的次數，並依出現的次數為順序輸出。請在一個 Hash 中用小寫的字當作 key，每次在檔案內容中看見它出現時，你就將它的計數遞增。現在先不要擔心標點符號和其他字元，你之後將會學到如何處理它們。如果兩個字出現的計數相同的話，會怎麼樣呢？

---

# 多層的 Hash

Hash 中的 value 幾乎可以放任何東西，包括另外一個 Hash 或 Array。下面的範例中用多個 Hash 來計算 *Hamadryas* 和 *Danaus* 屬蝴蝶的數量：

```
my %Hamadryas = map { slip $_, 0 }, <
    februa
    honorina
    velutina
    >;

my %Danaus = map { slip $_, 0 }, <
    gilippus
    melanippus
    >;
```

若你想把所有的計數都放到一個大的 Hash 中，你可以像下方範例一樣把大 Hash 建構出來，這個大 Hash 裡的 value 是另外一個 Hash：

```
my %butterflies = (
    'Hamadryas' => %Hamadryas,
    'Danaus'    => %Danaus,
    );

say %butterflies;
```

`%butterflies` 資料結構看起來如下所示（用了不鼓勵使用的大括號版本來表示）：

```
{Danaus => {gilippus => 0, melanippus => 0},
Hamadryas => {februa => 0, honorina => 0, velutina => 0}}
```

假設你想要看看 *Danaus melanippus* 有多少計數的話，必須從最上層的 Hash 開始，取得 Danaus 的 value，然後在這個 value 中查看並找到裡面的 key melanippus：

```
my $genus = %butterflies<Danaus>;
my $count = $genus<melanippus>;
```

這樣寫有點麻煩，可以將下標在一個述式裡寫完：

```
put "Count is  %butterflies<Danaus><melanippus>";
```

當你想要增加某一種蝴蝶的數量時，可以這麼做：

```
%butterflies<Danaus><melanippus>++;
```

---

### 練習題 9.6

請逐行讀取蝴蝶普查檔案（*https://www.learningperl6.com/downloads/*），並將每一行拆成一個基因和物種。請計算每一種基因和物件的數量，並輸出你的結果。

---

### 練習題 9.7

修改前一個練習題，把基因和物種計數寫入到檔案。檔案中的每行都用 tab 分開基因、物種和計數的值。你將會在第 15 章的練習題中用到這個檔案。

## 本章總結

Associative 讓你可以快速的找到一個 Str 所對應的 value，它又分作許多種型態，最底層的是 Pair，Pair 含有一個 key 和一個 value。另外還有 Map，在 Map 中的內容一旦建立以後就不再改動了（和 List 類似）。另外一個是比較具有彈性的 Hash（比較像 Array）。這個物件可能是你將遇到的物件中，最實用也最常用的資料結構。

# 第十章

# 模組

模組（*Module*）讓你可以切分、發布和重用程式碼。若有某人解決某個問題，建立了一個通用的解決方案，然後將解決方案打包，你就可以將它用在你的程式中。有些人會把這些模組公布出來讓大家都可以用，你可以在 *https://modules.perl6.org* 找到一些可用的 Perl 6 模組，或是在 GitHub（*https://www.github.com*）上找到一些。

你不需要瞭解模組裡的程式碼是怎麼寫的，就可以拿它來用。通常你可以在它的文件中找到範例，即使範例裡用的語法你未曾見過，也可以照著做就好。

## 安裝模組

*zef* 是 Perl 6 的模組管理器之一，它可以安裝、更新以及移除模組。Rakudo 預設安裝中就有它，不過你也可以手動安裝：

```
% git clone https://github.com/ugexe/zef.git
% cd zef
% perl6 -Ilib bin/zef install .
```

在有了 *zef* 以後，你就可以安裝模組了。若安裝 Tash::Popular 模組的話，你就會得到多數最常用的模組：

```
% zef install Task::Popular
```

如果模組的作者有將模組在模組生態圈中註冊的話，你就可以用名稱安裝模組：

```
% zef install HTTP::Tiny
```

你也可以直接從 Git repository 上以原始碼安裝：

```
% zef install https://github.com/sergot/http-useragent.git
```

```
% zef install git://github.com/sergot/http-useragent.git
```

請確認你用的是 clone URL 而不是專案 URL。

如果該模組在本地而且 *META6.json* 檔存在的話，你可以從本地端目錄進行安裝。你必須用參數讓 *zef* 不要用目稱搜尋。下面的範例是在目前目錄中找模組目錄：

```
% zef install ./json-tiny
```

你可以用代表目前工作目錄的 . ，從目前目錄進行模組安裝：

```
% zef install .
```

> 你可能會查到使用 *panda* 的資訊，*panda* 是早期的模組安裝工具，它已經過時，也不再支援了，現在大家愛用的是 *zef*。但還是請你查看文件（*https://docs.perl6.org/language/modules*），因為在你閱讀本書的時候，最受歡迎的工具也有可能換成別的了。

---

### 練習題 10.1

請依名稱安裝 Inline::Perl5 模組，你將會在本章之後用到這個模組。請用 repository URL 安裝 Grammar::Debugger 模組，你將會在 17 章用到這個模組。請找到 Grammar::Tracer 模組的 repository，並 clone 它，將它放到一個本地端目錄，然後用本地端目錄安裝它。

---

## 載入模組

你可以用 need 將一個模組載入你的程式，need 會搜尋模組 *repository* 看看有沒有匹配的。如果你使用 *zef* 安裝模組，所安裝的模組就會進到 repository 中（在下一節中，我將會告訴你如何讓你的程式去查看其他模組的安裝位置）：

```
need Number::Bytes::Human;
my $human = Number::Bytes::Human.new;
```

```
put $human.format(123435653); # '118M'
put $human.parse('3GB');        # 3221225472
```

也可以用 use 載入模組，但是它會自動地匯入（*import*）該模組設定要匯出（*export*）的任何東西。這樣的動作會讓該模組在你的目前範圍（scope）定義東西，就像你自己在程式中定義的一樣：

```
use Number::Bytes::Human;
```

這跟先用一個 need 再 import 是等效的：

```
need Number::Bytes::Human;
import Number::Bytes::Human;
```

有些模組會自動地匯入東西，還有一些是要等你要求才會匯入。你可以在模組後面指定一個清單，要求要匯入哪些指定的東西。下面範例中的 Number::Bytes::Human 模組就是把清單用副詞的樣式寫出來：

```
use Number::Bytes::Human :functions;

put format-bytes(123435653); # '118M'
put parse-bytes('3GB');       # 3221225472
```

## 搜尋模組

當你用 *zef* 安裝好一個模組後，該模組的檔案名稱會變成摘要並保存在模組 repository 中 —— 可以同一個時間好幾個版本和好幾種來源。你可以用 zef locate 命令查看 reposotory 的路徑在何處：

```
% zef locate Number::Bytes::Human
===> From Distribution: Number::Bytes::Human:ver<0.0.3>:auth<>:api<>
Number::Bytes::Human => /opt/perl6/site/sources/A5EA...
```

你可以在輸出訊息中看到，該模組在一個名稱加過密的檔案中。Perl 6 存取 *compunit*（譯按：*compunit* 是 *Compilation Unit* 編譯單位）的方法有好幾種，而且比我在書裡講的更有彈性，不過大部分的東西你都不需要擔心就是了。

> repository 整個系統是很複雜的，因為它需要管理同名但不同版本或不同作者的模組。這代表它可以同時儲存或載入舊新模組。

## lib 編譯命令

不管模組在哪裡，你都必須告訴你的程式去哪裡找到模組。*zef* 預設使用 *Perl6* 內建好的 repository。`lib` 編譯命令可以將一個目錄加入成為一個 repository。你可以在裡面儲存檔案（但不受 Perl 6 管理）。將 `::` 替換為 `/` 並加上副檔名 *.pm* 或 *.pm6* 的話，就可以將模組名字轉換成路徑：

```
use lib </path/to/module/directory>;
use Number::Bytes::Human
```

上面範例會去 */path/to/module/directory* 中搜尋 */Number/Bytes/Human.pm* 或 *Number/Byte/Human.pm6*。

你可以指定多個路徑：

```
use lib </path/to/module/directory /other/path>;
```

或多指定幾次 `lib`：

```
use lib '/path/to/module/directory';
use lib '/other/path';
```

相對路徑會根據目前工作目錄解析：

```
use lib <module/directory>;   # 在目前工作路徑中找 module/
```

`.` 等同於目前工作路徑，如果要用的模組檔案和目前的程式在同一個目錄中，大家會這麼寫：

```
use lib <.>:
```

如果把目前工作路徑納入你的函式庫搜尋路徑的話，你必須謹慎一點。因為它是一個相對路徑，你無法確認實際上看的是哪個目錄。如果在另外一個目錄執行你的程式（用像下面的命令執行你的程式），這樣你的程式就會去另外一個不同的目錄搜尋，很有可能就找不到想找的模組了：

```
% perl6 bin/my-program
```

想要知道該相對路徑到底指向哪裡需要一些工夫，你的程式路徑會被存在變數 `$*PROGRAM` 中，你可以用 `.IO` 將該路徑轉成一個 `IO::Path` 物件，並使用 `.parent` 得到路徑。在下面範例中，利用得到的路徑，在和你的程式同一個層級中加入一個 *lib* 目錄：

```
# random-between.p6
use lib $*PROGRAM.IO.parent;
use lib $*PROGRAM.IO.parent.add: 'lib';
```

另外還有一個編譯時期變數（*compile-time variable*）$?FILE 也可以用：

```
use lib $?FILE.IO.parent;
use lib $?FILE.IO.parent.add: 'lib';
```

你必須先把路徑加入搜尋路徑中，然後才能試著去載入函式庫。若在它做完搜尋的動作之後，才告訴它要去哪裡找東西就太慢了！

## 環境

在你目前工作階段中的所有程式，都用同一個 PERL6LIB 環境變數。用逗號分開目錄（不管你用的是哪個系統都一樣），下面是 *bash* 的語法：

```
% export PERL6LIB=/path/to/module/directory,/other/path
```

下面是 Windows 的語法：

```
C:\ set PERL6LIB=C:/module/directory,C:/other/path
```

## -I 開關

*perl6* 的 -I 開關只對程式單次執行有效，碰到未安裝的 repository（是另外一種 reposiroty！）時，它特別好用。你可以暫時不要使用已經安裝好的模組，改用一個存在未被安裝的專案 reposiroty 裡尚在開發的模組：

```
% perl6 -Ilib bin/my_program.p6
```

若要指定多個額外路徑，可以用多個 -I 開關，也可以用逗號分隔：

```
% perl6 -Ilib -I../lib bin/my_program.p6
% perl6 -Ilib,../lib bin/my_program.p6
```

當你想要用 *prove* 去做 Perl 6 的模組測試時，也可以使用 -I。*prove* 的引數 -e 表示指定使用解譯器（Perl 5 預設使用解譯器）。下面的範例會讓 *perl6* 在目前目錄中尋找在開發的模組：

```
% prove -e "perl6 -Ilib"
```

從 $*REPO 變數可以告訴你 Perl 6 將會去哪裡搜尋模組,不僅僅是目錄,repository 可以是任何東西—包括其他的程式碼:

```
for $*REPO.repo-chain -> $item {
    say $item;
    }
```

---

### 練習題 10.2

請建立一個用來顯示 repository 鍊結的程式,請在程式中使用 PERL6LIB、-I 以及 use lib。

---

## 詞法效力

載入模組只會影響到目前 scope,如果你想一個模組載入到一個 Block 中,它就只能在該 Block 中使用,該模組匯入的任何東西,也只能在該 Block 中使用。在該 Block 之外的程式,完全不知道有這個模組:

```
{
use Number::Bytes::Human;

my $human = Number::Bytes::Human.new; # 這裡可以用

put $human.format(123435653); # '118M'
}

my $human = Number::Bytes::Human.new; # 錯誤:未定義
```

在上面程式試圖要去找名稱與模組名稱相符的副程式時,會有一個怪異的錯誤:

```
Could not find symbol '&Human'
```

你可以限制模組只匯入到你需要用的地方,如果你只想在某一個副程式中使用的話,就在該副程式中載入:

```
sub translate-it ( Int $bytes ) {
    use Number::Bytes::Human;
    state $human = Number::Bytes::Human.new;
    $human.format( $bytes );
    }
```

這表示你可以在你程式中不同的地方，載入同一個模組的不同版本，lib 的宣告也同樣遵守詞法範圍：

```
sub stable-version {
    use Number::Bytes::Human;
    ...
    }

sub experimental-version {
    use lib </home/hamadryas/dev-module/lib>;
    use Number::Bytes::Human;
    ...
    }
```

如果模組改版時，資料格式改變了，需要轉換資料格式時，這種用法顯得好用：

```
sub translate-to-new-format ( Str $file ) {
    my $data = do {
        use lib </path/to/legacy/lib>;
        use Module::Format;
        Module::Format.new.load: $file;
        };

    use Module::Format; # 新版本
    Module::Format.new.save: $data, $file;
    }
```

## 執行時期載入模組

need 和 use 會在程式編譯的時候載入模組。可是有時候你一直到真的要使用時，才知道要用的是哪個模組，或是有時你想從數個模組中挑一個出來用，但只在實際要用時才載入它。改用 require 的話，就可以等到執行時期才載入要用的模組，如果指定要用的模組不存在，require 會丟出一個 exception：

```
try require Data::Dump::Tree;
if $! { die "Could not load module!" }
```

 即使該模組載入失敗，require 仍然會建立該型態。你不能用型態是否被建立，來當作模組是否成功載入的依據。

若是想在載入一個模組前先檢查該模組是否已被安裝，可以使用 $*REPO 物件的 .resolve 方法，這個方法可以從模組的相依模組中找模組：

```
my $dependency-spec =
    CompUnit::DependencySpecification.new: :short-name($module);

if $*REPO.resolve: $dependency-spec {
    put "Found $module";
    }
```

---

### 練習題 10.3

請寫一個可以回報模組是否已被安裝完成的程式，用 Number::Bytes::Human（如果你有安裝過它，它就會存在）以及 Does::Not::Exist（或其他未安裝模組名稱）去測試你的程式。

---

## 取代模組名稱

在你通常寫模組名稱的地方，你可以做 Str 取代，只要在 ::() 裡面放入代表模組類別名稱的 Str 即可：

```
require ::($module);
```

任何你想用模組名稱的地方，都可以用 ::($module) 取代。例如當你想要建立一個物件，但其實你還不知道該物件的名稱時，也可以像前面 require 的示範一樣用取代的方法處理：

```
my $new-object = ::($module).new;
```

不只這樣，你也可以將模組名稱 Str 放在雙引號中，這麼做的時候，引數清單前後要用括號：

```
$new-object."$method-name"( @args );
```

你可以使用 require 的回傳值，如果 require 載入模組成功的話，回傳值就會是該型態：

```
my $class-i-loaded = (require ::($module));
my $object = $class-i-loaded.new;
```

如果不想一直重複輸入模組名稱的話，這種用法就顯得好用：

```
my $class-i-loaded = (require Digest::MD5);
my $object = $class-i-loaded.new;
```

要檢查是否成功就需要有點技巧了，你不能直接就去檢查該型態存在與否，因為不管成功或失敗，型態都會存在，你要檢查的是它是否不是一個 Failure：

```
my $module = 'Hamadryas';

try require ::($module);
put ::($module).^name; # Failure
say ::($module).^mro;  # ((Failure) Nil (Cool) (Any) (Mu))
if ::($module) ~~ Failure {
    put "Couldn't load $module!"; # Couldn't load Hamadryas!
    }
```

這些不是常會用到的技巧，但當你要使用的時候，它們是最後的手段。下面的範例程式是讓你選擇要使用哪一個輸出類別。程式中使用了 Hash 依指定類別轉換出該類別要用的方法名稱。在程式的最後，它只用來輸出 Hash 中的定義：

```
sub MAIN ( Str $class = 'PrettyDump' ) {
    my %dumper-adapters = %(
        'Data::Dump::Tree' => 'ddt',
        'PrettyDump'       => 'dump',
        'Pretty::Printer'  => 'pp',
        );

    CATCH {
        when X::CompUnit::UnsatisfiedDependency {
            note "Could not find $class";
            exit 1;
            }
        default {
            note "Some other problem with $class: {.message}";
            exit 2;
            }
        }
    require ::($class);

    my $method = %dumper-adapters{$class};
    unless $method {
        note "Do not know how to dump with $class";
```

```
        exit 2;
        }

    put ::($class).new."$method"( %dumper-adapters );
    }
```

---

**練習題 10.4**

請修改上方的輸出程式，建立一個新的副程式，該副程式能接受一個模組清
單，並回傳哪些模組已被成功安裝。使用這個副程式為 MAIN 提供預設值。

---

# 從 Web 上抓資料

Http::UserAgent 是一個抓 Web 資料的好用模組，請用 *zef* 安裝它，使用方法如下方範
例：

```
    use HTTP::UserAgent;
    my $ua = HTTP::UserAgent.new;
    $ua.timeout = 10;

    my $url = ...;
    my $response = $ua.get( $url );
    my $data = do with $response {
        .is-success ?? .content !! die .status-line
        }
```

拿到資料後你就可以做任何想做的事情，包括從中取出幾行：

```
    for $data.lines(5) -> $line {
        put ++$, ': ', $line;
        }
```

---

**練習題 10.5**

請寫一支程式，這支程式可以抓取你在命令列指定的 URL，然後將抓到的內容
輸出到標準輸出上。

---

# 在 Perl 6 中執行 Perl 5

Perl 6 的設計目標之一，就是可以解讀 Perl 5 程式。Larry Wall 說過：「如果新的 Perl 6 在執行 95% Per 5 的 script，能夠有 95% 的正確率，以及執行 80% Perl 5 的 script 時，有 100% 的準確率，那就差不多達成目標了。」這句話代表著，目前 Perl 綜合典藏網（Comprehensive Perl Archive Network，CPAN）中大部分的 Perl 5 內容，都可以在 Perl 6 上執行。

Inline::Perl5 模組讓你可以在 Perl 6 的程式中載入 Perl 5 的模組，或是執行 Perl 5 片段程式。使用方法是在你想載入的模組後面加上來源指示 :from<Perl5>，並且使用 Perl 6 的語法（例如 . 是方法叫呼等）。在這種用法下，你不需要加上 Inline::Perl5：

```
use Business::ISBN:from<Perl5>;
my $isbn = Business::ISBN.new( '9781491977682' );
say $isbn.as_isbn10.as_string;
```

你可以在程式碼中加入 Perl 5 的程式碼，並且在你需要時執行它，可以隨心所欲的執行或退出。下方範例是建立一個幫你控制 Perl 5 程式碼的物件：

```
use Inline::Perl5;
my $p5 = Inline::Perl5.new;

$p5.run: q:to/END/;
    sub p5_test { return 'Hello from Perl 5!' }
END

put 'Hello from Perl 6!';

$p5.run: 'print p5_test()';
```

---

### 練習題 10.6

請載入 Perl 5 和 6 版本的 Digest::MD5，以程式本身為資料，並比較它們的執行結果。你可以使用 slurp 讀取整個檔案。

---

## 本章總結

你已學到如何使用 *zef* 搜尋及安裝模組，只要跟著模組文件中的範例做，就可以實現你想要的功能。在你開始寫程式之前，建議先看看別人是不是已經做完了。

你並不是只能用 Perl 6 的模組，Inline 模組讓你可以使用其他語言的程式碼，如果你之前有一些愛用的模組，也許就可以繼續使用了。

# 第十一章

# 副程式

現在要介紹更複雜的副程式了。在第 5 章時你第一次認識副程式，但你只看到足以應付接下去幾章的內容。現在你已學過了 Array 和 Hash，可以用副程式做更多事了。

## 一個基本的副程式

當你執行一個副程式後，會得到一些結果：也就是最後被執行的述句，所產生的結果。這個結果被稱為**回傳值**（*return value*）。副程式和第 5 章看過的 Block 的區別是副程式知道如何將值送回給呼叫它的程式碼。在下面範例中，副程式會依引數是奇數或是偶數，回傳不同的 Str 值：

```
sub odd-or-even {
    if ( @_[0] %% 2 ) { 'Even' }
    else              { 'Odd'  }
    }

odd-or-even( 2 );     # 偶數
odd-or-even( 137 );   # 奇數
```

如果副程式沒有寫明參數的話，引數會出現在 @_ 中。每個副程式都有自有 @_ 變數版本，所以不會和其他副程式的 @_ 搞混。下面的範例是呼叫一個副程式後，又呼叫另外一個。裡面的 top-call 副程式會在 show-args 前後輸出兩者的 @_ 值：

```
top-call( <Hamadryas perlicus> );

sub show-args { say @_ }
sub top-call {
    put "Top: @_[]";
```

```
    show-args( <a b c> );
    put "Top: @_[]";
    }
```

即使兩者都用了 @_，但它們還是不同的東西。在 top-call 中的 @_ 並不會受到 show-args 的影響：

```
Top: Hamadryas perlicus
[a b c]
Top: Hamadryas perlicus
```

副程式的定義遵循詞法範圍，如果你想要副程式只作用在一部分的程式碼中，你可以將它藏到 Block 中，Block 之外的東西是看不見副程式的：

```
{
put odd-or-even( 137 );
sub odd-or-even { ... } # 定義只在這個 block 中有效
}

put odd-or-even( 37 );  # 未定義的副程式！
```

## 多餘的引數

odd-or-even 的參數是什麼呢？它的參數是一個 Array，但你只使用了第一個元素。下面的程式仍然可以正常執行，不會有錯誤：

```
put odd-or-even( 2, 47       );  # 偶數
put odd-or-even( 137, 'Hello' );  # 奇數
```

這不代表一定是出錯了，是不是錯誤取決於你的目的是什麼。例如下面的例子，你會希望呼叫者給你剛好數量的引數：

```
sub plus-minus {
    [-]
    @_
        .rotor(2, :partial)
        .map: { $^a[0] + ($^a[1] // 0) }
    }

put plus-minus( 9,1,2,3 );
```

在本章之後的內容中會談到副程式宣告，你將會學到如何利用它來做更多控制。

## 顯式指定回傳

用 return，你可以明確地指定從副程式中某地方進行回傳。這也是副程式和第 5 章的 Block 間的差異。下面這個範例和前面做的事情是一樣的，只是把 return 寫出來了：

```
sub odd-or-even ( $n ) {
    if ( $n %% 2 ) { return 'Even' }
    else           { return 'Odd'  }
    }
```

如果呼叫時指定多餘的參數時，你就會得到一個錯誤：

```
put odd-or-even( 2, 47 );  # 錯誤
```

訊息告訴你引數清單和副程式的宣告不匹配：

```
Calling odd-or-even(Int, Int) will never work with declared signature ($n)
```

你可以換另外一種方法撰寫，do 會將整個 if 結構轉換為某樣東西，這個東西等於它最後一行述句的執行結果。將該 do 產生的該值回傳，就可以不用重複地寫 return 了：

```
sub odd-or-even ( $n ) {
    return do {
        if ( $n %% 2 ) { 'Even' }
        else           { 'Odd'  }
        }
    }
```

利用條件運算子也可以做到同一件事：

```
sub odd-or-even ( $n ) {
    return $n %% 2 ?? 'Even' !! 'Odd'
    }
```

還有另外一個方法，也可以做到同一件事，就是預設一個回傳結果，但如果碰到其他狀態就提早回傳：

```
sub odd-or-even ( $n ) {
    return 'Even' if $n %% 2;
    'Odd';
    }
```

或是回到最初學的寫法，使用隱式 return：

```
sub odd-or-even ( $n ) { $n %% 2 ?? 'Even' !! 'Odd' }
```

我不打算談更複雜的情況，但這些技巧在情況變得更複雜時，會更顯出它們的價值。不管你的情況適合用哪個寫法，它們做的事情都是等效的：也就是將一個值回傳給呼叫它的程式。

---

### 練習題 11.1

寫一個副程式，這個副程式能從命令列接收兩個整數引數，並回傳兩個整數的最小公倍數。這個練習題很簡單，但請將重點放在副程式定義的結構。

---

## 遞迴

副程式可以呼叫自己；這個行為被稱為**遞迴**（*resursion*）。Fibonacci 級數是遞迴的經典範例，在這個級數中數值是前面兩個數字的加總，而最初兩個數字是 0 和 1：

```
sub fibonacci ( $n ) {
    return 0 if $n == 0;  # n = 0 時的特別處理
    return 1 if $n == 1;
    return fibonacci( $n - 1 ) + fibonacci( $n - 2 );
    }

say fibonacci( 10 );  # 55
```

當你帶引數 10 去呼叫這個副程式時，為了得到 9 和 8 的結果，它會呼叫自己兩次。引數是 9 的那次呼叫中，它會為 8 和 7 做另外兩次呼叫。這個副程式會不停地建立更多的呼叫，直到引數是 0 或 1，然後就回傳值給上一層，一直回傳到最開始的那個呼叫。

Perl 6 的副程式知道要怎麼在自己的 Block 中呼叫自己，變數 &?ROUTINE 代表副程式物件本身，你不需要知道目前的副程式叫什麼名字。下面的範例和前面的範例是等效的：

```
sub fibonacci ( $n ) {
    return 0 if $n == 0;
    return 1 if $n == 1;
    return &?ROUTINE( $n - 1 ) + &?ROUTINE( $n - 2 );
    }
```

這個版本可能只比前面的更好一點，你將會在之後看到 multi 副程式時，看到更多相關內容。

---

### 練習題 11.2

乘階函數是另外一個有名的遞迴範例，從一個正整數開始，一路把小於它的正整數都乘起來，例如 6 的乘階就是 6*5*4*3*2*1。請用遞迴實作乘階函數，寫好了之後，用 Perl 6 的方式將它實作成驚人的簡單版本。請問你可以用這個程式產生多大的數字呢？

---

## 用迴圈替代遞迴

你可以將許多遞迴的解法改為迴圈式的解法。與其要負擔不停重複地呼叫副程式的成本（每次呼叫都要建立一個新的 scope、定義新變數等），不如改寫為迴圈解法。

要改寫乘階函式很容易，只要利用簡化運算子即可：

```
my $factorial = [*] 1 .. $n;
```

這個運算字其實是由方法組成的，所以其實背地裡還是進行了呼叫。

而利用 Seq 的話，改寫 Fibonacci 級數也很簡單：

```
my $fibonacci := 1, 1, * + * ... *;
put "Fib(5) is ", $fibonacci[5];
```

你也可以利用 queue（佇列）的方法來改寫，如果用 queue，你可以任意地將想要的東西相加，而且可以把東西放到 queue 的尾端，不用馬上處理。當到了要進行處理的時候，你可以從 queue 的開頭、結尾或中間取得，還可以加入任意數量的元素：

```
my @queue = ( ... );
while @queue {
    my $thingy = @queue.shift; # 或 .pop
    ... # 產生更多東西來用
    @queue.append: @additional-items; # 或 .push 或 .unshift
    }
```

# 將副程式儲存在 Library 中

下面的範例是一個在兩個整數中間隨機選出一個整數的副程式（選取範圍包含兩端點）。使用 .rand 並將結果轉為 .Int，然後再位移到選取的範圍中：

```
sub random-between ( $i, $j ) {
    ( $j - $i ).rand.Int + $i;
    }

say random-between( -10, -3 );
```

假設你的程式用了這段程式碼，也成功完成想做的事，然後你就把這程式放下了。之後你又寫了另外一個程式，做類似的功能，然後你想重用這段程式碼，於是你做了多數人不想承認的事：將這段副程式剪下，並貼上到另外一個程式中使用。再一次地，這段程式又成功的發揮了它的功能，是吧？

你真的能從包含 $i 和 $j 的範圍中取得一個數字嗎？

---

### 練習題 11.3

random-between 從範圍 $i 到 $j 中，能產生的最大數字是多少？請寫一個程式去重複地執行 random-between，以得到結果的實際範圍。

---

做完前面的練習題後，你就知道 random-between 並不會隨機選取到尾端的那個數字，如果你已將它複製到數個不同的程式中使用，那就代表那些地方全部也都會有問題。不過，這個情況是可以修正的。

如果要在數個程式中使用同一個副程式，你可以將它定義在一個 *library* 中。library 是一個獨立的檔案，你可以從你的程式匯入它。

將 random-between 到一個新的檔案中，將副檔名改為 *.pm* 或 *.pm6*：

```
# MyRandLibrary.pm6
sub random-between ( $i, $j ) {
    ( $j - $i ).rand.Int + $i;
    }
```

在你原來的程式中，使用 use 來匯入剛才建立的 library，設定 lib 的方法你已在第 10 章看過了：

```
# random-between.p6
use lib <.>
use MyRandLibrary;
say random-between( -10, -3 );
```

你的程式成功找到了你的 library，但現在你又得到另外一個錯誤如下：

```
% perl6 random-between.p6
===SORRY!=== Error while compiling ...
Undeclared routine:
    random-between used at line ...
```

# 匯出副程式

副程式預設是符合詞法範圍的，所以基本上它們在所屬的檔案之外是不能被看見的。如果你想要在另外一個檔案使用它們的話，你必須匯出這些副程式。將 is export 特性寫在副程式定義的後面，就可以匯出它了：

```
# MyRandLibrary.pm6
sub random-between ( $i, $j ) is export {
    ( $j - $i ).rand.Int + $i;
    }
```

你的程式現在可以找到 library，也可以匯入副程式，並且可從範圍中產生隨機數字了：

```
% perl6 random-between.p6
11
```

---

### 練習題 11.4

請建立一個 library 並匯出 random-between 副程式，將它用在一個能從命令列引數取得兩個數字的程式中，這個程式要從兩個數值間隨機選出一個數字。請問引數中第一個數字比第二個數字大的話，會發生什麼事？若引數給的不是數字的話，又會發生什麼事？

# 位置參數

參數有兩種,第一種叫位置參數,你已經在第 5 章看過了,位置參數是依引數的順序處理引數的。我們將會在這一小節看到更多內容。你將會在本章後面一點看到另外一種參數,也就是名稱參數。

若沒有給出明確宣告,引數會出現在 @_ 陣列中,每個副程式都有它自己的 @_,不會和其他的副程式搞混,如果你這樣寫:

```
sub show-the-arguments {
    put "The arguments are: ", @_.gist;
    }

show-the-arguments( 1, 3, 7 );
```

就會得到:

```
The arguments are: [1 3 7]
```

在副程式中使用 @_ 時,就會自動地加上隱式的參數宣告。但它並不是只加上 @_ 參數而已,如果只是加上 @_,代表副程式期待收到一個 Positional 引數:

```
sub show-the-arguments ( @_ ) { # 需要一個位置引數
    put "The arguments are: ", @_.gist;
    }
```

若給它多個引數,會產生編譯錯誤:

```
show-the-arguments( 1, 3, 7 );   # 不能編譯
```

宣告中寫 ( @_   ) 的話,表示想要一個引數,而且這一個引數必須是某種 Positional(不一定要是 Array):

```
show-the-arguments( [ 1, 3, 7 ] );   # 給單一引數
```

## 思樂冰參數

思樂冰參數(*slurpy parameter*)會將剩餘的引數都放到一個 Array 中,用法是將一個 * 放在 @_ 陣列參數前面。下面的範例和前面的隱式宣告是等效的:

```
sub show-the-arguments ( *@_ ) {   # 思樂冰參數
    put "The arguments are: ", @_.gist;
    }

show-the-arguments( 1, 3, 7 );
```

輸出的結果是三個數字：

```
The arguments are: [1 3 7]
```

這裡沒有一定要用 @_，你也可以用你自定的變數名稱：

```
sub show-the-arguments ( *@args ) {   # 思樂冰參數
    put "The arguments are: ", @args.gist;
    }
```

現在來試一些不同的東西，將其中一個引數改為 List：

```
sub show-the-arguments ( *@args ) {   # 思樂冰參數
    put "The arguments are: ", @args.gist;
    }

show-the-arguments( 1, 3, ( 7, 6, 5 ) );
```

你能猜到會輸出什麼嗎？會輸出一個壓扁的 List：

```
The arguments are: [1 3 7 6 5]
```

不管資料是什麼格式，思樂冰參數都會將它們壓扁，試試再加一層：

```
show-the-arguments( 1, 3, ( 7, (6, 5) ) );
```

你還是會得到一樣的輸出結果：

```
The arguments are: [1 3 7 6 5]
```

思樂冰參數只會把可迭代的物件壓扁，如果你將其中一個 List 項目化成一種不能迭代的東西，它就不會被壓扁：

```
show-the-arguments( 1, 3, ( 7, $(6, 5) ) );
```

會輸出不同的結果：

```
The arguments are: [1, 3, 7, (6, 5)]
```

如果是這樣呢？

```
show-the-arguments( [ 1, 3, ( 7, $(6, 5) ) ] );
```

如果把 List 改成 Array，Array 裡每個元素都已經是被項目化過的。由於 ( 7, $(6, 5) ) 是 Array 裡的一個元素，所以它也被項目化過了：

```
The arguments are: [1, 3, (7, $(6, 5))]
```

在參數前面使用 \*\*，代表你不想要參數被自動壓扁：

```
sub show-nonflat-arguments ( **@args ) {  # 不壓扁的思樂冰參數
    put "The nonflat arguments are: ", @args.gist;
    }

show-nonflat-arguments( [ 1, 3, ( 7, $(6, 5) ) ] );
```

輸出訊息裡的資料被兩組中括號包圍，內層 Array 代表只有一個引數，外層 Array 代表整個引數清單：

```
The nonflat arguments are: [[1 3 (7 (6 5))]]
```

---

### 練習題 11.5

建立一個副程式，這個副程式可以輸出它的引數數量，並一行行的輸出它的每個引數，請用這些引數清單去測試你的程式：

```
1, 3, 7
1, 3, ( 7, 6, 5 )
1, 3, ( 7, $(6, 5) )
[ 1, 3, ( 7, $(6, 5) ) ]
```

---

## 混合使用

如果你同時想要會壓扁和不會壓扁的引數怎麼辦？比方說引數中有一個，你想要壓扁它，而其他的你想保留原來的 List 型態。此時就在參數前面放一個 + 號，以使用**單一引數規則**（*single argument rule*）：：

```
sub show-plus-arguments ( +@args ) {  # 單一引數規則參數
    put "There are {@args.elems} arguments";
    put "The nonflat arguments are: ", @args.gist;
    }
```

如果你是傳一個引數的話，那該引數會被壓扁到 @args 中，如果你是傳多個引數的話，就不會被壓扁：

```
my @a = (1,3,7);

show-plus-arguments( @a );     # 壓扁
show-plus-arguments( @a, 5 ); # 不壓扁
```

從輸出的東西就可以看出它們的差異。在第一次呼叫 show-plus-arguments 時，看起來像是你拿到一個 Array 引數，但等它到了副程式裡面的時候，該 Array 就被壓扁成三個 Int 引數：

```
There are 3 arguments
The nonflat arguments are: [1 3 7]
There are 2 arguments
The nonflat arguments are: [[1 3 7] 5]
```

你的第二次呼叫帶了 Array 還有 5，因為多於 1 個引數，所以不會被壓扁，引數清單裡有一個 Array 引數，還有一個 Int 引數。

## 併用思樂冰參數

你可以只用一個思樂冰 Array 參數，因為它會包辦所有的位置引數。不過，你也可以在思樂冰參數前面放其他的位置參數：

```
sub show-the-arguments ( $i, $j, *@args ) {  # 思樂冰參數
    put "The arguments are i: $i j: $j and @args[]";
    }

show-the-arguments( 1, 3, 7, 5 );
```

開頭兩個引數會填在 $i 和 $j 中，其他的引數都會進到 @args 中：

```
The arguments are i: 1 j: 3 and 7 5
```

如果你將大部分的引數放在 Array 中，只留下一個獨立的引數呢？

```
my @a = ( 3, 7, 5 );
show-the-arguments( 1, @a );
```

這樣的話，從輸出結果看出 $j 是一個 Array，而 @args 中空無一物：

```
The arguments are i: 1 j: 3 7 5 and
```

---

### 練習題 11.6

請建立一個 library，這個 library 提供兩個副程式，一個叫 head，另一個叫 tail，它們都有一個 List 參數。請讓你的 head 副程式回傳收到 List 中的第一個東西，而讓你的 tail 副程式回傳 List 中除了第一個以外的所有東西。如果你之前用過 Lisp 語言的話，它們就是 car 和 cdr：

```
use lib <.>;
use HeadsTails;

my @a = <1 3 5 7 11 13>;

say head( @a ); # 1
say tail( @a ); # [ 3 5 7 11 13 ]
```

## 可選引數與預設引數

預設上來說，所有的位置參數都需要有引數。但你可以在一個參數後面加問號 ?，讓它變成一個可給可不給引數的可選參數，這樣一來你就不一定要給它引數了。下面範例中的副程式可以有一到二個引數：

```
sub one-or-two ( $a, $b? ) {
    put $b.defined ?? "Got $a and $b" !! "Got $a";
    }

one-or-two( 'Hamadryas' );
one-or-two( 'Hamadryas', 'perlicus' );
```

如果你用了可選引數，我猜你會想要給它設定一個預設值。此時，只要對一個參數做給值動作，這樣它就會有預設值了。這個給值只有在你不給引數的時候，才會有作用：

```
sub one-or-two ( $a, $b = 137 ) {
    put $b.defined ?? "Got $a and $b" !! "Got $a";
    }

one-or-two( 19 );                      # 一個數值
one-or-two( 'Hamadryas', 'perlicus' ); # 兩個字串
one-or-two( <Hamadryas perlicus> );    # 一個陣列
one-or-two( |<Hamadryas perlicus> );   # 壓扁的陣列
```

輸出的結果顯示，每次呼叫時，引數填到參數的結果都不一樣：

```
Got 19 and 137
Got Hamadryas and perlicus
Got Hamadryas perlicus and 137
Got Hamadryas and perlicus
```

你不能把位置參數寫在可選參數後面：

```
sub one-or-two ( $a?, $b ) {
    put $b.defined ?? "Got $a and $b" !! "Got $a";
    }
```

這樣會得到編譯錯誤：

```
Error while compiling
Cannot put required parameter $b after optional parameters
```

## 參數特徵

參數變數值是用原來資料的唯讀別名進行填充的，你可以看到它取得相同的值，但你不能改變該值。下面的副程式試圖要將參數的值加一：

```
sub increment ( $a ) { $a++ }

my $a = 137;
put increment( $a );
```

這段程式會失敗，因為你不能改變參數變數的值：

```
Cannot resolve caller postfix:<++>(Int); the following candidates
match the type but require mutable arguments:
```

預設是使用唯讀別名，但你可以藉由設定參數的特徵來改變它。把參數套用 is copy 特徵，用了 is copy 以後，就可以取得一個獨立於原來引數的可變值，你可以改變這個可變值而不會改動到原值：

```
sub mutable-copy ( $a is copy ) { $a++; put "Inside: $a" }

my $a = 137;

put "Before: $a";
mutable-copy( $a );
put "After: $a";
```

輸出顯示原變數值不會被改變：

```
Before: 137
Inside: 138
After: 137
```

使用特徵 is rw 的話，就可以連原值都改掉。如果該引數是可寫入容器，你就可以改變它的值。如果不是可寫入容器的話，就會得到一個錯誤：

```
sub read-write ( $a is rw ) { $a++ }

my $a  = 137;
my $b := 37;
my \c  =  7;

read-write( $a );  # 可寫入不會有問題
read-write( $b );  # 常值，不可變 - 產生錯誤！
read-write( c );   # 常數，不可變 - 產生錯誤！
read-write( 5 );   # 常值，不可變 - 產生錯誤！
```

## 參數限制

你可以限定參數為某個特定型態，在第 5 章時你已經知道這件事了：

```
sub do-something ( Int:D $n ) { ... }
```

印記也有限制，如 @ 表示可接受 Positional，% 表示可接受 Associative，而 & 表示可接受 Callable：

```
sub wants-pos   ( @array ) { put "Got a positional: @array[]" }
sub wants-assoc ( %hash )  { put "Got an associative: {%hash.gist}" }
sub wants-code  ( &code )  { put "Got code" }

wants-pos( <a b c> );
wants-assoc( Map.new: 'a' => 1 );
wants-code( { put "Mini code" } );
```

下面這些都不會成功，因為指定的引數型態不正確：

```
wants-pos( %hash );
wants-assoc( <x y z> );
wants-code( 1 );
```

而且，若想用程式碼區塊作參數，還可以指定參數宣告為何，傳來的引數就必須匹配這個宣告。如下方範例所示，請將宣告寫在參數後面：

```
sub one-arg  ( &code:( $a ), $A )           { &code.($A) }
sub two-args ( &code:( $a, $b ), $A, $B ) { &code.($A, $B) }

one-arg( { put "Got $^a" }, 'Hamadryas' );

two-args( { put "Got $^a and $^b" }, 'Hamadryas', 'perlicus' );
```

# 同名但宣告不同

只要宣告不同,你可以將同一個副程式定義兩次,其中任一副程式都被稱為**候選副程式**(*candidate*)。有一個分派器(dispatcher)會依你的引數去決定要呼叫哪一個候選副程式。分派器會考慮的資訊有(以優先順序排列):

1. 副程式名稱

2. 引數個數(參數數量)

3. 引數型態

4. 其他條件

若要定義候選副程式,就在副程式宣告時加上 multi,由於 multi 預設就是給副程式用的(你將在第 12 章看到如何搭配方法使用),所以你可以不寫 sub:

```
multi sub some-subroutine { ... }
multi some-subroutine { ... }
```

## 常值參數

你也可以將副程式宣告為使用常值,會選取引數值和常數參數相同的那個 multi:

```
multi something (  1 ) { put "Got a one" }
multi something (  0 ) { put "Got a zero" }
multi something ( $a ) { put "Got something else" }

something(   1 );
something(   0 );
something( 137 );
```

在前兩個呼叫,是常值參數決定了要用哪一個副程式:

```
Got a one
Got a zero
Got something else
```

如果你想要把 *Rat* 當作這裡的常值使用，請將值放在 `<>` 中間，這樣編譯器就不會認為中間的 `/` 是 regex 的開頭（第 15 章）：

```
multi something ( 1 )      { put "Got a one" }
multi something ( 0 )      { put "Got a zero" }
multi something ( <1/137> ) { put "Got something fine" }
multi something ( $b )     { put "Got something else" }

something( 1 );
something( 0 );
something( 1/137 );
something( 'Hello' );
```

回想一下前面看過的 Fibonacci 範例：

```
sub fibonacci ( $n ) {
    return 0 if $n == 0;
    return 1 if $n == 1;
    return &?ROUTINE( $n - 1 ) + &?ROUTINE( $n - 2 );
    }
```

在這個實作中，有 0 與 1 這兩個特殊的情況，你必須為這兩者分別寫程式。但你也可以將這兩個特殊情況改用 `multi` 來寫：

```
multi fibonacci ( 0 ) { 0 }
multi fibonacci ( 1 ) { 1 }

multi fibonacci ( $n ) {
    return fibonacci( $n - 1 ) + fibonacci( $n - 2 );
    }

put fibonacci(0);
put fibonacci(1);
put fibonacci(5);
```

請注意，你在這裡不能使用 `&?ROUTINE`，因為 `$n-1` 用的不是同一個副程式。

## 引數數量

下面的範例是用 `multi` 定義 sub，第一個候選副程式宣告了一個位置引數，而第二個宣告了兩個位置引數：

```
multi subsomething ( $a     ) { put "One argument"; }
multi subsomething ( $a, $b ) { put "Two arguments"; }
```

```
something( 1 );
something( 1, 3 );
# something();
```

從輸出看出你呼叫的是兩個不同的副程式：

```
One argument
Two arguments
```

請反註解沒有引數的那個呼叫並且執行程式，你將會得到一個編譯時期錯誤，因為編譯器知道沒有任何宣告能跟它匹配的：

```
Calling something() will never work with any of these multi signatures:
    ($a)
    ($a, $b)
```

你可以將 multi sub 縮短只寫 multi，因為 multi 預設就是對 sub 使用：

```
multi something ( $a     ) { put "One argument";  }
multi something ( $a, $b ) { put "Two arguments"; }
```

這種呼叫的分派行為，是依**引數的數量**決定的一也就是你指定了多少引數。這也代表如果你定義了同樣引數數量的副程式，會被編譯器察覺，如下方範例所示：

```
multi something ( $a ) { put "One argument"; }
multi something ( $b ) { put "Also one arguments"; } # 錯誤
```

這也會導致執行期錯誤，因為分派器無法決定要用哪一個副程式（不會因為都匹配而全部執行）：

```
Ambiguous call to 'something'; these signatures all match:
:($a)
:($b)
```

## 參數型態

你也可以利用參數型態在 multi 宣告中進行選擇。下面的範例都只帶一個引數，是透過型態區分出要呼叫哪一個：

```
multi something ( Int:D $a ) { put "Int argument";  }
multi something ( Str:D $a ) { put "Str arguments"; }

something( 137 );
something( 'Hamadryas' );
```

由於引數型態的差異，所以會呼叫到不同的副程式：

```
Int argument
Str arguments
```

如果遇到型態相同的多個同名副程式時，你還可以利用自定限制來選出正確的那一個。
分派器會選出最符合的一個：

```
multi something ( Int:D $a ) { put "Odd arguments"; }
multi something ( Int:D $a where * %% 2 ) { put "Even argument" }

something( 137 );
something( 538 );
```

請注意，這種行為和副程式定義的先後是無關的：

```
Odd arguments
Even arguments
```

但是，在下個範例中，第一個副程式限制它的參數為奇數，第二個副程式限制它的參數
要大於 5。兩者都只有一個參數，並且都含有一個 where 子句，所以分派器會選擇第一
個符合條件的：

```
multi sub something ( Int:D $a where * % 2 ) { put "Odd number" }
multi sub something ( Int:D $a where * > 5 ) { put "Greater than 5" }

something( 137 );
```

呼叫所帶的引數可以滿足兩者的宣告，而輸出結果顯示執行的是第一個副程式：

```
Odd number
```

讓我們將定義的順序倒過來：

```
multi sub something ( Int:D $a where * > 5 ) { put "Greater than 5" }
multi sub something ( Int:D $a where * % 2 ) { put "Odd number" }

something( 137 );
```

即使定義不同，還是執行了第一個定義的副程式：

```
Greater than 5
```

若你想用一個副程式名稱，但**不**想它有多重定義時，該怎麼辦呢？你就宣告一個沒有
multi 的副程式：

```
sub something ( Int $a ) { put "Odd arguments" }

multi something ( Int $a where * %% 2 ) { # redefinition!
    put "Even argument";
    }
```

如果有其他定義的話,你就會得到一個編譯時期錯誤,編譯器會問你是否漏寫了 multi sub:

```
===SORRY!=== Error while compiling
Redeclaration of routine 'something' (did you mean to declare a multi-sub?)
```

## 具名參數

具名參數和引數或參數的位置無關,預設上它們是可給可不給的,你可以在引數清單中用任何順序指定它們。具名參數常用來設定一個副程式或方法的功能。

若要定義具名參數,就將一個冒號寫在參數變數前面。在呼叫時,先寫不帶括號的變數名稱,然後寫胖箭頭符號,最後是你想要用的值。不用在乎名稱或值的順序:

```
sub add ( Int:D :$a, Int:D :$b ) {
    $a + $b;
    }

put add( a => 1,  b => 36 );  # 37
put add( b => 36, a => 1  );  # 等效
```

你不能將名稱括起來,也不能用變數當成名稱。下面範例中的寫法,將會被誤當成用兩個 Pair 物件作為位置參數:

```
put add( 'a' => 1,  'b' => 36 );    # 不行!
put add( $keya => 1, $keyb => 36 ); # 不行!
```

你通常比較常用的會是副詞語法,如果數值是正整數,你可先寫數值再寫名稱:

```
put add( :a(1), :b(36) );  # 37
put add( :36b, :1a );      # 37
```

預設值和其他的限制條件,和位置參數是一樣的:

```
sub add ( Int:D :$a = 0, Int:D :$b = 0 ) {
    $a + $b;
    }
```

```
put add();        # 0
put add( :36b ); # 36
```

你給的引數名稱和參數變數的名稱不必一樣。在一個複雜的程式碼中，你不需要每次使用參數變數時，都要打出它的全部名稱，如下方範例 poewr-of 中用的 $base 或 $power，副程式仍然用完整名稱當作介面宣告，但實際寫程式時可以使用短名稱：

```
sub power-of ( Int:D :power($n) = 0, Int:D :base($a) ) {
    $a ** $n
    }

put power-of( base => 2, power => 5 ); # 32
```

到目前為止這些具名參數都有收到我們給定的值，但若沒有給它其他的限制或引數的話，具名參數將會是個布林值。例如下方範例中的副詞寫法並沒有給值（也沒有給限制），參數的值就會是 True（因為 Pair 特性如此）：

```
sub any-args ( :$state ) { say $state  }
any-args( :state );  #  True
```

若在副詞的名稱前面加上！，那就會變成 False：

```
any-args( :!state );  #  False
```

## 必要具名參數

位置參數是一定給要值，如果你不想給值，可以將它標記為可選。這個特性和具名參數相反，具名參數預設是可選的，除非你特別標記。如果你不把值給一個具名參數的話，它就會用預設值：

```
sub not-required ( :$option ) { say $option; }

not-required();            # (Any)
not-required( :option );   # True
not-required( :!option );  # False
not-required( :5option );  # 5
```

若你想讓下面程式的參數 option 變成必要的參數，請將！放在它的宣告前面（不是將！放在引數前面）：

```
sub not-required ( :$option! ) { say $option; }

not-required();                # 錯誤！
```

這個錯誤告訴你，你忘記給引數了：

```
Required named parameter 'option' not passed
```

## 自由具名參數

與其一個個去命名具名參數，你可以一次全部一網打盡。如果在宣告時不宣告任何參數，它們就會全部都在 %_ 中。這個變數和 @_ 是類似的東西，只是給具名參數專用的。下面範例中，每個副程式呼叫都各有自己版本的 %_：

```
sub any-args { say %_ }
any-args( genus => 'Hamadryas' );
any-args( genus => 'Hamadryas', species => 'perlicus' );
```

你沒有定義 :genus，也沒有定義 :species，但它們都出現在 %_ 中：

```
{genus => Hamadryas}
{genus => Hamadryas, species => perlicus}
```

這和思樂冰參數 Hash 是等效的：

```
sub any-args ( *%args ) { say %args }
any-args( genus => 'Hamadryas' );
any-args( genus => 'Hamadryas', species => 'perlicus' );
```

下面範例可以說明 %_ 背後是怎麼做到的，當你將這個變數用在副程式時，實際上是自動地宣告了一個思樂冰參數：

```
sub any-args { say %_ }
sub any-args ( *%_ ) { say %_ }
```

## 混和參數

你可以將位置參數和名稱參數混合使用，如果你在程式碼中使用 @_ 和 %_，它們就會在背後默默地被宣告：

```
sub any-args {
    put '@_ => ', @_.gist;
    put '%_ => ', %_.gist;
    }

any-args( 'Hamadryas', 137, :status, :color('Purple') );

@_ => [Hamadryas 137]
%_ => {color => Purple, status => True}
```

你可以任意地決定具名參數的前後位置，而位置參數的順序必須正確。具名參數還可以放在位置參數之間：

```
any-args( :color('Purple'), 'Hamadryas', :status, 137   );
```

@_ 和 %_ 可改為自己取的名字，功能不變：

```
sub any-args ( *@args, *%named ) {
    put '@args => ', @args.gist;
    put '%named => ', %named.gist;
    }

any-args( :color('Purple'), 'Hamadryas', :status, 137   );
```

# 回傳值型態

你可以限制一個副程式的回傳值型態，如果你試圖回傳一個不符合限定條件的值，將會得到一個執行期間的 Exception。請在副程式宣告中以 --> 指定回傳值的型態。如下方範例中，規定程式必須要回傳一個定義過的 Int：

```
sub returns-an-int ( Int:D $a, Int:D $b --> Int:D ) { $a + $b }

put returns-an-int( 1, 3 );
```

執行結果正常：

```
4
```

但假設你錯誤地回了一個 Str 呢？

```
sub returns-an-int ( Int:D $a, Int:D $b --> Int:D ) { ($a + $b).Str }

put returns-an-int( 1, 3 );
```

由於型態不匹配，所以你會得到一個執行期錯誤：

```
Type check failed for return value; expected Int but got Str ("4")
```

另外一個指定回傳值態的方法，是在副程式宣告的括號後面加上 returns（後面有個 s）：

```
sub returns-an-int ( Int $a, Int $b ) returns Int { $a + $b }
```

下面這兩種寫法也是等效的：

```
sub returns-an-int ( Int $a, Int $b ) of Int { $a + $b }

my Int sub returns-an-int ( Int $a, Int $b ) { $a + $b }
```

不管你怎麼去定義副程式的回傳值，你都可以回傳 Nil 或 Failure 物件（通常用來通知有錯誤發生）。下方範例中，即使回傳的不是一個 Str，仍看待為執行 "成功"：

```
sub does-not-work ( Int:D $a --> Str ) {
    return Nil if $a == 37;
    fail 'Is not a fine number' unless $a == 137;
    return 'Worked!'
    }

put does-not-work(  37 ).^name;    # Nil
put does-not-work( 137 ).^name;    # Str
put does-not-work( 538 ).^name;    # Failure
```

你在回傳值限制中不能寫複雜的檢查，但你可以另外定義一個 subset 來幫你到這件事。下面範例定義回傳一個 Rat，若是在碰到除以零情況的時候回傳 Inf：

```
subset RatInf where Rat:D | Inf;

sub divide ( Int:D $a, Int:D $b --> RatInf ) {
    return Inf if $b == 0;
    $a / $b;
    }

put divide( 1, 3 );  # <1/3>
put divide( 1, 0 );  # Inf
```

範例中的 Rat:D | Inf 被稱為一個 Junction，你將會在第 14 章看到它的相關說明。

## 本章總結

本章看了好多東西，都是利用明智的輸出入限制來確保你的程式能正確地完成工作。只要稍微計劃一下，這些功能就可以替你抓到未預期的狀況，而這些狀況不應該出現在你的程式中。一旦狀況出現，你就可以快速地從程式碼找到它們─你能越快地找到它們，就越容易除錯。

# 第十二章

# 類別

類別是物件的藍圖，用來管理一個物件及其行為。類別中會定義**屬性**（*attribute*），用來宣告物件可以儲存什麼東西，另外還定義了**方法**（*method*），方法決定了物件的行為。類別建構出一種環境，這種環境讓你的程式更容易完成工作。

本章會談到類別和物件的機制，我幾乎不會提到物件導向和設計的部分。從範例中可以看出運作方法，但並不會偏坦特定的做法，請依你的工作適用去選擇做法。

## 建立第一個物件

如果要建立物件，就幫它取一個名字，並給它一個 Block 的程式碼：

```
class Butterfly {}
```

完成了！雖然看起來類別裡空無一物，但事實並非如此。即使你沒有明確的看到，但你其實已經獲得了很多類別的基本功能了。接下來請試著呼叫它的方法，你可以看到它是由 Any 和 Mu 所衍生，而且你可以建立一個新的物件：

```
% perl6
> class Butterfly {}
(Butterfly)
> Butterfly.^mro
((Butterfly) (Any) (Mu))
> my $object = Butterfly.new
Butterfly.new
> $object.^name
Butterfly
> $object.defined
True
```

在同一個檔案中，你可以隨心所欲地定義好多個這樣的類別：

```
class Butterfly {}
class Moth {}
class Lobster {}
```

只要是已定義好的型態，你都可以在你的程式中使用。如果你試圖使用一個還沒定義的類型，就會得到一個編譯錯誤：

```
my $butterfly = Butterfly.new;  # 太早用了！

class Butterfly {};  # 錯誤：Illegally post-declared type
```

與其在檔案的開頭定義一些你要用的類別（而且還要捲好一大段才能找到想要的東西），不如將每個類別定義在分開的檔案中，這樣要找到特定的類別也比較容易。可以使用 unit 說明後面的檔案是你要用的類別定義，此處不需要使用 Block：

```
unit class Butterfly;
```

請將你的類別放在 *Butterfly.pm6*（或是 *Butterfly.pm*）中，並將它載入你的程式：

```
use Butterfly;
```

---

### 練習題 12.1

建立一個檔案，在裡面寫一支程式，在這支程式中定義 Butterfly、Moth 以及 Lobster 空類別。雖然這些物件現在什麼也不能做，還是請你在程式中為每個類別建立一個新物件。

---

### 練習題 12.2

請將 Butterfly、Moth 以及 Lobster 類別定義在分開的三個檔案中，並分別將檔案名稱以類別名稱取名。請把要載入這些類別的程式與這些類別檔案放在同一個目錄下，然後在你的程式中載入這些類別，並為每個類別建立物件。

# 定義方法

方法和副程式類似，但方法知道自己被誰呼叫，而且可以被繼承；若要定義一個方法的話，請在副程式寫 sub 的位置改寫為 method。下面的範例會輸出型態名稱：

```
class Butterfly {
    method who-am-i () { put "I am a " ~ self.^name }
    }

Butterfly.who-am-i;
```

單詞 self 就是該方法的**呼叫者**（*invocant*），也就是呼叫該方法的物件。它不用寫在宣告中，也不限於在該方法中使用。用 $ 呼叫一個方法是等效的（你將會在後面看到理由）：

```
class Butterfly {
    method who-am-i () { put "I am a " ~ $.^name }
    }

Butterfly.who-am-i;  # I am a Butterfly
```

若在宣告中將一個名稱寫在冒號前面，就可以用這個名字作為呼叫者的名字，例如 C++ 的使用者可能會比較喜歡 $this 這個名字：

```
method who-am-i ( $this : ) { put "I am a " ~ $this.^name }
```

用 \ 符號可以讓你之後不用再寫 $ 印記：

```
method who-am-i ( \this : ) { put "I am a " ~ this.^name; }
```

預設變數也可以當成呼叫者，這代表在 Block 中它可以不露面：

```
method who-am-i ( $_ : ) { put "I am a " ~ .^name; }
```

如果你想要改變呼叫者的名字，請選擇一個足以代表的名稱：

```
method who-am-i ( $butterfly : ) { ... }
```

## Private 方法

*Private* **方法**只能在自己被定義的同一個類別中使用，你可以利用它們來將不希望被外面程式碼知道的程式碼區分出來。

前面例子中的 who-am-i 呼叫了 .^name，它專門用來取得 "型態"。你可能不想這麼寫，或想用其他的方法來做，類別中其他的方法也有可能想做一樣的事，基於種種理由，我們可以把它藏在另外一個方法中，下面範例將它藏在 what's-the-name 中：

```
class Butterfly {
    method who-am-i () { put "I am a " ~ self.what's-the-name }

    method what's-the-name () { self.^name }
    }

Butterfly.who-am-i;                 # I am a Butterfly
put Butterfly.what's-the-name;   # Butterfly
```

是可以這麼改沒錯，不過它現在變成了一個方法，而你並不希望在類別之外的任何人使用它。此時，請你在方法前面加上！，讓類別之外的人都看不見它。在呼叫時，也將原來的 . 改為！：

```
class Butterfly {
    method who-am-i () { put "I am a " ~ self!what's-the-name }

    method !what's-the-name () { self.^name }
    }

Butterfly.who-am-i;  # I am a Butterfly
put Butterfly.what's-the-name;  # Butterfly
```

現在，如果你試圖從類別外呼叫它的話，就會得到一個錯誤：

```
No such method 'what's-the-name' for invocant of type 'Butterfly'.
```

## 定義副程式

一個類別中可以含有副程式，由於副程式遵守詞法範圍，所以在類別之外的東西也看不到它們。副程式和 private 方法能做到一樣的事，只差在你需要將物件當作引數傳遞給它：

```
class Butterfly {
    method who-am-i () { put "I am a " ~ what's-the-name( self ) }

    sub what's-the-name ($self) { $self.^name }
    }

Butterfly.who-am-i;  # I am a Butterfly
```

# 物件

物件（*object*）是一個類別的特定**實例**；有時物件和實例這兩個詞會被交換使用。一個類別產生的每個物件都有它自有的變數和資料，獨立於其他的物件。然而，這些物件都遵守著同一個類別所定義的行為。

和之前一樣，讓我們從一個最簡單的類別開始。你需要一個建構子才能建立一個物件，任何可以建立出物件的方法就是建構子。預設是用 .new：

```
class Butterfly {}

my $butterfly = Butterfly.new;
```

產生的物件就是該類別的已定義實例（型態物件是一種未定義實例），.DEFINITE 方法可告訴你它是物件或是型態物件：

```
put $butterfly.DEFINITE
    ?? 'I have an object' !! 'I have a type';
```

每個物件都擁有一個 .defined 方法，但每個類別可以去改變這個方法代表的意義。Failure 類別產生的任何物件都是未定義的，所以在條件判斷中，它永遠都是 False。請使用 .DEFINITE 來避開這個陷阱。

## Private 屬性

屬性是物件中內含的資料，可用 has 去定義屬性，而屬性是用兩個印記來標示它們的取存權限。接下來先讓你看一些難的屬性解決方案，若你之後看到簡單的方法，會覺得很感動。下面的範例是用兩個印記 $! 來定義出一個 private 屬性：

```
class Butterfly {
    has $!common-name;
    }
```

上面這個定義本身不會改變類別中的任何東西，沒有人可以看到這個屬性，所以你也無從改變它的值。

有一個叫 .BUILD 的特殊方法，它會在 .new 之後自動被呼叫，呼叫時會帶入和 .new 相同的引數。你可以自行定義你自己的 .BUILD，去存取你的 private 屬性（或其他你想做的事）：

```
class Butterfly {
    has $!common-name;

    method BUILD ( :$common-name ) {
        $!common-name = $common-name;
        }
    }

my $butterfly = Butterfly.new: :common-name('Perly Cracker');
```

這裡要特別小心，因為 .BUILD 會無條件接收所有具名參數，它並不會知道你想用哪一個，也不知道參數對你類別的意義是什麼。幾乎所有類別都用它來建立物件—不過如果你打錯它的名字，也不會有任何警告：

```
my $butterfly = Butterfly.new: :commen-name('Perly Cracker');
```

如果什麼都不寫也不會收到警告，因為你有可能在建物件時，就不需要任何東西。如下方範例，你有可能覺得這樣也行：

```
my $butterfly = Butterfly.new;
```

不過，若你必定需要一個具名參數的話，你也知道該怎麼做吧！你只要在參數後加一個！就可以了：

```
class Butterfly {
    has $!common-name;

    method BUILD ( :$common-name! ) { # 這樣就一定要傳了
        $!common-name = $common-name;
        }
    }
```

範例中其他的部分可能無法滿足你，因為你可能會想要去設定預設值，並提供其他的方法去變更屬性值。

你可以加入一個**存取方法**（*accessor method*），存取方法讓你可以看見你在 private 屬性中存了什麼：

```
class Butterfly {
    has $!common-name;

    method BUILD ( :$common-name ) {
        $!common-name = $common-name;
        }
```

```
        method common-name { $!common-name }
        }

    my $butterfly = Butterfly.new: :common-name('Perly Cracker');
    put $butterfly.common-name;  # Perly Cracker
```

如果你沒有給 :common-name 一個值的話，就會產生問題，由於 $!common-name 裡原來就空無一物，而你也沒有給 .BUILD 任何引數，此時若你試圖去輸出它的值，你就會被警告這裡有一個空值：

```
    my $butterfly = Butterfly.new;
    put $butterfly.common-name;  # 警告！
```

在 common-name 方法中給預設值可以解決這個問題，下面範例是如果屬性未定義的話，就回傳一個空的 Str（或是 fail 或 warn 都可以）：

```
    method common-name { $!common-name // '' }
```

屬性本身也可以有預設值：

```
    class Butterfly {
        has $!common-name = '';
        ...
        }
```

若不想用空字串當預設值，你也可以用其他的：

```
    class Butterfly {
        has $!common-name = 'Unnamed Butterfly';
        ...
        }

    my $butterfly = Butterfly.new;
    put $butterfly.common-name;  # Unnamed Butterfly!
```

若要改變 :common-name 的值，你可以將 .common-name 標記為帶 rw 特徵，這樣讓它變成可讀可寫。如果你對 .common-name 做給值動作，你就是改變 .common-name 中 Block 的最後一個東西的值（就是靠這樣修改的）。在下面範例，Block 中的最後一行是 $!common-name 的容器：

```
    class Butterfly {
        has $!common-name = 'Unnamed butterfly';

        method BUILD ( :$common-name ) {
            $!common-name = $common-name;
```

```
        }

    method common-name is rw { $!common-name }
        }

my $butterfly = Butterfly.new;
$butterfly.common-name = 'Perly Cracker';

put $butterfly.common-name;  # Perly Cracker!
```

屬性也可以像其他變數一樣指定型態。下面範例是將型態定為 Str，定了型態以後就表示 .common-name 只能接受 Str 型態的值：

```
class Butterfly {
    has Str $!common-name = 'Unnamed butterfly';
    ...
        }
```

---

### 練習題 12.3

實作一個帶 $!common-name private 屬性的 Buttferfly 類別，請加入另一個 $!color private 屬性，並請建立一個新的 Butterfly 物件，設定它的名稱（$!common-name）和色彩（$!color），最後輸出這兩種屬性的值。

---

## Public 屬性

難的解決方案看完了，現在讓 *public* 屬性（*public attribute*）幫你的忙吧！若要使用 public 屬性，就把 ! 改為 .，成為 $.common-name 吧！這樣存取方法就會自動地被定義好，而且預設的 .BUILD 會負責把你呼叫 .new 時的具名參數填充到該屬性去。

```
class Butterfly {
    has $.common-name = 'Unnamed Butterfly'
        }

my $butterfly = Butterfly.new: :common-name('Perly Cracker');
put $butterfly.common-name;  # Perly Cracker
```

在屬性名稱之後、預設值之前，加上 rw 特徵將屬性變成可讀可寫。在你建出物件後，就可以直接對 .common-name 方法給值了：

```
class Butterfly {
    has $.common-name is rw = 'An unknown butterfly';
    }

my $butterfly = Butterfly.new;
put $butterfly.common-name; # An unknown butterfly

$butterfly.common-name = 'Hamadryas perlicus';
put $butterfly.common-name; # Hamadryas perlicus
```

這種屬性和其他變數一樣可以有型態，試著給它一個不對的型態，你將會得到一個 exception：

```
class Butterfly {
    has Str $.common-name is rw = 'Unnamed butterfly';
    }

my $butterfly = Butterfly.new;
$butterfly.common-name = 137;  # 錯誤！
```

若同時要使用 private 和 public 屬性，你就要自己做些工作。你不會想要定義自己的 .BUILD，因為這樣就要自己重做一些本來預設會被做掉的工作。但你可以定義一個 private 屬性並在之後透過 method 來給它值。將 rw 特徵加在一個方法上的話，會將 Block 中最後一個東西回傳或對它作給值動作：

```
class Butterfly {
    has Str $.common-name is rw = 'Unnamed butterfly';
    has Str $!color;

    method color is rw { $!color }
    }

my $butterfly = Butterfly.new;
$butterfly.common-name = 'Perly Cracker';
$butterfly.color = 'Vermillion';

put "{.common-name} is {.color}" with $butterfly;
```

# multi 方法

建立讀寫方法是一種處理 private 屬性的解決方案，但你也可以建立 multi 方法。雖然下面的範例看起來很簡單，但是 Block 中處理驗證和轉換的部分是可以很複雜的：

```
class Butterfly {
    has $!common-name = 'Unnamed butterfly';
    has $!color       = 'White';

    multi method common-name ()           { $!common-name }
    multi method common-name ( Str $s ) { $!common-name = $s }

    multi method color ()           { $!color }
    multi method color ( Str $s ) { $!color = $s }
    }

my $butterfly = Butterfly.new;
$butterfly.common-name: 'Perly Cracker';
$butterfly.color: 'Vermillion';

put $butterfly.common-name;  # Perly Cracker!
```

當你的屬性很多時，這樣的寫法就變得很煩了。所以還有另外一個解決方案，就是在每個會設值的方法中回傳物件本身。這個方法讓你可以把方法串連起來，一行述句就可以設定很多屬性，不用每次都要重複打物件名稱：

```
class Butterfly {
    has $!common-name = 'Unnamed butterfly';
    has $!color       = 'White';

    multi method common-name ()           { $!common-name; }
    multi method common-name ( Str $s ) {
        $!common-name = $s; self
        }

    multi method color ()           { $!color; }
    multi method color ( Str $s ) { $!color = $s; self }
    }

my $butterfly = Butterfly
    .new
    .common-name( 'Perly Cracker' )
    .color( 'Vermillion' );

put "{.common-name} is {.color}" with $butterfly;
```

這種解法方案和使用 do given 做出物件，並呼叫該物件的方法看起來相似：

```
my $butterfly = do given Butterfly.new {
    .common-name( 'Perly Cracker' );
    .color( 'Vermillion' );
```

```
    };

    put "{.common-name} is {.color}" with $butterfly;
```

至於要使用哪種解決方案，是視你的工作以及你個人的喜好決定。這些方案加上錯誤處理或是更複雜的程式碼，你也還沒看過，也許看過以後也會影響你的決定。

## 繼承型態

既有的型態也許已能滿足你大部分的需求，所以與其再去重複定義其他類別做完的事，不如擴展（*extend*）它，也就是承襲它的功能。若要擴展一個類別，就將該類別宣告時加上 is，以及你想要擴展的類別名稱：

```
    class Butterfly is Insect {};
```

也可以在類別定義中加上 also：

```
    class Butterfly {
        also is Insect
        };
```

此處，Insect 是父類別（*parent class*）（或稱超類別或是基礎類別）。Butterfly 是子類別（*child class*）（或稱衍生型態）。這裡要用哪個術語不是太重要。

到目前為止，所有你在 Bufferfly 中看過的東西（名稱或是色彩），用來描述 Insect（昆蟲）也是適用的。名稱或色彩屬性對於描述一隻昆蟲來說，是再也正常不過的了，所以這兩個屬性應該要到更通用的類別去才對。這樣做了以後，目前 Butterfly 類別中空無一物（也就是 "空白子類別"（null subclass）），但它能做的事情仍和之前是一樣的：

```
    class Insect {
        has $.common-name is rw = 'Unnamed insect';
        has $.color       is rw = 'Brown';
        }

    class Butterfly is Insect {}

    my $butterfly = Butterfly.new;
    $butterfly.common-name = 'Perly Cracker';
    $butterfly.color = 'Vermillion';

    put "{.common-name} is {.color}" with $butterfly;
```

Butterfly 類別可以覆寫由 Insect 提供的 $.color 屬性，只要在 Butterfly 類別中定義該屬性，等同就是將父類的那個屬性藏起來：

```
class Insect {
    has $.common-name is rw = 'Unnamed insect';
    has $.color       is rw = 'Brown';
    }

class Butterfly is Insect {
    has $.color       is rw = 'Mauve';
    }

my $butterfly = Butterfly.new;
$butterfly.common-name = 'Perly Cracker';

# Perly Cracker is Mauve
put "{.common-name} is {.color}" with $butterfly;
```

但有時候就不適合這麼做，父類別可能需要執行一些程式碼，而這些程式碼在它版本的方法中，所以與其把父類的屬性藏起來，不如把它**再包裝**（或稱為擴展它）。

callsame 副程式可以幫你做這件事，它會帶著一樣的參數，將呼叫重新導向，於是你就在子類別中執行了父類別的方法：

```
class Insect {
    has $.common-name is rw = 'Unnamed insect';
    has $!color = 'Brown';

    method color is rw {
        put "In Insect.color!";
        $!color
        }
    }

class Butterfly is Insect {
    has $!color = 'Mauve';

    method color is rw {
        put "In Butterfly.color!";
        my $insect-color = callsame;
        put "Insect color was {$insect-color}!";
        $!color
        }
    }
```

```
my $butterfly = Butterfly.new;
$butterfly.common-name = 'Perly Cracker';

put "{.common-name} is {.color}" with $butterfly;
```

若是想增加功能到你的類別，繼承並不是的唯一方法，只有在你的類別是某個類別的更具體化時，才使用繼承。

---

### 練習題 12.4

請為一隻 *Hamadryas* 蝴蝶建立它的界、門、綱、目、科和屬的類別，讓門類別繼承界類別，綱類別繼承門類別，以此類推，每個類別都知道自己在階層中的位置：

```
class Nymphalidae is Lepidoptera { }
```

請在 Hamadryas 中定義一個 .full-name 方法，將所有的階層串在一起。

*Hamadryas* 屬是歸在 *Animaliap* 界、*Arthropodia* 門、*Insecta* 綱、*Lepidoptera* 目、*Nymphalidae* 科。

---

## 檢查繼承

用 .^mro 取得類別組成的 List，這你之前已經看過。如果你詢問的型態存在於該 List 中，.isa 會回傳 True，不存在則會回傳 False。你可以用引數（一個 Str）去詢問一個型態或一個物件是否符合某個型態：

```
put Int.isa: 'Cool';        # True
put Int.isa: Cool;          # True

put Butterfly.isa: Insect;  # True;
put Butterfly.isa: Int      # False;

my $butterfly-object = Butterfly.new;
put $butterfly.isa: Insect; # True
```

聰明匹配也可以做到同樣的事，用法只給 when 一個型態，when 就會進行檢查：

```
if Butterfly ~~ Insect {
    put "Butterfly is an Insect";
    }
```

```
if $butterfly ~~ Insect {
    put "Butterfly is an Insect";
    }

put do given $butterfly {
    when Int    { "It's a integer" }
    when Insect { "It's an insect" }
    }
```

你可能會好奇 .^mro 方法的名稱是怎麼來的，它是**方法解析順序**（*method resolution order*）的縮寫，如果繼承自多個類別的話，就會需要有一個這樣的順序：

```
class Butterfly is Insect is Flier {...}
```

由於我希望你不會用到**多重繼承**（*multiple inheritance*），所以我不會在這裡著墨太多。不用多重繼承是可能的，不過你可能會用到你在第 13 章看到的 role 來做解決方案。

## Stub 方法

一個父類別可以定義一個方法，但裡面什麼都不寫─也就是大家說的**抽象方法**（*abstract method*）或 *Stub* **方法**。請在 Block 中使用 !!! 來宣告這種方法，表示這個方法將會在稍後實做：

```
class Insect {
    has $.color is rw = 'Brown';

    method common-name { !!! }
    }

class Butterfly is Insect {
    has $.color is rw = 'Mauve';
    }

my $butterfly = Butterfly.new;
$butterfly.common-name = 'Perly Cracker';

put "{.common-name} is {.color}" with $butterfly;
```

當你執行上面那個範例後，!!! 會丟出一個 exception：

```
Stub code executed
```

你可以不要用 !!!，改用 ...，三個點會呼叫 fail，而不是呼叫 die。但不管是用哪一種，都要有某個人去實做那個方法，例如建成一個 public 屬性也可以：

```
class Butterfly is Insect {
    has $.common-name is rw;
    has $.color       is rw = 'Mauve';
    }
```

# 控制物件的建立

有時你想在建立物件之際做更多控制，當你呼叫 .new 時，中間會有數個你可以 hook 的步驟，由於你不需像程式設計師需要知道所有的細節，所以我就不贅述了。

當你呼叫 .new 時，你會用到物件系統的根源 Mu 物件。.new 會呼叫 Mu 物件的 .bless，這個方法負責實際建立你的物件。所以動作完成之後，你會得到一個空物件，只是此時它還未達可用程度。

.bless 會呼叫你新到手空物件的 .BUILDALL 方法來做更多事，並將你傳給 .new 的引數全部轉傳給它。.BUILDALL 會訪問你繼承鍊上從 Wu 開始的每個類別。一般來說你不會去亂弄 .BUILDALL，因為它並不影響你的物件功能，它的功能是驅動整個建立物件的程序。

如果你的類別中有 .BUILD 方法的話，.BUILDALL 會呼叫它。.BUILD 也會得到 .new 所得的全部引數，此處就是你的屬性從引數得到值的地方。如果沒有人定義 .BUILD，你就會使用預設版本，也就是用具名參數來填充你的屬性。

 預設的物件建立機制，會用到具名參數。你若想改用位置參數的話，也可以全部重寫，不過要花很多功夫就是了。

.BUILD 完成了它的工作以後，你就把物件建好了，達到可以使用的程度（但也還不是最終成品）。在你去建下一個物件以前，.TWEAK 方法給你一個機會去調整物件。

你應該要用 submethod 去定義出 .BUILD 和 .TWEAK。submethod 是 sub 和 method 的混血；它用起來像是 method，但子類別卻沒有繼承它（就像你也無法從繼承得到副程式一樣）：

```
# $?CLASS 是目前類別在編譯時期的變數
# &?ROUTINE 是目前副程式在編譯時期的變數
class Insect {
    submethod BUILD { put "In {$?CLASS.^name}.{&?ROUTINE.name}" }
```

```
    submethod TWEAK { put "In {$?CLASS.^name}.{&?ROUTINE.name}" }
    }

class Butterfly is Insect {
    submethod BUILD { put "In {$?CLASS.^name}.{&?ROUTINE.name}" }
    submethod TWEAK { put "In {$?CLASS.^name}.{&?ROUTINE.name}" }
    }

my $b = Butterfly.new;
```

.TWEAK 方法會在 .BUILDALL 去做下一個類別之前被呼叫：

```
In Insect.BUILD
In Insect.TWEAK
In Butterfly.BUILD
In Butterfly.TWEAK
```

現在你可以看到事情發生經過的順序了，讓我們再仔細地看一下每一步。

## 建立物件

.BUILD 讓你可以對你新建的物件做些什麼，讓我們從一個什麼都沒有的 submethod 開始：

```
class Butterfly {
    has $.color;
    has $.common-name;

    submethod BUILD {} # 什麼也沒做
    }

my $butterfly = Butterfly.new: :color('Magenta');

put "The butterfly is the color {$butterfly.color}";
```

由於未設定色彩，所以你會得到一個未初始值的警告：

```
The butterfly is the color
Use of uninitialized value of type Any in string context.
```

.BUILDALL 會找到並呼叫你的 .BUILD，所以它會使用你的版本的 .BUILD 去設定物件初始。在你呼叫 .new 時，由於 .BUILD 中空無一物，所以也不會去設定色彩值屬性 $!color。這部分你必須自己補上去，預設上來說，所有具名參數都在 %_ 中，而 .BUILD 會得到 .new 取得的所有引數。

```
class Butterfly {
    has $.color;
    has $.common-name;

    submethod BUILD {
        $!color = %_<color>;
        }
    }
```

上面範例中，在 .BUILD 裡使用了引數清單，用具名參數定義變數的值：

```
class Butterfly {
has $.color;
has $.common-name;

submethod BUILD ( :$color ) {
    $!color = $color;
    }
}
```

如果你不是使用具名引數 color 的話，由於 $color 未初始，所以你會得到另外一個警告。在這種情況下，你或許會想令具名參數是必要參數，那就在具名參數後面加上！讓它變成必要參數：

```
class Butterfly {
    has $.color;
    has $.common-name;

    submethod BUILD ( :$color! ) {
        $!color = $color;
        }
    }
```

或是你會想要設定預設值。但若是想利用另外一個屬性來當預設值的話是行不通的，因為在物件的建立流程時也還沒有設定好它的預設值：

```
class Butterfly {
    has $!default-color = 'Wine'; # 不行！
    has $.color;
    has $.common-name;

    submethod BUILD ( :$color! ) {
        $!color = $color // $!default-color; # 還沒設定！
        }
    }
```

也可以用 private 方法給初始值；只有在類別中的程式碼能看見 private 方法。submethod
雖然不能被繼承，但仍然是個 public 方法：

```
class Butterfly {
    method default-color { 'Wine' }
    has $.color;
    has $.common-name;

    submethod BUILD ( :$color ) {
        $!color = $color // self.default-color;
        }
    }
```

類別變數也可以做到一樣的事，被定義在類別 Block 辭法範圍中的變數，只有同一個
Block 內的程式碼，或在該 Block 內含的 Block 中的程式碼才看得見：

```
class Butterfly {
    my $default-color = 'Wine';
    has $.color;
    has $.common-name;

    submethod BUILD ( :$color ) {
        $!color = $color // $default-color;
        }
    }
```

使用 .BUILD 時，若存在一些你不想放入界面的額外設定，例如你想要用一個變數追查出
是不是使用了預設值，這樣若是在預設值和設定值剛好是一樣時，你還是可以利用該變
數分辨出來是否為預設值：

```
class Butterfly {
    my $default-color = 'Wine';
    has $.used-default-color;
    has $.color;

    submethod BUILD ( :$color ) {
        if $color {
            $!color = $color;
            $!used-default-color = False;
            }
        else {
            $!color = $default-color;
            $!used-default-color = True;
            }
        }
```

```
    }

my $without = Butterfly.new;
put "Used the default color: {$without.used-default-color}";

my $with = Butterfly.new: :color('Wine');
put "Used the default color: {$with.used-default-color}";
```

現在即使這兩種蝴蝶擁有一樣的色彩，你還是可以知道哪個被指定過值了：

```
Used the default color: True
Used the default color: False
```

# TWEAK 物件

當你建立一個物件時，你可以使用 .TWEAK 以一個具名引數設定色彩，或預設色彩值：

```
class Insect {
    has $!default-color = 'Brown';
    has $.common-name is rw = 'Unnamed insect';
    has $.color       is rw;

    submethod TWEAK ( :$color ) {
        self.color = $color // $!default-color;
        }
    }

class Butterfly is Insect {}

my $butterfly = Butterfly.new;
$butterfly.common-name = 'Perly Cracker';

put "{.common-name} is {.color}" with $butterfly;
```

輸出的結果表示你是從 Insect 得到預設設定 。Insect 中的 .TWEAK 會執行，並會設定 Insect 中的一個屬性值，.color 方法也定義在 Insect 中，所以動作會成功：

```
Perly Cracker is Brown
```

如果你指定一個色彩，該色彩就會被設定進去：

```
my $butterfly = Butterfly.new: :color('Purple');
```

你可以修改 Butterfly 類別，讓它擁有自己的預設色彩和 .TWEAK。下面範例中實作的 .TWEAK 方法和之前是一模一樣的。它會用到一個屬性，而它還不確定子類別會不會擁有該屬性：

```
class Butterfly is Insect {
    has $.default-color = 'Vermillion';

    submethod TWEAK ( :$color ) {
        self.color = $color // $!default-color;
        }
    }
```

# Private 類別

你可以用 my 將類別定義成 private 類別，只限目前 scope 使用，站在檔案的層級上來看，就只能在同一個檔案內看到。如果你將一個含有 private 類別的檔案載入，你也無法看到該 private 類別：

```
# PublicClass.pm6
my class PrivateClass { # 檔案外部無法看見
    method hello { put "Hello from {self.^name}" }
    }

class PublicClass {
    method hello { PrivateClass.hello }
    }
```

在你的程式中，你可以載入 PublicClass，也可以呼叫 PublicClass 型態中的方法。由於 PublicClass 和 PrivateClass 在同一個檔案中，所以它可以看見該 PrivateClass。你無法從你的程式中直接呼叫到 PrivateClass，你程式的 scope 對該類別一無所知：

```
use PublicClass;
PublicClass.hello;  # Hello from PrivateClass
PrivateClass.hello; # 錯誤；未定義的名稱：PrivateClass
```

如果你想要一個類別存在於另外一個類別中的話（而不是同檔案後面宣告），你可以將它宣告在另外一個類別之中，這有助於切分以及組織一個類別中的行為：

```
class Butterfly {
    my class PrivateHelper {}
    }
```

若有一些你需要但不想要讓一般使用者看到的功能，private 類別是很好用的一種工具。
你可以利用它們處理一些暫用物件，而不會讓它們暴露在主要程式裡。

---

### 練習題 12.5

建立一個含有一個 private 類別的 Butterfly 類別，該 private 類別用於追
蹤 Butterfly 類別何時被建立或更新。請用它來計數類別被改動過幾次，在
Butterfly 中要有一個方法用於存取該 private 類別，讓它可以輸出彙整資訊。

---

## 本章總結

類別是你在程式碼中主要用來組織資訊的方法，雖然你不會在本書中看到很多關於它的
相關內容。你需要看到的大部分都是語法相關的主題，而不是應用程式的設計建議。我
沒有足夠的空間來好好地介紹物件導向設計和分析，但你應該自行研究這類相關主題，
因為一個良好的設計能讓你的人生過得更美好。

# 第十三章

# Role

Role 是一種 *mixin*，可用來擴展你的類別，就好像擴展的內容是定義在你原來類別中一樣。定義完了它的程式碼以後，就會被遺忘（和父類別不一樣）。你可以用 role 去改變類別內容、從既有類別建立一個新類別，以及加強單一物件的功能。若和類別做對比，類別主要是用來管理物件，而 role 是一個比繼承更有彈性且更好的解決方案，適用於程式碼再利用。

## 在類別中加入行為

下面範例中建構一個空的 Butterfly 類別，你可以把引數傳給 .new，即使現在沒有任何屬性會收到這些值：

```
class Butterfly {}
my $butterfly = Butterfly.new: :common-name('Perly Cracker');
```

現在請給你的蝴蝶取一個名字，你覺得名字這個東西是不是應該屬於 Butterfly 類別呢？名字本身並不代表該物件，*Hamadryas guatemalena* 只是蝴蝶的名字，Guatemalan Cracker、Calicó 以及 Soñadora común，這些名字都代表同一隻蝴蝶。

 最終，你寫的程式會在程式語言的 framework 中運用，這種語法能讓你在認知上更能將東西區分開來。

加上名字這件事情,並不會讓你的既有類別更明確化(**譯按:不像一般繼承是將比較通用的父類別做出比較專用的子類別**),而且不僅限於蝴蝶或類似像蝴蝶的東西。許多不相同的東西,也可以有共享的名字—例如:動物、車輛和食物。不只是這樣,不同的人種、文化,甚至你辦公室中不同區域可能都有不同的名字。它不是造成蝴蝶為什麼是蝴蝶的原因,也不會定義你的東西或其行為。

請建立一個 role,所有關於通用名稱的一切,都放在這個 role 中。只要是任何跟名字有關的東西,都可以出現在這個 role 中(其他的不行喔!)。不管是一個蝴蝶、一台車或是一塊披薩,role 並不在乎自己被什麼東西使用。請用你定義類別的方法,去定義一個role:

```
role CommonName {
    has $.common-name is rw = 'An unnamed thing';
    }
```

事實上,role 用起來就像是一個類別,下面的範例就是把 role 當成像類別般使用:

```
role CommonName {
    has $.common-name is rw = 'An unnamed thing';
    }

my $name = CommonName.new: :common-name('Perly Cracker');
put $name.common-name; # Perly Cracker
```

就像在繼承時使用 is 一樣,要將一個 role 應用在一個類別上時,你要在類別名稱後面加上 does:

```
class Butterfly does CommonName {};
```

現在每個 Butterfly 物件都有一個 $.common-name 屬性,而 .new 現在可以用預設值或是你提供的名字去設定 :common-name 了:

```
my $unnamed-butterfly = Butterfly.new;
put $unnamed-butterfly.common-name;   # An unnamed thing

my $butterfly = Butterfly.new: :common-name('Perly Cracker');
put $butterfly.common-name;    # Perly Cracker
```

你可以將同一個 role 應用在一個完全不同的東西上面,例如一個 SSL 認證也可以有名字,儘管它和蝴蝶完全是不一樣的東西:

```
class SSLCertificate does CommonName {}
```

蝴蝶和 SSL 認證完全不一樣,如果要從同一個來源繼承的話並不合適,但它們可以用同一個 role。

---

### 練習題 13.1

建立一個 ScientificName role,這個 role 裡有一個能儲存一個 Str 的屬性,這個屬性用來裝學名。請將這個 role 應用到 Butterfly 上,然後建立一個物件,並輸出它的學名。

---

## 使用多個 role

你可以像為蝴蝶建立一般名字 role 一樣,再另外建一個學名 role,在學名 role 裡面有很多屬性:

```
role ScientificName {
    has $.kingdom is rw;
    has $.phylum is rw;
    has $.class is rw;
    has $.order is rw;
    has $.family is rw;
    has $.genus is rw;
    has $.species is rw;
    }
```

你若將 CommonName 換成 ScientificName,一切動作都和之前一樣:

```
class Butterfly does ScientificName {};
my $butterfly = Butterfly.new: :genus('Hamadryas');
put $butterfly.genus;   # Hamadryas;
```

使用多個 does 的話,就可以套用多個 role:

```
class Butterfly does ScientificName does CommonName {};
my $butterfly = Butterfly.new:
    :genus('Hamadryas'),
    :common-name('Perly Cracker')
    ;
put $butterfly.genus;
put $butterfly.common-name;
```

每個套用的 role 都會將自己的程式碼塞到 Butterfly 中，Butterfly 從兩邊所取得的方法都可以動作：

```
Hamadryas
Perly Cracker
```

---

### 練習題 13.2

建立一個用來代表所有蝴蝶的 *Lepidoptera* role，所有動物（*Animalia*）界、無足（*Athropoda*）門、昆蟲（*Insecta*）綱及鱗翅（*Lepidoptera*）目的東西都適用。讓這個 role 可以改變科、屬和種。請在你自己的 Butterfly 類別使用這個role，完成以後，請再加入前面的 CommonName role。

---

## Role 中的方法

你也可以在 role 中定義方法，請給 ScientificName role 加上一個 .gist 方法，用來建立一個人類看得懂的文字版本的物件：

```
role ScientificName {
    ...; # 所有之前有的屬性

    method gist {
        join ' > ', $.kingdom, $.genus;
        }
    }

role CommonName {
    has $.common-name is rw;
    }

class Butterfly does ScientificName does CommonName {};

my $butterfly = Butterfly.new:
    :genus('Hamadryas'),
    :common-name('Perly Cracker')
    ;
put $butterfly.genus;
put $butterfly.common-name;
put $butterfly.gist;
```

---

### 練習題 13.3

請修改你的 Lepidoptera role，為它加上一個 binomial-name 方法，這個方法回傳一個合併蝴蝶的屬和種的 Str（在生物界的說法，這稱為雙名法（"binomial name"）

---

若要重複使用 role，你就必須要將 role 變成任何程式碼都可以找到並且也可以載入的情況。你可以將 role 存在檔案中，就像類別儲存在檔案中一樣，使用 use 載入它們，它們就可以在目前的 scope 中使用了。

---

### 練習題 13.4

請將 Lepidoptera、commonName role 和 Butterfly 類別分開，各自放在各自的檔案中。請在你的程式中載入這些檔案，在程式中建立你的 Butterfly 物件，想辦法讓以下的程式可以執行：

```
use Butterfly;

my $butterfly = Butterfly.new:
    :family(  'Nymphalidae' ),
    :genus(   'Hamadryas' ),
    :species( 'perlicus' ),
    ;

put $butterfly.binomial-name;
```

---

## 去除 role 衝突

如果兩個 role 想在你的程式中插入相同名稱的東西，那你就必須多做一點事了。假設 ScientificName 和 CommonName 各自都有 .gist 方法：

```
role ScientificName {
    ...; # 所有之前有的屬性

    method gist {
        join ' > ', $.kingdom, $.genus;
        }
    }
```

```
role CommonName {
    has $.common-name is rw;

    method gist { "Common name: $.common-name" }
    }

class Butterfly does ScientificName does CommonName {};
```

兩個 .gist 方法一樣的宣告，而且沒有被標記 multi，所以當你試圖要編譯這個程式時，就會得到一個錯誤，錯誤告訴你兩個 role 試圖要插入相同名稱的方法：

```
Method 'gist' must be resolved by class Butterfly because
it exists in multiple roles (CommonName, ScientificName)
```

你可以將一個 .gist 方法加入到 Butterfly 中，類別中既有的方法並不會被任何 role 取代：

```
role ScientificName {
    ...; # 所有之前有的屬性

    method gist {
        join ' > ', $.kingdom, $.genus;
        }
    }

role CommonName {
    has $.common-name is rw;

    method gist { "Common name: $.common-name" }
    }

class Butterfly does ScientificName does CommonName {
    method gist {
        join "\n",
            join( ' > ', $.kingdom, $.genus ),
            "Common name: $.common-name";
        }
    };
```

假設來自兩個 role 的方法你都想要，而且還要能夠區分出來的話，你可以把它們的宣告改成不一樣的（並加上 multi 宣告），例如下面的範例就用 role 的名稱來區分：

```
role ScientificName {
    ...; # 所有之前有的屬性

    multi method gist ( ScientificName ) {
```

```
                "$.genus $.species";
            }
        }

    role CommonName {
        has $.common-name is rw;

        multi method gist ( CommonName ) {
            "Common name: $.common-name";
            }
        }

    class Butterfly does ScientificName does CommonName {};

    my $butterfly = Butterfly.new:
        :genus('Hamadryas' ),
        :species('perlicus'),
        :common-name( 'Perly Cracker' ),
        ;

    put '1. ', $butterfly.gist( CommonName );
    put '2. ', $butterfly.gist( ScientificName );
```

這樣你兩個方法都能擁有：

```
    1. Common name: Perly Cracker
    2. Hamadryas perlicus
```

只要你能做出不一樣的宣告，並也加上 **multi** 宣告的話，即使方法存在 **Butterfly** 類別中，你也可以擁有：

```
    class Butterfly does ScientificName does CommonName {
        multi method gist {
            join "\n", map { self.gist: $_ },
                ( ScientificName, CommonName );
            }
        };
    my $butterfly = Butterfly.new:
        :genus('Hamadryas'),
        :species('perlicus'),
        :common-name('Perly Cracker')
        ;

    put '1. ', $butterfly.gist( CommonName );
    put '2. ', $butterfly.gist( ScientificName );
    put '3. ', $butterfly.gist;
```

輸出的結果表示三個方法你都可以任意選擇使用：

```
1. Common name: Perly Cracker
2. Hamadryas perlicus
3. Hamadryas perlicus
Common name: Perly Cracker
```

# 無名 role

role 不一定需要有名字，如果你的 role 只會用一次的話，可以用 but 將它加到一個類別中。這個動作實際上會建立一個新的類別，這個新類別上會套用該 role，它是從原來的類別繼承而來：

```
class Butterfly {};
my $class-role = Butterfly but role { has $.common-name };

put $class-role.^name; # Butterfly+{<anon|140470326869504>}
say $class-role.^mro; # ((...) (Butterfly) (Any) (Mu))

my $butterfly = $class-role.new:
    :common-name( 'Perly Cracker' );

put $butterfly.common-name;
```

你可以藉由把儲存類別的變數去掉，將程式寫得更簡短：

```
my $butterfly2 = ( Butterfly but role { has $.common-name } ).new:
    :common-name('Perlicus Cracker');
put $butterfly2.^name;
put $butterfly2.common-name;
```

不過這樣做了以後還是很囉嗦，你可以進一步改為將 role 指定給物件：

```
my $butterfly = Butterfly.new;
my $butterfly2 = $butterfly
    but role { has $.common-name is rw };
$butterfly2.common-name = 'Perlicus Cracker';
put $butterfly2.^name;
put $butterfly2.common-name;
```

你甚至可以不要寫儲存第一個物件的變數，去掉了初始物件的變數後，你的程式碼變得更短了：

```
my $butterfly = Butterfly.new
    but role { has $.common-name is rw };
```

```
$butterfly.common-name = 'Perlicus Cracker';
put $butterfly.^name;
put $butterfly.common-name;
```

不過這樣做有個缺點,原來的物件對 role 一無所知,所以你不能在建構子中指定名字屬性,你的 role 必須要有改變值的介面。

直接將 role 加到物件這個做法,在物件不是你所建立時很好用;比方說物件可能是你方法的一個引數,或是從一個其他人的方法所得到的回傳值。在下面範例中,你會接收到一個引數(請將引數後加上 is copy,這樣你就可以把 role 加到它身上)。然後你會呼叫未套用 role 的 Butterfly 的 show-common-name 一次,這個副程式會知道物件沒有 common-name,所以它會將 common-name 加上去。在你第二次呼叫 show-common-name 時,你的引數就已經擁有 common-name 屬性,所以它就不需要 show-common-name 幫它再加上 common-name 屬性了:

```
sub show-common-name ( $butterfly is copy ) {
    unless $butterfly.can: 'common-name' {
        put "Adding role!";
        $butterfly = $butterfly
            but role { has $.common-name is rw };
        $butterfly.common-name = 'Perlicus Cracker';
        }

    put $butterfly.common-name;
    }

# 這個物件沒有套用 role
my $butterfly = Butterfly.new;
show-common-name( Butterfly.new );

# 這個物件已套用 role
my $class-role = Butterfly but role { has $.common-name };
show-common-name( $class-role.new: :common-name( 'Camelia' ) );
```

輸出結果表示在你第一次呼叫時套用了 role,但第二次就不會套用了:

```
Adding role!
Perlicus Cracker
Camelia
```

那麼你該在何時套用你的 role 呢?答案是視你的問題而定。

---

### 練習題 13.5

把你的 Lepidoptera role 變得更有邏輯，請從建立一個新的 Animalia role 開始，這個 role 只代表 Animalia 界。然後建立代表門的 Arthropoda role，這個 role 包含了 Animalia role，請依照這個邏輯一路向下做到 *Hamadryas* 屬。然後，建立一個 Hamadryas 類別，這個類別繼承自 Butterfly，又有能力做所有的生物學分類 role。在 Hamadryas 類別中，你要能夠設定種。請讓以下的程式可以執行：

```
use lib <.>;
use Hamadryas;

my $cracker = Hamadryas.new:
    :species( 'perlicus' ),
    :common-name( 'Perly Cracker' ),
    ;

put $cracker.binomial-name;
put $cracker.common-name;
```

---

## 本章總結

你現在已經能夠在 role 中寫程式碼，並將 role 用在不同的東西上了。由於 role 並沒有繼承關係，所以不想改變型態的基本定義時，就非常適用。

# 第十四章

# Junction 和 Set

## Junction

Junction 是值的組合，代表通常不容易用單一個值就可分辨的狀態，它源自量子力學數學。你可能在以前就聽過薛丁格的貓，也就是貓同時在一個死和活的狀態中─這是一個科學家用來表示一切是多麼荒謬的比喻。

## any

第一個要討論的 Junction 是 any，這裡的 any 是小寫開頭，和 Any 型態是不一樣的東西。如果你指定很多值給它，那它就同時代表你指定的那些值：

```
my $first-junction = any( 1, 3, 7 );
```

你也可以用 Array 或其他的 Positional 建立一個 Junction：

```
my $junction = any( @array   );   # Array
my $junction = any( 1 .. 10 );   # Range
my $junction = any( 1 ... 10 );   # Sequence
```

現在你有一個用三個值建立的 Junction，它固定擁有那三個值，你不能移除或再加入值，也沒有介面可以取出值或去計算有幾個值。你基本上不知道─也不會關心─到底裡面是哪些值。事實上，Junction 是唯一 個不繼承 Any 的內建型態：

```
% perl6
To exit type 'exit' or '^D'
> my $first-junction = any( 1, 3, 7 );
any(1, 3, 7)
```

```
> $first-junction.^name
Junction
> $first-junction.^mro
((Junction) (Mu))
```

在複雜的條件句中，Junction 顯得很好用，若你想檢驗一個值是否屬於三個可能值，你可以想像一般寫出來的程式碼有多惱人：

```
my $n = any( 1, 3, 7 );

if $n == 1 || $n == 3 || $n == 7 {
    put "n is one of those values";
    }
```

想耍一下聰明，但用 Hash 改寫看起來也沒有聰明到哪去：

```
my Int %hash = map { $_ => True }, (1, 3, 7);
if %hash{$n}:exists {
    put "n is one of those values";
    }
```

Junction 不只是等於任何一個值，它是同時等於全部的值。下面的範例看起來，Block 永遠都不會執行，但事實上它會執行：

```
if $n == 1 && $n == 3 && $n == 7 {
    put "n is all of those values";
    }
```

Junction 的意義，和你用嘴巴去描述這一段程式碼是很相近的：

```
if $n == any( 1, 3, 7 ) {
    put "n is one of those values";
    }
```

當你在使用一個 Junction 時，你的程式碼會同步運作（自動開岔）所有可能的值，並將所有的結果作聯集。這個連續動作的第一步看起來像是：

```
if any( 1 == $n, 3 == $n, 7 == $n ) {
    put "n is one of those values";
    }
```

接著會評估所有產生的布林值，假設如果 $n 等於 3，那其中一個比較條件結果會是 True：

```
my $n = 3;
if any( False, True, False ) {
```

```
    put "n is one of those values";
    }
```

只要裡面有一個是 True，那就會讓整個聯集表達式的結果為 True：

```
my $n = 3;
if True {
    put "n is one of those values";
    }
```

你不一定要將 Junction 定義在條件式中，它也可以提前用變數定義好再使用：

```
my $any = any( 1, 3, 7 );
if $n == $any {
    put "n is one of those values";
    }
```

Junction 美妙的地方在於—你並不知道你有時使用的就是 Junction。下面範例的 Array
元素中有一些 "正常" 的值，還有一個是 Junction：

```
my @array = 5, any( 1, 7 ), 8, 9;
for @array -> $item {
    put "$item was odd" unless $item %% 2;
    }
```

迴圈可以處理單一的 "正常" 值，也可以處理 Junction。請注意，此處 Junction 會產生
兩行輸出，每個值都會做字串化：

```
5 was odd
1 was odd
7 was odd
9 was odd
```

將 Junction 做多字串化這件事，未來不一定會保持同一種處理；在我開始寫這本書時就
不是這樣，而未來它也有可能再有變化。若對 $item 呼叫 .gist，就可以避免多字串化：

```
my @array = 5, any( 1, 7 ), 8, 9;
for @array -> $item {
    put "{$item.gist} was odd" unless $item %% 2;
    }

5 was odd
any(1, 7) was odd
9 was odd
```

---

**練習題 14.1**

請將 1 到 10 間的質數（就是 2、3、5 和 7）用 any 做出一個 Junction，再用這個 Junction 辨識 1 到 10 之間的質數。

---

any 有一個符號表示法，將 | 放在值中間就可以建出 Junction。這樣的寫法和代表邏輯 OR 的 || 運算子很相似，但是完全不同的東西：

```
my $n = 3;
my $any = 1 | 3 | 7;
if $n == $any {
    put "n is one of those values";
    }
```

 Perl 6 可使用 |、& 和 ^ 去建立 Junction。你在其他的語言中，可能是用這些符號做數值的位元運算。在 Perl 6 中數值的位元運算是呼叫 +|、+^ 以及 +&，開頭的 + 用來表示做的是數值運算。

你可以改變 Junction 中的值，如果對一個 Junction 做加法，就會讓裡面的每個值都加上一樣的東西：

```
my $junction = any( 1, 3, 7 );
$junction += 1;
if $junction %% 2 {
    put "{$junction.gist} is even";
    }
```

輸出的結果表示，剛才每個值都被加 1 了：

```
any(2, 4, 8) is even
```

這個特性適用於每種運算，而且還可以有更多創意變化。比方說，如果你把兩個 any Junction 相加會怎樣？請稍微想一下，然後再繼續往下讀：

```
my $any-any = any( 6, 7 ) + any( 9, 11 )
put "Result is $any-any";
```

現在看一下結果如何：

```
Result is any(any(15, 17), any(16, 18))
```

結果是產生一個 any 組成的 any 耶！假設你想要檢查裡面的值是否小於 17，以下的虛擬動作拆解可以幫我們瞭解答案是怎麼得到的：

```
$any-any < 17

any( any(15, 17), any(16, 18) ) < 17

any( any(15, 17) < 17, any(16, 18) < 17 )

any( any(15 < 17, 17 < 17), any(16 < 17, 18 < 17) )

any( any(True,False), any(True, False) )

any( True, True )

True
```

其實這樣和 any( 15, 16, 17, 18 ) 是等效的，只是動作多了幾步而已。這邊要作一個提醒，如果你不小心的話，可是會產生爆量的 Junction。

## all

all Junction 要求它裡面的每一個值都要滿足條件或是你提供的方法才行：

```
my $all-of-u = all( <Danaus Bicyclus Amauris> );
if $all-of-u.contains: 'u' {
    put "Everyone has a u";
    }
```

若想檢查是否所有的值都符合特定的型態，可以像下面的範例一樣操作。請注意，在下面的範例有一個 Str 存在於 @mixed-types 中：

```
my @mixed-types = <1 2/3 4+8i Hello>;
if all(@mixed-types) ~~ Numeric {
    put "Every value is a numeric thingy";
    }
else {
    put "One of these things is not like the others";
    }
```

由於 Hello 不能變成一個數字，所以與 Numeric 聰明匹配會失敗。然後，因為其中一個值無法滿足，所以整個 Junction 會被評估為 False。

與所有可能做到同一個功能的解法比較，all 是較容易讀的。看看下面範例中，若是對原來的數值做 .grep 後，再把結果拿來做比較的話，要打的字就更多了：

```
if @mixed-types.grep( * !~~ Numeric ) == +@mixed-types {
    put "One of these things is not a number";
    }
```

你可以用 & 來建立一個 all Junction：

```
my $all-of-u = 'Danaus' & 'Bicyclus' & 'Amauris';
if $all-of-u.contains: 'u' {
    put "Everyone has a u";
    }
```

---

**練習題 14.2**

請使用 all 檢查所有你在命令列輸入的數字是否都是質數。

---

## one

one Junction 只允許其中一個值符合條件，如果超過一個以上符合條件的話，則 Junction 視為失敗：

```
put one( 1, 2, 3 ) %% 2 ??      # True
    "Exactly one is even"
        !!
    "More (or less) than one is even";
```

如果 one 裡面有超過一個的東西是 True，那整個 Junction 就為 False：

```
one( True, True, False ).so     # False;
```

你可以用 ^ 來建立 one Junction：

```
put ( 1 ^ 2 ^ 3 ) %% 2 ??       # True
    "Exactly one is even"
        !!
    "More (or less) than one is even";
```

## none

none Junction 要求所有的值都要使其條件為 False，這代表所有的東西都應該要被評估為 False。這種型態的 Junction 沒有對應的符號表示：

```
put none( 1, 2, 3 ) %% 5 ??        True
    "Exactly one is even"
           !!
    "More (or less) than one is even";
```

---

### 練習題 14.3

請使用 none 檢查你在命令列輸入的數字是否全部都不是質數。程式寫好之後，請再用 none 檢查一個 Array 中的數字是否含有質數。

---

# 技巧

Junction 的設計不是讓你查看它裡面內容的，而且你也不應該關心到底 Junction 中有什麼東西。不過，如果真的想知道，也不是太難辦到的事。

你可以用超運算子（第 6 章）對裡面每個值套用一個運算。下面的範例中，就是對每個元素加上 1：

```
my $junction = any( 1, -3, 7 );
say $junction »+« 1;
```

新的 Junction 中的值都被更新了，雖然你仍然不知道裡面的新值是什麼，但重點是你知道原值被加上 1 了：

```
any(2, -2, 8)
```

+ 被包圍在 »+« 中間，這是因為它是一個中序運算子，而且需要兩端的引數。你可以對裡面的每個東西呼叫它們的方法（呼叫方法是後序）：

```
$junction>>.is-prime; # any((True), (False), (False))
```

想知道 Junction 裡面有哪些東西的話，就要用 .take，它會將一個值加在一個以 gather 標記的 list 中，這樣的動作可以從 Junction 中取出值來：

```
my $junction = any( 1, -3, 7 );
my @values = gather $junction».take;
put "Values are @values[]";
```

請不要養成這樣的使用習慣,這裡做的事只是想惡搞一下而已,你不應該知道這種做法。

在處理型態限制時,若想要允許使用多個型態,此時 Junction 就會顯得很好用,請將限制的型態寫在一個 Junction 中,然後再對它做 subset:

```
subset IntInf where Int | Inf;
sub add ( IntInf $a, IntInf $b ) { $a + $b }

put add( 1, 3 );   # 4
put add( 1, Inf ); # Inf
```

---

### 練習題 14.4

請將第 2 章的猜數字遊戲重新編寫,讓它可以有三個祕密數字。這次的提示要改得比較刁鑽一點,如果祕密數字中有任何一個比猜測的小,則告訴使用者有一個或多個數字比較小。如果祕密數字都比較大的話,也做一樣的事。在每次的猜答後,有些數字會比較大,有些數字會比較小。當使用者猜對所有的祕密數時,就結束遊戲。建議使用 given-when 或 if,加上所有的 Junction 型態來做,會比較容易。

---

表 14-1 是各種 Junction 的資訊彙整。

表 14-1　各種 Junction

| Junction | 運算子 | 描述 |
|---|---|---|
| any | \| | 任何值符合即可 |
| all | & | 所有的值都要符合 |
| one | ^ | 只能有 1 個值符合 |
| none | | 所有的值都不能符合 |

# Set

Set 是另外一種合併值的方法，它用起來和 Junction 不一樣，在 Junction 的世界中，數個值可以當成像一個值使用；Set 則是合併零到多個值到它內部，然後你可以查看各個值。在 Set 中每個值只能出現一次（雖然另外還有一種加權 Set，但我不會在本書中寫到它），而且 Set 一旦被建立後，就固定住了。

 Set 是一種 Associative，你已知的 Associative 知識都可以用在 Set 上。

你可以利用副程式或是 coercer 去建立一個 Set。在下面範例，List 中每一個東西都會變成 Set 裡的一個成員，兩種寫法是等效的：

```
set( 1, 2, 3 )
(1, 2, 3).Set
```

你可以用 Set 儲存任何東西或是混合儲存不同類型的東西，包括型態物件：

```
set( <♠ ♣ ♥ ♦> )
set( Int, 3, Inf, 'Hamadryas', $(1,2,3) )
```

Set 裡的東西只能儲存一次，一個東西不是屬於 Set，就是不屬於，所以沒有必要有重複的成員：

```
put set( 1, 2, 3 ).elems;          # 3
put set( 1, 2, 2, 3, 3, 3 ).elems; # 3
```

你可以利用 (elem) 運算子查看 Set 中的值：

```
my $set = <♠ ♣ ♥ ♦>.Set;
put 'Number is in the set' if '♥' (elem) $set;
```

另外還有花式的 Unicode ∈ 運算子，它可以用來檢查一個東西是否存在於 Set 中（或稱是不是 Set 的一個成員）：

```
put 'Number is in the set' if '♥' ∈ $set;
```

這個運算子知道自己需要用到 Set，所以當你提供 Set 給它時，它會做 coerce 的動作：

```
put 'Number is in the set' if '♥' ∈ <♠ ♣ ♥ ♦>;
```

上面在使用運算子時，Set 是第二個運算元。若用 (cont) 或是 ∋ 的話，順序就可以反過來寫。在下面範例中是檢查 Set 中是否含有特定成員：

```
put 'Number is in the set' if $set (cont) '♥';
put 'Number is in the set' if $set ∋ '♥';
```

如果要檢查一個成員是不是不在 Set 中，你可以將一個!放在 ASCII 運算子後面，或是使用上面有條斜線劃過的 Unicode 運算子後面：

```
put 'Number is not in the set' if '♥' !(elem) $set;
put 'Number is not in the set' if '♥' ∉ $set;
put 'Number is not in the set' if $set !(cont) '♥';
put 'Number is not in the set' if $set ∌ '♥';
```

你可以將 Set 和另外一個 Set 做比較，若一個 Set 只含有部分成員的話，稱為子集合（*subset*）。一個 "嚴格的" 或 "真" 子集合定義，是子集合要比另外一個集合小，而且只包含該集合中出現的元素。換句話說，一個子集合永遠都會比較小。運算子 (<) 或 ⊂ 可以用來檢查是否為子集合，請將箭頭尖角朝向比較大的 Set，成員的順序不會影響結果：

```
set( 1, 3 )   (<) set( 1, 3, 7 ); # True
set( 3, 1, 7 ) (<) set( 1, 3  );   # False ( 沒有比較小 )
set( 5, 7 )    ⊂  set( 1, 3, 7 ); # False ( 5 不在 Set 中 )
```

若將!放在 ASCII 版本的運算子前面，或是使用了斜線劃過的 Unicode 運算子的話，就會將條件反向：

```
set( 1, 3 )   !(<)  set( 1, 3, 7 ); # False
set( 3, 1, 7 ) !(<)  set( 1, 3  );   # True
set( 5, 7 )    ⊄    set( 1, 3, 7 ); # True
```

如果允許兩個 Set 大小一樣的話，可以使用 (>=) 或 ⊆ 來檢查：

```
set( 1, 3 )   (<=) set( 1, 3, 7 ); # True
set( 1, 3, 7 ) (<=) set( 1, 3, 7 ); # True
set( 3, 1, 7 )  ⊆  set( 1, 3  );   # False ( 子集合有個 7 )
```

反向檢查的方法也是一樣的：

```
set( 1, 3 )   !(<=) set( 1, 3, 7 ); # False
set( 1, 3, 7 ) !(<=) set( 1, 3, 7 ); # False
set( 3, 1, 7 )  ⊈  set( 1, 3  );   # True
```

除了子集合之外，你也可以使用**超集合**（*superset*），這其實就是你允許哪一邊的 Set 比較大的問題。到目前為止，在你看過的範例中，比較大的 Set 都是放在運算子右邊，將運算子翻轉的話，比較大的 Set 就可以寫在左邊：

```
set( 3, 1, 7 ) (>) set( 1, 3 );    # False ( 不小於 )
set( 3, 1, 7 ) ⊃  set( 1, 3 );    # False ( 不小於 )

set( 3, 1, 7 ) !(>) set( 1, 3 );   # True
set( 3, 1, 7 ) ⊅   set( 1, 3 );   # True
```

表 14-2 中還有其他的 Set 運算子。

表 14-2　Set 運算子

| 操作 | 運算子 | 編碼 | 描述 |
| --- | --- | --- | --- |
| $a (elem) $set | ∈ | U+2208 | $a 是 $set 的成員 |
| $a !(elem) $set | ∉ | U+2209 | $a 不是 $set 的成員 |
| $set (cont) $a | ∋ | U+220B | $set 中含有 $a |
| $set !(count) !a | ∌ | U+220C | $set 中不含 $a |
| $set-a (<) $set-b | ⊂ | U+2282 | $set-a 是 $set-b 的真子集合 |
| $set-a !(<) $set-b! | ⊄ | U+2284 | $set-a 不是 $set-b 的真子集合 |
| $set-a (<=) $set-b! | ⊆ | U+2286 | $set-a 是 $set-b 相等，或 $set-a 是 $set-b 的子集合 |
| $set-a !(<=) $set-b! | ⊈ | U+2288 | $set-a 和 $set-b 不相等，而且 $set-a 也不是 $set-b 的子集合 |
| $set-a (>) $set-b! | ⊃ | U+2283 | $set-a 是 $set-b 的真超集合 |
| $set-a !(>) $set-b! | ⊅ | U+2285 | $set-a 不是 $set-b 的真超集合 |
| $set-a (>=) $set-b! | ⊇ | U+2287 | $set-a 是 $set-b 相等，或 $set-a 是 $set-b 的超集合 |
| $set-a !(>=) $set-b! | ⊉ | U+2289 | $set-a 和 $set-b 不相等，而且 $set-a 也不是 $set-b 的超集合 |

---

## 練習題 14.5

在第 9 章中你用過 Map 去檢查值，請改用 Set 做一樣的事情。請在命令列提示輸入一些起始色彩（可以全部輸入在一行，然後再拆開成不同元素）。然後再次提示輸入色彩，並回報這些色彩是否存在於起始色彩中。另外，你可以把它做成忽略大小寫嗎？

## Set 的操作

你可以對兩個 Set 做些操作，以產生新的 Set。聯集（*union*）是將兩個 Set 合併起來，相同的元素仍然只會顯示一次：

```
set(1,2) (|) set(3,7);  # set(1 2 3 7)
set(1,2)  ∪  set(3,7);  # set(1 2 3 7)
```

交集（*intersection*）會取兩者都存在的成員，做成一個 Set：

```
set(1,3) (&) set(3,7);  # set(3)
set(1,2)  ∩  set(3,7);  # set()
```

差集（*set difference*）會取第一個 Set 中出現，但是第二個 Set 中沒有出現的成員，做成一個 Set，範例中的\不是 ASCII 的反斜線，它是 Unicode 的（U+2216 集合減法）：

```
set( <a b> ) (-) set( <b c> );  # set(a)
set( <A b> ) \   set( <x y> );  # set(A b)
```

對稱差（*symmetric set difference*）是同時對兩邊做差集的動作，它會從兩邊的 Set 中取出另外一個 Set 中沒有出現的成員，做成一個 Set：

```
set( <a b> ) (^) set( <b c> );  # set(a c)
set( <A b> ) ⊖  set( <x y> );  # set(A b x y)
```

集合動作彙整在表 14-3 中。

表 14-3　建立 Set 的動作

| 操作 | 運算子 | 編碼 | 描述 |
| --- | --- | --- | --- |
| (\|) | ∪ | U+222A | 聯集（合併） |
| (&) | ∩ | U+2229 | 交集（重疊） |
| (-) | \ | U+2216 | 差集 |
| (^) | ⊖ | U+2296 | 對稱差集 |

---

### 練習題 14.6

建立兩個含有 10 個數字成員的 Set，數字的範圍從 1 到 50，請找出它們的交集和聯集。

# 本章總結

Junction 讓數個值可以當成單一個值使用，使用時你無法知道裡面是哪些值，也不知道值有幾個。應用 Junction 時，可以讓全部值都要符合，或是只要符合一個就可以。Set 也是把值都合併起來，但你可以查看裡面有哪些值。你可以用許多方法將多個 Set 合併並產生新的 Set，它可以檢查值是在裡面、不在裡面，或是否存在於多個 Set 中。

# 第十五章

# 正規表達式

**正規表達式**（*Regular expression*，或稱 *regexe*）是一種用來說明進行文字匹配時怎樣的組合才符合條件的樣式。正規表達式本身是一種小小的語言，在正規表達式的世界中有許多字元都有特別的意義。剛開始看的時候，它像是被加過密般難讀，但當你學過之後，就有能力讀懂了。

請先忘了你在其他語言中看到的樣式，以新的眼光來看 Perl 6 的樣式語法。它不那麼緊湊，但功能更強大，在某些狀況下它的行為有些不同。

這一章會談到一些用來在一堆字母中找到特定的字母或字母集合的簡單樣式，是屬於入門的用法。在第 16 章，你將會看到更花俏的樣式及匹配副作用。在第 17 章，你又會被帶到一個更進階的層次。

## 匹配運算子

樣式用於描述一組文字的集合，像是樣式 abc 就描述了所有的值要有一個 a，緊接著一個 b，然後再緊接著一個 c。其訣竅在於如何確定我們想要的那些值是在匹配值的集合中。它只有匹配或不匹配兩種結果，沒有一半匹配或部分匹配的情況。

在 m/.../ 中的樣式會自動地將自己與 $_ 中的值做匹配，如果在目標 Str 中找到匹配樣式，則匹配運算子會回傳 True：

```
$_ = 'Hamadryas',
if m/Hama/ { put 'It matched!'; }
else       { put 'It missed!';  }
```

寫起來有點囉嗦，可以改用條件運算子縮短程式：

```
put m/Hama/ ?? 'It matched!' !! 'It missed!';
```

不是只能去和 `$_` 做匹配，你也可以使用聰明匹配，將樣式和數種不同的目標值進行匹配動作：

```
my $genus = 'Hamadryas';
put $genus ~~ m/Hama/ ?? 'It matched!' !! 'It missed!';
```

目標可以是任何東西，包括 Array 和 Hash。下面三行都是和單一樣式作匹配：

```
$genus                 ~~ m/Hama/;
@animals[0]            ~~ m/Hama/;
%butterfly<Hamadryas> ~~ m/perlicus/;
```

但你也可以和多個樣式做匹配，在聰明匹配左側的物件會決定樣式要如何與目標做匹配。下面範例中，如果 `@animals` 中的任何元素成功匹配的話，則匹配結果為成功：

```
if @animals ~~ m/Hama/ {
    put "Matches at least one animal";
    }
```

對 Junction 也可以套用這種匹配邏輯：

```
if any(@animals) ~~ m/Hama/ {
    put "Matches at least one animal";
    }
```

匹配運算子常會搭配 `.grep` 使用：

```
my @hama-animals = @animals.grep: /Hama/;
```

## 匹配運算子語法

和前面提到括法時的機制一樣，匹配運算子中的分隔符號可被換掉：

```
m{Hama}
m!Hama!
```

匹配運算子中有沒有空白都沒關係，它不屬於樣式的一部分（除非你特別聲明，後面很快就會看到了）。以下的幾行是等效的，包括最後一個垂直向的空白也一樣：

```
m/ Hama /
m{ Hama }
m! Hama !
```

```
m/
    Hama
/
```

你可以將空白放在字母中間，但 Perl 6 會提出警告，要求你把東西寫在一起：

```
m/ Ha ma /
```

如果你想在匹配運算子中放空白的話，你可以使用脫逸（還有其他的方法，等一下會看到）：

```
m/ Ha\ ma /
```

將空白括起來也可以（外側的空白仍然不會被當一回事），或是可以把整個樣式括起來：

```
m/ Ha ' ' ma /
m/ 'Ha ma' /
```

如果不是字母或數字的字元，都要被括起來或脫逸，即使那些字元並不是"特殊字元"也一樣。未被括起的字元或許在樣式語言中，是具有特殊意義的**元字符**（*metacharacter*）。

## 成功匹配

如果匹配運算子動作成功的話，它會回傳一個 Match 物件，該 Match 物件在條件式中會被評估為 True。如果你 put 該物件的話，會看到 Str 的那一部分被匹配到了，而由於 say 呼叫了 .gist 方法，所以輸出會有些差異：

```
$_ = 'Hamadryas';
my $match = m/Hama/;
put $match; # Hama
say $match; # ?Hama?
```

在樣式越來越複雜時，say 的輸出就越值得關注，這樣的輸出在正規表達式的使用上很好用，你會在本書的其他地方看到更多的使用範例。

如果匹配不成功的話，會回傳 Nil，Nil 值在條件式中會被評估為 False：

```
$_ = 'Hamadryas';
my $match = m/Hama/;
put $match.^name;     # Nil
```

在你拿結果去做別的事情以前，先檢查一下它比較好：

```
if my $match = m/Hama/ { # 如果匹配成功
    say $match;
    }
```

但你不需要把結果存到一個變數中，最後一次匹配的結果，會儲存在一個特殊變數 $/ 中，你之後會常看到它：

```
if m/Hama/ { # 匹配成功
    say $/;
    }
```

## 定義樣式

一些好用的樣式可能寫得既長又笨重，此時可以利用 **rx//** 去定義一個樣式（也就是定出一個 Regex），供後面的程式使用。這個定出來的樣式並不會馬上套用在哪個目標上，它是讓你在某處將樣式定義好，不干擾目前手頭上的工作：

```
my $genus = 'Hamadryas';
my $pattern = rx/ Hama /; # 想像這裡用了更複雜了樣式
$genus ~~ $pattern;
```

並在你需要的時候，就可以重用定義好的樣式：

```
for lines() -> $line {
    put $line if $line ~~ $pattern;
    }
```

已經定出來的多個樣式，也可以合併變成一個。這個功能你可以將一個複雜的樣式，拆解成數個小的、更好修改的樣式，方便你重用這些小樣式（你在第 17 章會一直看到這個動作）：

```
my $genus = 'Hamadryas';

my $hama  = rx/Hama/;
my $dryas = rx/dryas/;
my $match = $genus ~~ m/$hama$dryas/;

say $match;
```

與其將一變數儲存在物件中，不如另外用 regex 宣告辭法樣式。這種做法中由於有 Block，所以看起來像是一個副程式，但括號裡寫的不是程式碼，它是以 slang 寫成的樣式：

```
my regex hama { Hama }
```

定好之後，就可以在樣式中使用了，只要用角括號包起來即可：

```
my $genus = 'Hamadryas';
put $genus ~~ m/<hama>/ ?? 'It matched!' !! 'It missed!';
```

你可以定義多個具名的 regex，然後同時一起用：

```
my regex hama  { Hama }
my regex dryas { dryas }

$_ = 'Hamadryas';
say m/<hama><dryas>/;
```

每個具名的 regex 都做了子匹配，當你用 say 輸出結果，就可以看到它們各自負責的結構，輸出結果中有整體的匹配結果以及子樣式的匹配結果：

```
?Hamadryas?
 hama => ?Hama?
 dryas => ?dryas?
```

Match 物件用起來像是 Hash（但不是 Hash），若要取出每個具名 regex 的部分匹配結果，可以用 regex 的名字當成 “key”：

```
$_ = 'Hamadryas';
my $result =  m/<hama><dryas>/;

if $result {
    put "First: $result<hama>";
    put "Second: $result<dryas>";
    }
```

## 預定義樣式

表 15-1 中是一些預先定義好的樣式，你可以拿了馬上使用。你可以將你自己的樣式定義在函式庫中，並匯出它們來做使用，就和副程式一樣：

```
# Patterns.pm6
my regex hama is export { Hama }
```

載入該模組後，那些有名字的 regex 就可以用了：

```
use lib <.>;
use Hama;

$_ = 'Hamadryas';
say m/ <hama> /;
```

表 15-1　具名字元分類

| 預定義樣式 | 能匹配什麼 |
| --- | --- |
| <alnum> | 字母和數字字元 |
| <alpha> | 字母字元 |
| <ascii> | ASCII 字元 |
| <blank> | 水平空白 |
| <cntrl> | 控制字元 |
| <digit> | 十進位數字 |
| <graph> | <alnum> + <punct> |
| <ident> | 一樣的字元 |
| <lower> | 小寫字元 |
| <print> | <graph> + <space>, 但排除 <cntrl> |
| <punct> | ASCII 中的標點符號和符號 |
| <space> | 空白 |
| <upper> | 大寫字元 |
| <\|wb> | 字邊界（這一個樣式是個 assertion） |
| <word> | <alnum> + Unicode 標記 + 連接符號，例如 '_' |
| <ws> | 空白（要在字和字中間，其他不管） |
| <ww> | 在字中間（這一個樣式是個 assertion） |
| <xdigit> | 十六進位數字 [0-9A-Fa-f] |

---

### 練習題 15.1

建立一個使用正規表達式的程式，能接收命令列來的檔案，若檔案中有任何行匹配成功的話，就將該行輸出。

# 與非文字類字元匹配

你不是只能和文字型態的字元做匹配，也可以匹配編碼位置或編碼名稱，你可以使用在第 4 章看過的雙括法則中的 \x[*CODEPOINT*] 或 \c[*NAME*]。

如果要指定編碼名稱的話，那全部都要用大寫。

你可以用編碼名稱匹配開頭的大寫 *H*，雖然你仍必須要在編碼名稱中輸入一個文字 H：

```
my $pattern = rx/
    \c[LATIN CAPITAL LETTER H] ama
  /;
$_ = "Hamadryas";

put $pattern ?? 'Matched!' !! 'Missed!';
```

編碼位置也是一樣，如果你要用編碼位置的話，就要用十六進位數（大小寫不拘）：

```
my $pattern = rx/
    \x[48] ama
  /;
$_ = "Hamadryas";

put $pattern ?? 'Matched!' !! 'Missed!';
```

碰到一些難打或是難讀的字元時，這種用法就顯得很好用。例如在某個 Str 中有一個 🐱 字元（U+1F431 CAT FACE），如果沒有仔細看的話，可能會和 😸（U+1F638 GRINNING CAT FACE WITH SMILING EYES）搞混。為了不讓別的程式設計師錯認你想做什麼，你可以使用編碼名稱來節省一點眼力：

```
my $pattern = rx/
    \c[CAT FACE]  # or \x[1F431]
  /;
$_ = "This is a catface: 🐱";
put $pattern ?? 'Matched!' !! 'Missed!';
```

# 匹配任意字元

樣式裡有一些稱為*描述字元*（*metacharacter*）的東西，可以用來匹配一些非普通字元。表 15-2 中列出部分的描述字元（大部分在這一章中都不會說明），其中 . 可以匹配任意字元（包括換行）。下面範例中的樣式，可以匹配任何一個字元以上的目標：

```
m/ . /
```

若想要檢查一個 Str 中是不是有一個 *a*、一個 *c*，而且 *a* 和 *c* 中間有另外一個字元的話，就將 . 放在樣式中的 *a* 和 *c* 中間。下面的範例會跳過與樣式不匹配的行：

```
for lines() {
    next unless m/a.c/;
    .put
    }
```

## 脫逸字元

在樣式中，某些字元有特殊意義。例如冒號表示副詞，# 號是註解。若想要匹配這種字元的話，你就要對它們用反斜線進行脫逸：

```
my $pattern = rx/ \# \: Hama \. /
```

下面的範例是試圖去配匹反斜線字元，反斜線也是需要脫逸的：

```
my $pattern = rx/ \# \: Hama \\ /
```

對於其他的樣式描述字元，都可以採取一樣的做法。例如試圖要匹配一個點的話：

```
my $pattern = rx/ \. /
```

反斜線只能脫逸緊接在它之後的字元，你不能用來脫逸空白字元，而且也只能脫逸特殊字元。表 15-2 中就是你需要做脫逸的字元，儘管我尚未告訴你它們的功能是什麼。

表 15-2　脫逸樣式字元

| 描述字元 | 特殊功能 |
| --- | --- |
| # | 註解 |
| \ | 脫逸下一個字元或是縮寫 |
| . | 匹配任意字元 |
| : | 副詞的開頭，或避免回溯 |
| ( 和 ) | 開始擷取 |
| < 和 > | 用來建立更高層級的東西 |
| [、] 和 ' | 用於分組 |
| +、\|、&、- 和 ^ | 集合操作 |
| ?、*、+ 和 % | 量詞 |
| \| | 多樣式符合 |
| ^ 和 $ | 錨點 |
| $ | 變數的開頭，或具名擷取 |
| = | 具名擷取的給值 |

在單引號裡的字元必定是它們的字元版本：

```
my $pattern = rx/ '#:Hama' \\ /
```

你不能使用單引號去脫逸反斜線，因為反斜線會試圖去脫逸緊跟在它後面的字元：

## 匹配空白字元

如果想對空白字元進行匹配，你會受一點小折磨。由於非空白（unspace）不能存在於樣式之中，所以你無法使用 \ 去脫逸空白，而是應該用括號將空白括起來：

```
my $pattern = rx/ Hamadryas ' ' laodamia /;
```

或是將整段樣式放在引號中：

```
my $pattern = rx/ 'Hamadryas laodamia' /;
```

使用單引號時很容易讓人看不懂；所以若將樣式分開寫成幾行並註記你想做什麼，會很有幫助：

```
my $pattern = rx/
    Hamadryas    # 屬
    ' '                  # 一般的空白字元
    laodamia     # 種
    /;
```

你可以改用 :s 副詞，讓空白字元更明確：

```
my $pattern = rx:s/ Hamadryas laodamia /;
```

```
my $pattern = rx/ :s Hamadryas laodamia /;
```

:s 是 :sigspace 的縮寫：

```
my $pattern = rx:sigspace/ Hamadryas laodamia /;
```

```
my $pattern = rx/ :sigspace Hamadryas laodamia /;
```

上面這些寫法都可以成功匹配 Hamadryas laodamia，即使在目標字串的前面和後面還有空白字元也一樣。副詞 :s 會將樣式中的空白轉換成子樣式 <.ws>：

```
$_ = 'Hamadryas laodamia',
my $pattern = rx/ Hamadryas <.ws> laodamia /;
if m/$pattern/ {
    say $/;  # ?Hamadryas laodamia?
    }
```

使用時可以合併多個副詞，它們的順序無所謂，但每個都要有自己的冒號。下面的樣式指定要有明確的空白並忽略大小寫：

```
my $pattern = rx:s:i/ Hamadryas Laodamia /;
```

## 匹配字元型態

到目前為止，你已經知道怎麼匹對一般的文字了。你用打字的方式，將所有想要匹配的字元都打出來，並在需要的時候進行脫逸。然而，有一些字元的集合因為太常用了，所以它們有自有的縮寫。用法是以一個反斜線開頭，然後後面接一個字母，該子母代表每個字元的集合，表 15-3 是這些縮寫的清單。

如果你想要匹配數字的話，你可以使用 \d，只要是數字都能匹配出來，也不限於阿拉伯數字：

```
/ \d /
```

每一個縮寫都有互補的寫法，例如 \D 是匹配非數字。

表 15-3　字元分類縮寫

| 縮寫 | 匹配的 |
| --- | --- |
| \d | 數字（Unicode N 屬性） |
| \D | 任何非數字 |
| \w | 字：字母、數字或底線 |
| \W | 任何非字 |
| \s | 任何種類的空白 |
| \S | 任何非空白 |
| \h | 水平空白 |
| \H | 任何非水平空白 |
| \v | 垂直空白 |
| \V | 任何非垂直空白 |
| \t | tab 字元（指 U+0009） |
| \T | 任何非 tab 字元 |
| \n | 換行或是換行加新行 |
| \N | 任何非換行 |

---

**練習題 15.2**

請利用前一個練習題，改寫為可以從命令列接收檔案輸入，並輸出檔案內容中任何含有三個十進位數字的行。

---

## Unicode 屬性

Unicode Character Database（UCD）負責定義字元編碼、字元名稱以及賦與字元一或多個特性。每個字元都帶有很多自身的屬性，而你可以使用這些資訊來匹配它。用法是將編碼屬性名稱放在 `<:...>` 中，冒號一定要緊跟在開頭的角括號旁邊。如果你想要匹配出任何英文字母的話，你可以使用 `Letter` 屬性：

    / <:Letter> /

除了可以匹配屬性之外，你也可以匹配不帶某個屬性的字元。請將 ! 放在屬性名稱之前，就可以進行反向匹配。下面的範例是試圖去匹配非大寫開頭字母：

    / <:!TitlecaseLetter> /

每種屬性都有完整的形式，像是 `Letter`，也有縮寫的形式，例如 `Letter` 的縮寫是 `L`。其他的屬性也是如此，例如 `Uppercase_Letter` 之於 `Lu`、`Number` 之於 `N`：

    / <:L> /
    / <:N> /

你也可以指定匹配特定的 Unicode Block（區塊）或 script：

    <:Block('Basic Latin')>
    <:Script<Latin>>

你可以盡量使用這些屬性名稱縮寫，但我在本書中都會使用完整名稱。請參閱文件，看看還有哪些屬性可用。

## 合併屬性

用一個屬性或許就可以描述出你想要匹配的東西是什麼，但若想要花俏一點的話，你可以用字元分類集合運算子合併屬性，這種運算子和你在第 14 章看到的不同；它們是字元分類專用的。

用 + 建立建立兩個屬性的聯集，字元只要符合任一屬性，就會成功匹配：

```
/ <:Letter + :Number> /
/ <:Open_Punctuation + :Close_Punctuation> /
```

用 - 可以從一個屬性減去另外一個屬性，任何字元只要符合第一個屬性，但又不符合第二屬性的就可以成功匹配。下面的範例會匹配所有變數可用的字元（指的是 UCD 世界的可用，不是 Perl 6 中認為的可用）。而變數可用字元又可以分作變數名稱開頭可用字元，以及其他位置可用字元：

```
/ <:ID_Continue - :Number> /
```

你可以將寫法簡化，變成不帶特定屬性的字元都不要匹配。在下面的範例中，減號前面的東西不見了；- 號緊跟著開頭的角括號。這樣的寫法代表你從所有字元中減掉什麼，如下例，只要不帶 Letter 屬性的都會符合匹配：

```
/ <-:Letter> /
```

---

### 練習題 15.3

請寫一個程式去計算所有能和 Letter 或 Number 屬性匹配的字元有幾個。在字元編碼 1 到 0xFFFD 之間，能匹配的字母或數字有多少個？有一個叫 .chr 的方法或許可以幫上你的忙。

---

## 使用者自定字元組合

你可以定義自有的字元組合，請將你想要用的字元放在 <[...]> 中，這和你稍早看到用來分組的中括號不同，這邊是放在角括號裡面。下面的字元分類會匹配任何屬於 a、b 或 3 的字元：

```
/ <[ab3]> /
```

和之前一樣，這樣寫可以匹配一個字元，而且該字元可以是字元組合中任何一個字元。以下這個字元組合可以對單一個字元進行不分大小寫的匹配：

```
/ <[Hh]> ama /     # 也可以寫成 / [ :i h ] ama /
```

你可以指定字元編碼的十六進位值，這裡的空格不用在意：

```
/ <[ \x[48] \x[68] ]> ama /
```

字元名稱也可以用：

```
/ <[
    \c[LATIN CAPITAL LETTER H]
    \c[LATIN SMALL LETTER H]
    ]>
/
```

你可以將字元寫成長長的一串：

```
/ <[abcdefghijklmnopqrstuvwxyz]> / # 從 a 到 z
```

在字元組合括號中，# 就是單純的 #。如果你試圖在裡面寫註解，註解的內容中的字元都會成為字元組合的一部分：

```
/ <[
    \x[48] # 大寫
    \x[68] # 小寫
  ]>
/
```

而且，你會因為寫了重複的字元而得到一個警告。

## 字元組合範圍

像上面那樣做實在是太麻煩了，所以你可以用 .. 去指定一個範圍的字元。在這個用法中，可以將字寫出來，也可以用十六進位值和編碼名稱。請注意你在使用範圍時，不需要將字括起來：

```
/ <[a..z]> /
/ <[ \x[61] .. \x[7a] ]> /
/ <[ \c[LATIN SMALL LETTER A] .. \c[LATIN SMALL LETTER Z] ]> /
```

在中括號中，除了範圍之外，還可以放其他的東西：

```
/ <[a..z 123456789]> /
```

也可以以為兩個範圍：

```
/ <[a..z 1..9]> /
```

## 反向字元組合

有時反過來描述哪些字元是不想要的會比較容易，你可以在開頭的角括號和第一個中括號中間放一個 -，用來表示反向的意思。下面的範例可以匹配除了 a、b 和 3 以外的所有字元：

```
/ <-[ab3]> /
```

放在字元組合括號中的空白不重要：

```
/ <-[ a b 3 ]> /
```

你可以做出一個字元的反向字元組合，放在字元組合括號中的單引號，就是個單純的單引號，因為 Perl 6 看得出來你不是想要括住什麼東西：

```
/ <-[ ' ]> /    # 匹配非單引號字元
```

下面是匹配任何不是換行的字元：

```
/ <-[ \n ]> /   # 匹配非換行字元
```

預定義的字元分類縮寫，也可以成為字元組合的一部分：

```
/ <-[ \d \s ]> /   # 匹配數字或空白
```

和 Unicode 屬性一樣，在這裡你也可以合併字元組合：

```
/ <[abc] + [xyz]> /    # 和 <[abcxyz]> 一樣
```

```
/ <[a..z] - [ijk]> /   # 這種情況用兩個範圍寫比較容易
```

---

### 練習題 15.4

請建立一個程式可以輸出檔案中的行，但請你跳過只含有一個字元的行，除非那個字元是母音。也請你跳過全部都是空白的行（也就是該行只有空白）。

---

## 匹配副詞

你可以藉由指定副詞來改變匹配的動作，就像你在第 4 章看到 Q 的作用一樣。可以用的副詞有很多個，但你在這一小節只會看到最常用的幾個。

## 忽略大小寫匹配

到目前為止，你寫在樣式裡的字元，都會確切地匹配到目標裡的同一個字元，例如 H 只會匹配到大寫的 $H$，不會匹配到其他的 $H$：

```
my $pattern = rx/ Hama /;
put 'Hamadryas' ~~ $pattern;  # 匹配
```

將樣式中的一個字元從大寫 H 改為小寫：

```
my $pattern = rx/ hama /;
put 'Hamadryas' ~~ $pattern;  # 匹配失敗因為 h 不是 H
```

樣式是有大小寫區分的，所以上面的範例匹配不會成功。但你可藉由副詞，讓它變成忽略大小寫。副詞 :i 可以讓文字字元的匹配不計大小寫，你可以將這個副詞放在 rx 或是 m 後面：

```
my $pattern = rx:i/ hama /;
put 'Hamadryas' ~~ $pattern;  # 因為有外面加了 :i，所以匹配成功
```

這也就是為什麼你不能使用冒號當作分隔符號的原因！

當你在樣式外面加副詞時，該副詞是對整個樣式作用，你也可以將副詞放在樣式裡面：

```
my $pattern = rx/ :i hama /;
put 'Hamadryas' ~~ $pattern;  # 因為有裡面加了 :i，所以匹配成功
```

是不是很有趣呢？現在你開始看到為何空白雖然被寫在樣式之中，但總是被忽略不看的原因了，原來匹配除了比對字元之外，還有很多其他的事情發生。

副詞能影響的範圍，是從它被插入的點開始到樣式的結尾，在上面的範例中 :i 插入在最前面，所以也是對整段樣式作用。若將該副詞移動到後面一點，它就只會對後面的樣式產生作用，所以在下面的範例中，由於副詞移動到後面了，所以 ha 只能與小寫匹配，而樣式在 :i 之後的部分，就會忽略大小寫：

```
my $pattern = rx/ ha :i ma /; # 結尾的 ma 會進行忽略大小寫的匹配
```

你可以用中括號將樣式切段**分組**，下面的範例是將 am 作成一組，但目前僅是分組還沒做別的事：

```
my $pattern = rx/ h [ am ] a /;
```

若將副詞放在該分組中的話,就只會作用在該分組上:

```
my $pattern = rx/ h [ :i am ] a /;
```

規則是一樣的:副詞只會作用在它插入位置後面的樣式,直到樣式結尾:

```
my $pattern = rx/ h [ a :i m ] a /; # 匹配 haMa 或 hama
```

看到下面的範例,你大概一下子搞不清楚是在做什麼。你可以在樣式中加註解—這也是另外一個可以忽略不看空白的理由:

```
my $pattern = rx/
    h
    [          # 接著是分組
        a
        :i     # 到分組結果前都忽略大小寫
        m
    ]          # 分組結束
    a
    /;
```

從 # 字元到行尾之間的都是註解,另外,你也可以用內插式的註解:

```
my $pattern = rx/
    :i #`( case insensitive ) Hama
    /;
```

範圍中的註解內容不是一個好的註解示範,因為註解裡寫的東西從語法上就可以看出來了。為了養成好習慣,你應該把你打算要做什麼寫成註解,而不是把語法做的事寫出來。然而,如果你只是想寫一下新學的概念,世界也不會就因此毀滅的。

---

### 練習題 15.5

請寫一個程式,這個程式可以將輸入中含有文字 ei 的行都輸出,請把寫完的程式儲存起來,保留給後面的練習題使用。

---

## 忽略記號

副詞 :ignoremark 的作用,是讓樣式忽略發音記號或其他的記號,讓記號不論在不在都可以匹配。不管記號在樣式或是在目標中都可以:

```
$_ = 'húdié';    # ??
put m/ hudie /                ?? 'Matched' !! 'Missed';  # 不匹配
put m:ignoremark/ hudie / ?? 'Matched' !! 'Missed';  # 匹配

$_ = 'hudie';
put m:ignoremark/ húdié / ?? 'Matched' !! 'Missed';  # 匹配
```

甚至目標和樣式中的同一個字，各有各的記號，也都可以匹配得出來：

```
$_ = 'hüdiê';
put m:ignoremark/ húdié / ?? 'Matched' !! 'Missed';  # 匹配
```

有些副詞可以寫在樣式之中，這種副詞只會作用在它之後的部分樣式上：

```
$_ = 'hüdiê';
put m/ :ignoremark hudie / ?? 'Matched' !! 'Unmatched';  # 匹配
```

# 全域匹配

一個樣式可以在同一個目標文字中成功匹配許多次，利用副詞 :global 可以取得所有不重疊的 Match 物件，以 List 回傳：

```
$_ = 'Hamadryas perlicus';
my $matches = m:global/ . s /;
say $matches;    # (?as? ?us?)
```

如果沒有任何成功匹配，那就回傳一個空的 List：

```
$_ = 'Hamadryas perlicus';
my $matches = m:global/ six /;
say $matches;    # ()
```

其實重疊的匹配結果也可以找出來，利用副詞 :overlap 就可以取得，下面範例中 ?uta? 和 ?ani? 中的 a 是同一個：

```
$_ = 'Bhutanitis thaidina';

my $global = m:global/ <[aeiou]> <-[aeiou]> <[aeiou]> /;
say $global;  # (?uta? ?iti? ?idi?)

my $overlap = m:overlap/ <[aeiou]> <-[aeiou]> <[aeiou]> /;
say $overlap; # (?uta? ?ani? ?iti? ?idi? ?ina?)
```

# 會用到樣式的東西

之前由於你還不知道 regex，所以有很多功能都沒看過。現在你已看過 regex 了，所以可以看看那些功能了。Str 有幾個方法，可以搭配樣式去轉換值。這一小節要試著使用你最常會用到的一些功能。

.words 和 .comb 方法可以拆開文字，.split 方法是它們的通用方法。.split 可以接受一個樣式引數，用來決定要如何拆開文字，它匹配成功的部分會消失。例如你可以依 tab 出現的地方，去拆開一行文字：

```
my @words = $line.split: / \t /;
```

.grep 可以用匹配運算子去選取東西，如果匹配運算子動作成功的話，它就會回傳一個等於 True 的東西，該東西中的元素符合匹配結果：

```
my @words-with-e = @word.grep: /:i e/;
```

如果寫在一起的話：

```
my @words-with-e = $line.split( / \t / ).grep( /:i e/ );
```

.split 可以指定多個分隔，不需要所有的分隔都匹配。下面例子中的寫法，會將一行文字以逗號或空白拆開：

```
my @words-with-e = $line
    .split( [ ',', / \s / ] )
    .grep( /:i e/ );
```

.comb 做的事情和 .split 很像，但它在做拆解的時候會保留匹配到的部分。下面的例子會保留所有不重疊的連續三個數字，並丟掉其他的東西：

```
my @digits = $line.comb: /\d\d\d/;
```

如果不給 .comb 任何引數，它會預設使用單一個 . 去匹配任意字元。像下面這樣寫的話，就會將一個 Str 中的每一個字元一一拆開：

```
my @characters = $line.comb: /./;
```

# 替換

`.subst` 方法搭配樣式使用的話，就可以將匹配到的文字換成其他的文字：

```
my $line = "This is PERL 6";
put $line.subst: /PERL/, 'Perl';  # This is Perl 6
```

只會換掉第一個匹配結果：

```
my $line = "PERL PERL PERL";
put $line.subst: /PERL/, 'Perl';  # Perl PERL PERL
```

使用副詞 `:g`，就可以對所有匹配結果作替換：

```
my $line = "PERL PERL PERL";
put $line.subst: /PERL/, 'Perl';  # Perl Perl Perl
```

這些副詞的執行結果，都是回傳一個修改過的 `Str`，不會去修改到原來的值。但如果使用 `.subst-mutate`，就會修改原值：

```
my $line = "PERL PERL PERL";
$line.subst-mutate: /PERL/, 'Perl', :g;
put $line;  # Perl Perl Perl
```

下一章我們還會看到更多好用的 regex 功能。

---

## 練習題 15.6

請準備一個以 tab 分隔的檔案，利用 `.split` 去輸出它第三欄的內容，你在第 9
章所做的蝴蝶調查檔案可以用在這個練習題。

---

# 本章總結

由於本章講的大部分是如何將樣式應用在文字上，所以你還沒有看到 regex 的真正能耐。說穿了也不是太可怕，就是樣式會變得複雜一些，但是基本應用的方法還是一樣的。在下一章中，你將會看到一些以後會常用到的高級功能。

# 第十六章

# 進階正規表達式

在這一章中，你將會看到的不是剩下的正規表達式表述語法，而會是你最常用的語法。關於樣式還有太多太多可以講，但這一章講想的內容，應該可以讓你解決大部分會碰到的問題。學了語法（第 17 章）之後，即使簡單的樣式也會變得威力強大。

## 量詞

量詞（*Quantifier*）讓你可以重複樣式中的某個部分，假設你想要匹配的是每個會重複若干次的字母—例如 *a* 後面有一或多個 *b*，然後後面再接一個 *a*。你不管 *b* 的數量有多少，只要它至少有一個就行。量詞 + 讓正前方緊接著的樣式部分進行一到多次匹配：

```
my @strings = < Aa Aba Abba Abbba Ababa >;
for @strings {
    put $_, ' ', m/ :i ab+ a / ?? 'Matched!' !! 'Missed!';
    }
```

Str 中的第一段匹配不成功，因為裡面沒有 *b*，後面其他的段都有先有一個 *a*，後接一到多個 *b*，然後再接 *a* 的構造：

```
Aa Missed!
Aba Matched!
Abba Matched!
Abbba Matched!
Ababa Matched!
```

量詞只會作用到正前方緊接的樣式─在範例中就是 b，不是 ab。將 ab 組成一組的話，就可以對該組（就可以當成一個看）使用量詞：

```
my @strings = < Aa Aba Abba Abbba Ababa >;
for @strings {
    put $_, ' ', m/ :i [ab]+ a / ?? 'Matched!' !! 'Missed!';
    }
```

改了以後，匹配的結果也隨之改變。有重複 b 的段變得不匹配了，因為量詞作用的對象是 [ab] 群組，Str 中只有兩段有重複的 *ab*：

```
Aa Missed!
Aba Matched!
Abba Missed!
Abbba Missed!
Ababa Matched!
```

---

### 練習題 16.1

請使用 *butterfly_census.txt*（你在第 9 章結尾處製作的檔案）建一個 regex 去計算所有蝴蝶屬中有多少種蝴蝶，只計算名稱含有 2 個以上 *i* 的屬，請在你的樣式中使用量詞 +。

---

## 零個或多個

量詞 * 的動作類似 +，只是它是匹配零個以上。用它的時候，意味著每部分的樣式可有可無。被匹配的部分可以重複無限次。若你想找出兩個字母 *b* 中間可以允許有一個字母 *a* 的情況，中間這個 *a* 可有可無：

```
my @strings = < Aba Abba Abbba Ababa >;
for @strings {
    put $_, ' ', m/ :i ba*b / ?? 'Matched!' !! 'Missed!';
    }
```

由於在 *b* 之間存在零個 *a*，所以 Str 中具有連續 *b* 的段被匹配到了。因為在 *b* 之間允許零到多個 *a*，所以 *bab* 也會被匹配到：

```
Aba Missed!
Abba Matched!
Abbba Matched!
Ababa Matched!
```

---

**練習題 16.2**

請取用前面練習題的解答，將尋找蝴蝶屬名稱的部分改成找連續的 *a*，或是連續的 *a* 但被 *n* 或 *s* 分隔的名稱。

---

## 貪婪

量詞 + 和 * 是貪婪的；只要可以，它們會盡可能的匹配更多的文字。有時我們並不想要讓它無限的延伸下去。若將前一個範例改成在量詞後面再加另外一個 *b*，那就至少會匹到 2 個 *b*：

```
my @strings = < Aba Abba Abbba Ababa >;
for @strings {
    put $_, ' ', m/ :i ab+ ba / ?? 'Matched!' !! 'Missed!';
    }
```

Str 中的第一段並不匹配，因為它不符合一到多個 *b* 後面再接一個 *b* 的條件。最後一段也是一樣，只有中間兩段有足夠的 *b* 滿足樣式的各部分要求：

```
Aba Missed!
Abba Matched!
Abbba Matched!
Ababa Missed!
```

讓我們仔細想一下，匹配過程中到底是怎麼做的。當看到 b+ 時，它會盡可能的匹配最多的 *b*。對 Abbba 來說，b+ 會匹配到 bbb，然後 b+ 這個條件就滿足了。接著，負責匹配的程式就移動到樣式的下一段，也就是另外一個 b。但由於量詞貪婪的特性，所以目標文字中 b 都用完了，所以不會留下任何的 b，因此不能滿足樣式的要求。

但是上面的匹配並沒有失敗，這是因為負責匹配的程式對量詞有另外一個回溯（*backtrack*）策略，讓剛才做完匹配的樣式放棄一些文字。由於 b+ 需要一個以上的 *b*，所以匹配出來是 2 個或是 3 個並不重要，因為都可以滿足條件。此時會退回一個文字位置，留下一個 b 給後面的樣式使用。一旦它退回一個位置後，就會試著繼續做樣式後面的匹配動作。

# 零或一個

量詞 ? 用來匹配零或一個;它也可以用來讓前面的樣式部分變得可有可無。下面範例中寫的樣式,可以匹配一或兩個 *b*,因為你使用了 ?,所以讓其中一個 *b* 變得可有可無:

```
my @strings = < Aba Abba Abbba Ababa >;
for @strings {
    put $_, ' ', m/ :i ab? ba / ?? 'Matched!' !! 'Missed!';
    }
```

現在 Str 中的第一段匹配了,因為第一個 *b* 被匹配 0 次。第三段無法匹配,因為 *b* 不只一個,而 ? 不能匹配大於一個:

```
Aba Matched!
Abba Matched!
Abbba Missed!
Ababa Matched!
```

# 最少和最多

如果你想要匹配確切幾次的話就用 **,然後在後面加上一個數字。** 會匹配確切的次數。下面的例子中,只會匹配三個 *b*:

```
my @strings = < Aba Abba Abbba Ababa >;
for @strings {
    put $_, ' ', m/ :i ab**3 a / ?? 'Matched!' !! 'Missed!';
    }
```

Str 中只有一段會成功匹配:

```
Aba Missed!
Abba Missed!
Abbba Matched!
Ababa Missed!
```

你可以在 ** 後面加上範圍。被量化的樣式部分,匹配次數必須大於範圍最小值,小於範圍最大值:

```
my @strings = < Aba Abba Abbba Ababa Abbbba >;
for @strings {
    put $_, ' ', m/ :i a b**2..3 a / ?? 'Matched!' !! 'Missed!';
    }
```

Str 中有兩段成功匹配—唯有連續三個 *b* 的才會成功匹配:

```
Aba Missed!
Abba Matched!
Abbba Matched!
Ababa Missed!
Abbbba Missed!
```

也可以指定範圍之外不匹配，藉由排除 1 以下、4 以上的兩端，就可以得到重複 2 到 3 次結果，下面的範例可以得到和前一個範例同樣的執行結果：

```
my @strings = < Aba Abba Abbba Ababa >;
for @strings {
    put $_, ' ', m/ :i ab**1^..^4 a / ?? 'Matched!' !! 'Missed!';
    }
```

---

### 練習題 16.3

請從蝴蝶調查檔案中找出一排有四個母音的行，然後輸出那些行。

---

### 練習題 16.4

請從蝴蝶調查檔案中，找出有 4 個 *a*，而且每個 *a* 後面都是非母音的行（例如 *Paralasa*），然後輸出那些行。

---

## 控制量詞

在任意量詞後面加上 ? 的話，會讓樣式匹配盡可能地少—從貪婪變成不貪婪。以 ? 修飾過的量詞，在看見其後的樣式可以成功匹配時，便停止匹配。

下面兩個樣式都會試圖去匹配以 *H* 開頭，後接某些東西，然後再跟著一個 *s*。第一個是原來貪婪的版本，將會一路匹配到最後的 *s* 為止。第二個是不貪婪版本，它會停在第一個碰到的 *s*。貪婪版本執行的結果會匹配整段文字，而不貪婪的版本則只會匹配到第一個字：

```
$_ = 'Hamadryas perlicus';

say "Greedy: ",    m/ H .*  s /;  # 貪婪：「Hamadryas perlicus」
say "Nongreedy: ", m/ H .*? s /;  # 不貪婪：「Hamadryas」
```

之後你可能會發現，你常會想用的是不貪婪的量詞。

---

### 練習題 16.5

將輸入文字中，所有介於兩個底線之間的東西都輸出，檔案 *Bufferflies_and_ Moths.txt* 檔的內容中有一些有趣的非貪婪匹配結果。

---

## 關閉回溯

利用量詞修改符號 : ， 讓你可以關閉回溯的功能，它關閉回溯功能的方法，是不讓量詞把已經匹配的東西，再拿回來匹配。範例中兩個樣式裡的 .+ 可以一路匹配任意字元到 Str 結尾處。第一個樣式因為前面的點讓出一些已匹配的字元，讓那些字元變成未匹配，好讓後面那個 + 可以有匹配結果。第二個樣式使用了 .+: ，代表不會因為想讓第一個 s 可以成功匹配，就讓出任何東西，所以匹配失敗：

```
$_ = 'Hamadryas perlicus';
say "Backtracking: ",
    m/ H .+  s \s perlicus/;  # 回溯：「Hamadryas perlicus」
say "Nonbacktracking: ",
    m/ H .+: s \s perlicus/;  # 不回溯： Nil
```

: 也可以放在 ** 後面。在下面範例中的兩個樣式，都會試圖在結尾處尋找三個字元組成的小組 *def*。第一個樣式因為是貪婪樣式，所以會匹配到整個 Str，但因為要讓最後的 *def* 匹配，所以又會退後幾位。而第二個樣式使用了 **: ，所以它會拒絕放出已匹配的結果給 *def* 用，所以最後樣式匹配失敗：

```
<$_ = 'abcabcabcdef';
say "Backtracking: ",
    m/ [ ... ] **  3..4 def /;  # 「abcabcabcdef」
say "Nonbacktracking: ",
    m/ [ ... ] **: 3..4 def /;  # Nil
```

表 16-1 整理了不同量詞的動作。

表 16-1  regex 量詞

| 量詞 | 使用範例 | 意義 |
| --- | --- | --- |
| ? | b? | 零或一個 *b* |
| * | b* | 零或多個 *b* |
| + | b+ | 一或多個 *b* |

| 量詞 | 使用範例 | 意義 |
| --- | --- | --- |
| ** N | b ** 4 | 4 個 *b* |
| ** M..N | b ** 2..4 | 2 到 4 個 *b* |
| ** M^..^N | b ** 1^..^5 | 2 到 4 個 *b*，使用排除兩端 |
| ?? | b?? | 零個 *b* |
| *? | b*? | 零到多個 *b*，不貪婪 |
| +? | b+? | 一到多個 *b*，不貪婪 |
| ?: | b?: | 零到多個 *b*，不回溯 |
| *: | b*? | 零到多個 *b*，貪婪不回溯 |
| +: | b+? | 一到多個 *b*，貪婪不回溯 |
| **: M..N | b **: 2..4 | 在 2 到 4 個 *b* 之間貪婪，不回溯 |

# 擷取

若你不用中括號分組，改用小括號分組的話，你可以擷取到一部分的文字：

```
say 'Hamadryas perlicus' ~~ / (\w+) \s+ (\w+) /;
```

在 `.gist` 的輸出中你可以看到一個從 0 開始的整數，代表擷取的標籤。標籤的數字即代表從左到右子樣式的順序：

```
「Hamadryas perlicus」
 0 => 「Hamadryas」
 1 => 「perlicus」
```

你可以用後環索引去存取擷取到的東西（當然前提是擷取結果要有東西）。這種存取方法看起來像 Positional，但實際上不是，不過這中間的區別你也不需要太在意。下面範例輸出的結果和前面看到的一樣：

```
my $match = 'Hamadryas perlicus' ~~ / (\w+) \s+ (\w+) /;

if $match {
    put "Genus: $match[0]";   # Genus: Hamadryas
    put "Species: $match[1]"; # Species: perlicus
    }
```

特殊變數 $/ 中儲存著最後一次成功的匹配結果，你可以直接存取它的元素：

```
$_ = 'Hamadryas perlicus';
if / (\w+) \s+ (\w+) / {
    put "Genus: $/[0]";    # Genus: Hamadryas
    put "Species: $/[1]";  # Species: perlicus
    };
```

更讚的是，若想存取 $/ 中的東西，還有縮寫可用。數字變數 $0 和 $1 代表的就是 $/[0] 和 $/[1]（特別在你擷取到一大堆東西時更是好用）：

```
$_ = 'Hamadryas perlicus';
if / (\w+) \s+ (\w+) / {
    put "Genus: $0";     # Genus: Hamadryas
    put "Species: $1";   # Species: perlicus
    };
```

如果前一次匹配失敗的話，$/ 就會是空的，你也不會看到再前一次成功匹配的結果。匹配失敗會把 $/ 重設到空無一物：

```
my $string = 'Hamadryas perlicus';

my $first-match = $string ~~ m/(perl)(.*)/;
put "0: $0 | 1: $1";  # 0: perl | 1: icus

my $second-match = $string ~~ m/(ruby)(.*)/;
put "0: $0 | 1: $1";  # 0:    | 1: -- 這些變數裡什麼也沒有
```

## 具名擷取

若不想要用號碼取得擷取的結果，你可以給它們指定名稱，給定的名稱會變成 Match 物件中 Hash 的 key。請將 $<*LABLE*>= 放在擷取的括號前面：

```
$_ = 'Hamadryas perlicus';
if / $<genus>=(\w+) \s+ $<species>=(\w+) / {
    put "Genus: $/<genus>";        # Genus: Hamadryas
    put "Species: $/<species>";    # Species: perlicus
    };
```

如果將擷取以標籤標記好的話，輸出會變得好懂很多。而且修改樣式也不會干擾後面的程式碼，畢竟標籤的位置變動是無所謂的。

和之前一樣，在用角括號時你可以不寫 $/ 的斜線，這樣會讓程式看起來像是對 Associative 做索引，雖然 Match 並不是 Asoociative 型態：

```
$_ = 'Hamadryas perlicus';
if / $<genus>=(\w+) \s+ $<species>=(\w+) / {
    put "Genus: $<genus>";        # Genus: Hamadryas
    put "Species: $<species>";   # Species: perlicus
    };
```

將標籤名稱放在變數裡是可行的，但這種情況下你就不能省略 / 不寫：

```
$_ = 'Hamadryas perlicus';
my $genus-key = 'genus';
my $species-key = 'species';
if / $<genus>=(\w+) \s+ $<species>=(\w+) / {
    put "Genus: $/{$genus-key}";        # Genus: Hamadryas
    put "Species: $/{$species-key}";  # Species: perlicus
    };
```

如果你將結果儲存在變數中，在你的 Match 物件中的名稱和存在 $/ 中時是一樣的：

```
my $string = 'Hamadryas perlicus';
my $match = $string ~~ m/ $<genus>=(\w+) \s+ $<species>=(\w+) /;

if $match {
    put "Genus: $match<genus>";        # Genus: Hamadryas
    put "Species: $match<species>";   # Species: perlicus
    };
```

你甚至可以不用知道名稱是什麼，因為你可以從 Match 物件中找到那些名稱。請呼叫 .pairs 來回傳所有的名稱：

```
my $string = 'Hamadryas perlicus';
my $match = $string ~~ m/ $<genus>=(\w+) \s+ $<species>=(\w+) /;

put "Keys are:\n\t",
    $match
        .pairs
        .map( { "{.key}: {.value}" } )
        .join( "\n\t" );
```

即使不事先知道名稱，put 也可以將全部的東西顯示出來：

```
Keys are:
    species: perlicus
    genus: Hamadryas
```

當樣式太複雜時（假設，你想匹配的東西分散在多行），編號式的 Match 物件可能會讓你用得很辛苦，而使用名稱則可以讓你知道擷取的內容各是什麼。

# 擷取樹

在擷取的括號中，你還可以加入其他的擷取括號。每層群組有各自的編號系統：

```
my $string = 'Hamadryas perlicus';
say $string ~~ m/(perl (<[a..z]>+))/;
```

輸出的結果顯示有兩個 $0，其中一個在另一個的下一層。擷取是巢式的，所以結果也是
巢式的：

```
「perlicus」
 0 => 「perlicus」
  0 => 「icus」
```

若要存取最上層的匹配結果，你可以用 $/[0] 或 $0，若要存取巢式下一層的匹配結果，
你只要使用適當的下標語法即可：

```
my $string = 'Hamadryas perlicus';
$string ~~ m/(perl (<[a..z]>+))/;

# 寫 $/
say "Top match: $/[0]";       # 頂層匹配：perlicus
say "Inner match: $/[0][0]";  # 內層匹配：icus

# 或不寫 $/
say "Top match: $0";          # 頂層匹配：perlicus
say "Inner match: $0[0]";     # 內層匹配：icus
```

具名擷取的運作方法也是相同的，外層的擷取會包含內層的文字，也包含內層擷取：

```
my $string = 'Hamadryas perlicus';
$string ~~ m/
    $<top> = (perl
        $<inner> = (<[a..z]>+)
        )
    /;

# 寫 $/
say "Top match: $/<top>";           # 頂層匹配：perlicus
say "Inner match: $/<top><inner>";  # 內層匹配：icus

# 或不寫 $/
say "Top match: $<top>";            # 頂層匹配：perlicus
say "Inner match: $<top><inner>";   # 內層匹配：icus
```

你也可以混和使用數字變數和標籤，只要合理即可：

```
my $string = 'Hamadryas perlicus';
$string ~~ m/
    ( perl $<inner> = (<[a..z]>+) )
    /;

# 寫 $/
say "Top match: $/[0]";              # 頂層匹配：perlicus
say "Inner match: $/[0]<inner>";     # 內層匹配：icus

# 或不寫 $/
say "Top match: $0";                 # 頂層匹配：perlicus
say "Inner match: $0<inner>";        # 內層匹配：icus
```

巢式結構的存在，讓你建構樣式時變得簡單。由於每層中的數字編碼只屬於當層，所以如果你在樣式中加入其他的擷取，也只會使當層變動而已。

---

**練習題 16.6**

把兩個底線中間的學名從 *Butterflies_andMoths.txt* 中取出來（例如 _Crocallis elinguaria_ ）。將學名中的屬名和種名擷取出來，哪一種屬名擁有最多的種名呢？

---

# 回頭參照

擷取的結果也可以用在你的樣式中。你可以在同一個樣式中，使用剛剛才擷取到的結果來匹配其他的東西。請使用 Match 變數來參照你想要用的那個結果：

```
my $line = 'abba';
say $line ~~ / a (.) $0 a  /;
```

輸出顯示整段目標成功匹配以及擷取到的東西：

```
「abba」
 0 => 「b」
```

要用的數字變數是屬於同一個擷取層級，$0 和 $1 是透過回頭參照取得的，它們用了已經匹配完的樣式：

```
my $line = 'abccba';
say $line ~~ / a (.)(.) $1 $0 a  /;
```

在輸出的結果中，只有兩個擷取：

```
「abccba」
 0 => 「b」
 1 => 「c」
```

如果使用了巢式擷取，你要做的工作就會稍多一點。你或許會想說可以用下標來取得擷取結果，但你知道為何下面範例無情地失敗了嗎？

```
my $line = 'abcca';
say $line ~~ / a (.(.)) $0[0] a /;  # 不匹配！
```

這種中括號會被當成樣式的描述字元，而不會被當成後環索引！你會認為想擷取的是 $0 裡面的那個元素，但它實際會認為要把 $0 字串化，然後後面接著的是一個樣式分組，分組內是文字 0。

若要解決這個解析上的問題，可以用 $() 將下標夾起來，這樣它在樣式中就會看起來是同一個東西，不會被拆開解析。另外還有一個小技巧。因為匹配運算子只有在填滿所有擷取內容時，回頭參照才會生效，所以我們可以加一個空白的程式碼區塊進去，強制讓這件事發生：

```
my $line = 'abcca';
say  $line ~~ / a (.(.)) {} $($0[0]) a /;  # 匹配成功
```

現在 $0[0] 就可以和 c 成功匹配了：

```
「abcca」
 0 => 「bc」
  0 => 「c」
```

# 包圍物和分隔物

若想要匹配一些前後被包圍的文字，你可以依出現在目標 Str 中的順序在樣式中打出來即可。下面的範例中是去匹配一個被小括號包圍的字：

```
my $line = 'outside (pupa) outside';
say $line ~~ / '(' \w+ ')'  /;           # 「(pupa)」
```

當你想要匹配出被括住的東西時，這並不是最好的寫法。因為開頭和結尾的括號在樣式中不會寫在一起，所以你必須讀完整段樣式後，才能推測出是想匹配出一個用括號前後夾住的東西。

所以，請改用 ~ 連接包圍開頭和結尾的樣式，然後將中間的樣式寫在它後面。如下面範例中，描述了某樣東西用括號夾起來的結構：

```
my $line = 'outside (pupa) outside';
say $line ~~ / '(' ~ ')' \w+ /;
```

這樣的寫法天生就不貪婪；它並不會等到看到最後一個結束括號，才去取中間所有的東西：

```
my $line = 'outside (pupa) space (pupa) outside';
say $line ~~ m/ '(' ~ ')' \w+ /; # 「(pupa)」
```

同樣地，全域匹配還是可幫我們找出所有的匹配實例：

```
my $line = 'outside (pupa) space (pupa) outside';
say $line ~~ m:global/ '(' ~ ')' \w+ /; # (「(pupa)」「(pupa)」)
```

反過來看，假設你想要匹配出以一個字元分隔的一排東西，像是下列用逗號分開的一行字：

```
my $line = 'Hamadryas,Leptophobia,Vanessa,Gargina';
```

若想要依逗號分開這些字，你可以先去匹配出第一組字母，然後再匹配後面出現的每一個逗號和另一組字母：

```
say $line ~~ / (\w+) [ ',' (\w+) ]+ /;
```

這樣做是可以沒錯，但它有點煩人，因為即使是在講同一個東西，你仍然必須使用 \w+ 兩次。所以改用 % 去修改量詞，讓它右邊的樣式套用在每個分組的後面：

```
say $line ~~ / (\w+)+ % ',' /;
```

輸出的結果顯示，你成功的匹配出每個字母組合了：

```
「Hamadryas,Leptophobia,Vanessa,Gargina」
 0 => 「Hamadryas」
 0 => 「Leptophobia」
 0 => 「Vanessa」
 0 => 「Gargina」
```

若是用兩個百分比符號的話，表示最後面還可以存在一個分隔符號：

```
my $line = 'Hamadryas,Leptophobia,Vanessa,';
say $line ~~ / (\w+)+ %% ',' /;
```

請注意，雖然它成功匹配到 *Vanessa* 後面的逗號，但並不會為後面再建出一個空的擷取：

```
「Hamadryas,Leptophobia,Vanessa,」
 0 => 「Hamadryas」
 0 => 「Leptophobia」
 0 => 「Vanessa」
```

 雖然你覺得 CSV 檔案結構都很簡單，但其實這是一種誤認。在這個大千世界裡，什麼怪事都可能發生。Text::CSV（*https://modules.perl6.org/dist/ Text::CSV:cpan:HMBRAND*）模組，會幫你把奇奇怪怪的情況都處理好，請直接使用它，不要自己重頭做起。

# 斷言

斷言（*assertion*）並不會去匹配文字；它關心的是在文字的目前位置是否符合特定的條件。它們是匹配前後文關係，而不是文字。將斷言放在你的樣式中，能讓匹配程式加速失敗，若一個樣式就只適用於文字開頭處，那你就不需要掃描所有的文字。

## 錨點

錨點是用來防止樣式要看過一大堆文字之後，才找到它要開始進行匹配的地方。它用來規定一個樣式只能在特定位置做匹配。如果樣式在指定的地方無法匹配成功，那整個匹配動作就會馬上失敗，節省掃描文字的時間。

^ 強制你的樣式一定只能在文字的開頭進行匹配，下面的範例會匹配成功，因為 *Hama* 在文字的開頭：

```
say 'Hamadryas perlicus' ~~ / ^ Hama /;  # 「Hama」
```

下面是試著在 ^ 後面匹配 *perl*，它會失敗的原因是樣式在文字的開頭匹配失敗：

```
say 'Hamadryas perlicus' ~~ / ^ perl /;  # Nil（失敗）
```

如果沒有放錨點的話，匹配的動作會沿著文字一直向後，在每個位置檢查是不是 *perl*。如果你明確的知道只想在開頭處匹配 *perl* 的話，這樣就會多做了不必要的工作（而且還有可能找到不想要的東西）。在開頭處如果匹配結果是失敗的，那整個工作就結束了。

$ 是指字串結尾的錨點，會在字串結尾處做類似的工作：

```
say 'Hamadryas perlicus' ~~ / icus $ /;  # 「icus」
```

下面的範例並不會匹配成功，因為在 *icus* 後面還有很多字：

```
say 'Hamadryas perlicus navitas' ~~ / icus $ /;  # Nil （失敗）
```

另外還有行首和行尾的錨點；前面講的是整段文字的開頭和結尾，它們之間有可能會不一樣。一行是以一個換行作為結束的地方，但換行可能是你整段文字中間的一個東西而已，如下方範例所示（還記得 here doc 會去掉縮排吧）：

```
$_ = chomp q:to/END/;    # chomp 移除最後一個換行
    Chorinea amazon
    Hamadryas perlicus
    Melanis electron
    END
```

行首錨點 ^^，規定只對行首的文字做匹配。下面範例中的兩種情況都可以匹配成功，因為 *Chorinea* 既是整段文章的開頭，也是第一行的開頭：

```
say m/ ^  Chorinea /;  # 「Chorinea」
say m/ ^^ Chorinea /;  # 「Chorinea」
```

同樣地，行尾錨點 $$，只對行尾的文字做匹配。下面範例中的兩種情況都可以匹配成功，因為 *electron* 既是整段文章的結尾，也是最後一行的結尾：

```
say m/ electron $  /;  # 「electron」
say m/ electron $$ /;  # 「electron」
```

*Hamadryas* 不會在整段文章開頭被匹配到，但是它在行首匹配會成功：

```
say m/ ^  Hamadryas /; # Nil
say m/ ^^ Hamadryas /; # 「Hamadryas」
```

同樣地，*perlicus* 不會在整段文章結尾被匹配到，但是它在行尾匹配會成功：

```
say m/ perlicus $  /;  # Nil
say m/ perlicus $$ /;  # 「perlicus」
```

## 條件

**字邊界**（*word boundary*）指的是在屬於一個 "word" 的字元後面有一個非屬 "word" 字元（兩者次序反過來也成立）。如果你覺得 word 字元指的是英文字母的話，會覺得上面那句話講有點模糊。這裡講的字，其實是指可以被 \w 匹配到的那些東西，即包含數字和其他的字。一個 Str 的開始和結束，算是非 word 字元。

---

### 練習題 16.7

請輸出所有非英文字母的 "word" 字元，請問它們一共有多少個？你可能會用到範圍 0 .. 0xFFFF 以及 .chr 方法。

---

用 <|w> 可以插入一個字邊界。假設你想要匹配到 *Hamad*。如果沒有指定字邊界的話，你將會匹配到 *Hamadryas*，但這樣的結果不是你要的。指定字邊界讓你可以取得獨立的字：

```
$_ = 'Hamadryas';
say m/ Hamad /;        # 「Hamad」
say m/ Hamad <|w> /;   # Nil
```

第二個樣式無法被匹配成功，因為 *Hamadryas* 中 *Hamad* 後面緊接著的是一個 word 字元（一個英文字母），下一個範例會匹配成功，因為 *Hamad* 後面是一個空白：

```
my $name = 'Ali Hamad bin Perliana';
say $name ~~ / Hamad <|w> /;   # 「Hamad」
```

一個獨立的字其兩端各有一個字邊界，下面範例將會試圖看看 *dry* 是不是一個獨立的字，它的兩邊是否各有一個字邊界。第一個樣式會失敗，因為它在一個更大的字中間：

```
$_ = 'Hamadryas';
say m/ <|w> dry <|w> /;  # Nil

$_ = 'The flower is dry';
say m/ <|w> dry <|w> /;  # 「dry」
```

若不想用 <|w>，你還可以使用 << 或 >> 指定非 word 字元應該存在的地方：

```
$_ = 'The flower is dry';
say m/ << dry >> /;  # 「dry」
```

箭頭方向可以任意寫，只要朝向非 word 字元即可：

```
$_ = 'a!bang';
say m/ << .+ >> /;   # 「a!bang」   - 貪婪
say m/ << .+? >> /;  # 「a」         - 非貪婪
say m/ >> .+ >> /;   # 「!bang」
say m/ >> .+ << /;   # 「!」
```

和字邊界定義相反的是 `<!|w>`，代表兩端的斷言必須是一樣的字元 —— 兩端同樣是 word 字元，或兩端同樣是 nonword 字元。結果就反過來了：

```
$_ = 'Hamadryas';
say m/ <!|w> dry <!|w> /;  # 「dry」

$_ = 'The flower is dry';
say m/ <!|w> dry <!|w> /;  # Nil
```

## 程式碼斷言

程式碼斷言（*code assertion*）可能是正規表達示中最令人驚艷，也最強大的部分了。藉由它，你可以查看當下發生什麼事，並用複雜的程式決定要不要接受發生的情況。如果你的程式碼最後評估結果為 True，那表示你接受該斷言，並讓樣式繼續匹配下去；不接受的話，則該樣式匹配失敗。

你為斷言寫的程式碼應該放在 `<?{}>` 中，你可以放入幾乎任何你想放的東西：

```
'Hamadryas' ~~ m/ <?{ put 'Hello!' }> /;   # Hello!
```

下面的範例不會匹配到 *Hamadryas* 中的任何字元，但它也不是一個 null 樣式（null 樣式是不合法的樣式），而是從斷詞的內部會輸出 Hello!：

```
put
    'Hamadryas' ~~ m/ <?{ put 'Hello!' }> /
        ?? 'Worked' !! 'Failed';
```

第一行是從斷言中輸出的：

```
Hello!
Worked!
```

若修改一下斷言，讓 False 變成最後一個述句：

```
put
    'Hamadryas' ~~ m/ <?{ put 'Hello!'; False }> /
        ?? 'Worked' !! 'Failed';
```

你會得到更多的輸出，這是因為程式碼斷言失敗了，所以將游標移動到後方的文字，然後會再試圖重新進行動作。每次動作程式碼斷言都會回傳 False，然後再繼續重試。它會持續一直做到 Str 結束為止：

```
Hello!
Hello!
Hello!
Hello!
Hello!
Hello!
Hello!
Hello!
Hello!
Failed
```

下面的範例更複雜一點。假設你只想要匹配偶數,你可以建立一個樣式,該樣式會在 Str 結尾處檢查最後一個字元是不是偶數:

```
say '538' ~~ m/ ^ \d* <[24680]> $ /;    # 「538」
```

有了程式碼斷言之後,你就不用管要匹配的偶數有哪些,只要它可以被 2 整除就好。把複雜的東西寫到程式碼中會讓樣式看起來更簡單,你想做什麼就更清楚了:

```
say '538' ~~ m/ ^ (\d+) <?{ $0 %% 2 }> /;
```

上面範例中有擷取的動作,而且文字也是可以被 2 整除的數,所以匹配成功:

```
「538」
 0 => 「538」
```

如果字元不是 ASCII 中的十進位數字,下列寫法一樣通用:

```
say '۱۳۸' ~~ m/ ^ (\d+) <?{ $0 %% 2 }> /;
```

甚至這樣寫也可以:

```
say '۱۳۸' ~~ m/ ^ (\d+) <?{ $0 %% ۲ }> /;
```

## 與 IPv4 位置匹配

試想若要用樣式去匹配以小數點分隔的 IP 位置之情況,這種 IP 位置有四個十進位數字,各自從 0 到 255,例如 127.0.0.1(loopback 位置)。你可以不用斷言就寫出一個能用的樣式,但你必須找到方法來限制數字的範圍才行:

```
my $dotted-decimal = rx/ ^
    [
    || [ <[ 0 1 ]> <[ 0 .. 9 ]> ** 0..2 ]    # 0 到 199
    || [
        2
```

```
        [
        || <[ 0 .. 4 ]> <[ 0 .. 9 ]>      # 200 到 499
        || 5 <[ 0 .. 5 ]>                 # 250 到 255
        ]
        ]
    ] ** 4 % '.'
    $
    /;

    say '127.0.0.1' ~~ $dotted-decimal;  #「127.0.0.1」
```

若想從文字中做數值匹配，代表你必須要很小心的處理每個字元的位置，這需要做大量的事，而且會用到你還沒學到的功能（馬上就會看到關於 "多樣式符合" 相關的內容）。如果改用程式碼斷言的話，就不需要這麼麻煩，程式碼斷言會查看你匹配到的文字，如果你接受的話，它就會告訴樣式你接受了：

```
my $easier = rx/
    ^
    ( <[0..9]>+: <?{ 0 <= $/ <= 255 }> ) ** 4 % '.'
    $
    /;
```

範例程式碼中的斷言是 <?{ 0 <= $/ <= 255 }>，斷言中的 $/ 僅代表該層括號中已匹配到的 Match 物件，這樣的寫法讓你在匹配數字時比較有靈活性，因為程式碼斷言將會檢查數字範圍，所以你可以不關心匹配到的數字是 4,5 還是 20。

如果匹配數字後程式碼斷言回傳失敗，你也不會想要吐回一些數字，然後再次嘗試。因為你知道下一個東西一定是用來分隔數字的 .，所以，為了要避免回溯，請用 : 修改量詞 +。對於能正確匹配的情況來說，並不會用到這個東西，但是如果匹配最終結果是失敗的話，這樣寫有助於減少工作量。

% 修改了量詞 **4，使得四組數字之間必須出現 . 才行。

# 多個可行樣式

有時一個位置的東西允許用數種不同的樣式匹配的話，此時就要用 "多樣式符合"（*alternation*）來描述這種情況。可選擇的特性有兩種：它可以匹配第一個符合的樣式，也可以匹配最長的樣式。

## 選擇最先匹配樣式

如果你在其他語言中使用過 regex，你大概已經習慣寫在最左邊的樣式會最先被選取了。在多個可用樣式間使用 ||，可以做出這種邏輯：

```
my $pattern = rx/ abc || xyz || 1234 /;
```

不管是 abc、xyz 或 1234 都可以成功匹配：

```
my @strings = < 1234 xyz abc 789 >;
for @strings {
    put "$_ matches" if $_ ~~ $pattern;
    }
```

前面三個樣式會被成功匹配，因為它們均至少符合一個樣式：

```
1234 matches
xyz matches
abc matches
```

多樣式符合有一個有趣的特性：你可以用一個 || 當作樣式開頭，而且不在它前面寫任何東西。這樣寫的樣式和前面是等效的，也不會為最前面去建立一個空的樣式：

```
my $pattern = rx/ || abc || xyz || 1234 /;
```

如果將多個可用樣式拆開寫到不同行，會比較好讀。我們重排過的樣式以 || 開頭，排得整整齊齊，如此一來就算你刪去其中的幾行也不會影響到其他的樣式：

```
my $pattern = rx/
    || abc
    || xyz
    || 1234
    /;
```

若不把 || 放在樣式中間，你也可以將 || 放在所有條件的前面，如下面例子中，直接在樣式中使用 Array：

```
my $pattern = rx/ || @(<abc xyz 1234>) /;
```

將 || 放在變數前面，效果也是一樣的：

```
my @variable = <abc xyz 1234>;
my $pattern = rx/ || @variable /;
```

你个能對該 Array 內容做修改，因為樣式在進行匹配時，會去取用匹配當下 Array 的值。在下面的範例中，定義樣式時，Array 的最後一個元素是 1234，然後在使用樣式之前，你改變 Array 最後一個元素：

```
my @strings = < 1234 xyz abc 56789 >;
my @variable = <abc xyz 1234>;
my $pattern = rx/ || @variable /;

put "Before:";
for @strings {
    put "\t$_ matches" if $_ ~~ $pattern;
    }

# 做完樣式以後才改變陣列值
@variable[*-1] = 789;

put "After:";
for @strings {
    put "\t$_ matches" if $_ ~~ $pattern;
    }
```

輸出顯示你使用變數當前的值進行匹配，而不是使用樣式被建立時的值。下面是你修改 Array 前後，產出的不同結果：

```
Before:
    1234 matches
    xyz matches
    abc matches
After:
    xyz matches
    abc matches
    56789 matches
```

---

## 練習題 16.8

請將蝴蝶調查檔案中，屬名裡有 *Lycaena*、*Zizeeria* 和 *Hamadryas* 的行輸出，請問你找出多少生物？

---

# 最長 token 匹配

樣式中若有多個樣式符合條件時，其中一些比較有機會被匹配。若是不想讓它挑取最早出現的樣式，你可以令匹配運算子做完所有的樣式，然後試著去找出 "最好" 的一個。這個行為一般被稱為 **最長** *token* **匹配**（*longest token matching*，*LTM*），只是在此處是要找最好的，而它卻不一定是最長的。

使用最長 token 匹配時，可用樣式以 | 分隔，如下面範例寫出來的樣式，每一個可用樣式都會進行匹配，最先被匹配到的是一個 a，然而 "最好的" 卻是 abcd。你可以從輸出看到匹配的結果：

```
my $pattern = rx/
    | a
    | ab
    | abcd
    /;

say 'abcd' ~~ $pattern;  # 「abcd」
```

Array 變數的用法和前面講 || 時的範例一樣：

```
my @variable = <a ab abcd>;
my $pattern = rx/ | @variable /;

say 'abcd' ~~ $pattern;  # 「abcd」
```

是什麼造成了優先匹配的情況呢？其實這是有規範存在的。越長的 token 被認為越好，於是這裡就產生了一個問題，這裡的長度不是指被匹配到的文字有多長，而是指樣式的長度。

接下來我所要討論的，你大概不太會想知道。一個樣式可以同時有**宣告型**（*delcarative*）和**流程型**（*procedural*）元素。簡單來說，樣式中的某個部分僅描述一些文字，而另外的部分則強制匹配運算子做一些事情。如 abc 是宣告型，而寫 inline 程式碼的 {} 則是一個流程型動作。

請看下面的範例，有可能匹配到最長的目標字串是 *Hamadry*，而在第一個可用樣式中，夾了一個 inline 程式碼區塊 {True}。第二個可用樣式只寫了 Hamad，但它被選中了：

```
say 'Hamadryas perlicus sixus' ~~ m/
    | Hama{True}dry
    | Hamad
    /;  # 「Hamad」
```

當匹配運算子面臨決定要先用誰時，它會看樣式中擁有最長 token 的部分，第一個 token 被看到的是 Hama，而第二個則是 Hamad，所以這就讓第二個 token 變成了最長的 token。一切都和樣式的長度有關，和目標文字的長度無關（請忽略你還沒讀到什麼叫一個 token）。

有時兩個樣式中，會有長度相同的 token，就像以下這兩個可用樣式。第一個擁有一個字元組合，而第二個擁有字母 *d*，此時更精確的一個會被選中（寫字母的那個）：

```
$_ = 'Hamadryas perlicus sixus';

say 'Hamadryas perlicus sixus' ~~ m/
    | Hama<[def]>{put "first"}
    | Hamad        {put "second"}
    /;  #「Hamad」
```

上面範例程式中的程式區塊只是用來說明哪一個是 "最好" 的樣式：

```
second
「Hamad」
```

若將兩個樣式次序對調，還是一樣看到更精確的那個被選中了：

```
$_ = 'Hamadryas perlicus sixus';

say 'Hamadryas perlicus sixus' ~~ m/
    | Hamad        {put "first"}
    | Hama<[def]>{put "second"}
    /;  #「Hamad」
```

現在排在第一個的樣式比較精確，它就是 "最好" 的：

```
first
「Hamad」
```

那麼到底什麼算是一個 *token* 呢？它是程序型東西之外的最長連續樣式。然而，當我在寫這本書時，文件刻意不去定義它。必須對這個語言內部有深入的認識，才能瞭解它，由於它是一個又大又長的主題，所以我也不去談它，不過 Jeffrey E.F. Friedl 寫的 *Mastering Regular Expressions*（O'Reilly）可以告訴你大部分你需要知道的東西，也許該書可以解答你的疑惑。

講了這麼多，都是在談匹配運算子會去查看每個以 | 分隔的可用樣式，並選擇它認為的最好匹配。而匹配運算子不一定依你輸入的順序去選取樣式。

## 本章總結

在這一章中，你看過最常用的 regex 功能，這些功能可以解決你大部分關於樣式的問題。你可以重複使用一個樣式中的某部分、擷取部分文字、定義多個可行樣式，以及在樣式中撰寫指定條件。樣式能幫你做到的功能還有很多，請練習你在本書中讀到的內容，並深入研究官方文件來學習更多相關知識。

# 第十七章

# 文法

文法（*Grammar*）比樣式再高一級，它可以整合與重用樣式片段去解析複雜的格式。從字面上來講，這個功能是 Perl 6 語言的核心；畢竟語言本身就是靠文法進行實作的。一旦你開始使用它以後，除了最簡單的問題之外，你可能會變成更偏愛使用文法而不是 regex。

## 一個簡單的文法

文法可以說是一種特殊的套件，它可含有方法和副程式，但主要是由 regex、token 和 rule 這樣的樣式方法組成。上述的東西都可以定義出一個樣式，也可以套用各種修飾符號。

 Perl 6 傾向把 regex、token 和 rule 的宣告稱為 "規則"（rule），這有時可能不太精確。在本書中，你可以透過字體設定看出語言關鍵字和一般名稱差異，我將會試著把它們分清楚。

讓我們從一些簡單的部分開始看（對文法來說是簡單過頭了），定義一個叫 TOP 的樣式，用來匹配目標文字開頭的數字。這個名稱是特殊名稱，因為 .parse 呼叫的預設就是使用它。在下面的範例中，你宣告它為 regex：

```
grammar Number {
    regex TOP { \d }
    }
```

```
my $result = Number.parse( '7' );  # 可用

put $result ?? 'Parsed!' !! 'Failed!';  # Parsed!
```

執行結果是成功的，.parse 將文法套用到整個值，也就是 7 上面。然後依 TOP 描述的部分開始做，該描述能夠匹配一個數字，然而你傳給 .parse 的就是一個數字。

在 .parse 成功後，它會回傳一個 Match 物件（如果失敗的話，它會回傳 Nil）。假設改傳給它多個數字：

```
my $result = Number.parse( '137' );  # 失敗（數字過多）

put $result ?? 'Parsed!' !! 'Failed!';  # Failed!
```

這回 .parse 沒有成功，它在開始匹配了第一個字元後，就不再匹配後面字元。它堅持在目標文字的開頭，要有一個數字字元，然後目標文字就必須結束。如果 .parse 在匹配後，看後面還有字元的話，它就會失敗。它要嘛將目標文字全部匹配，不然就失敗。它幾乎和顯示的使用錨點是一樣的：

```
grammar Number {
    regex TOP { ^ \d+ $ }  # 顯式地使用錨點
    }
```

在文法中，雖然預設是使用 TOP 當作起始點，你仍可以要求 .parse 改為使用你指定的起始點。下面這個版本定義了一個和 TOP 相同的樣式，取名為 digits，用來取代 TOP：

```
grammar Number {
    regex digits { \d+ }
    }
```

用具名引數 :rule 告訴 .parse 要從哪裡開始工作：

```
my @strings = '137', '137 ', ' 137 ';

for @strings -> $string {
    my $result = Number.parse( $string, :rule<digits> );
    put "「$string」", $result ?? 'Parsed!' !! 'Failed!';
    }
```

由於 @strings 的第一個元素中只有數字，所以它通過了 .parse，其他的因為有多餘的字元，所以都失敗了：

```
「137」parsed!
「137 」failed!
「 137 」failed!
```

將 digits 從原來的 regex 宣告，改為以 rule 宣告。下面的範例修改以後，就允許空白出現在樣式後面：

```
grammar Number {
    rule digits { \d+ }    # 沒有用錨點，可用
}
```

現在因為空白可以出現在後面（前面不行），所以第二個 Str 也匹配成功了：

```
「137」 parsed!
「137 」 parsed!
「 137 」 failed!
```

下面的 rule 在樣式中放了 :sigspace，這和對樣式使用副詞 :sigspace 是一樣的：

```
grammar Number {
    regex digits { :sigspace \d+ }
}
```

:sigspace 會在樣式 token 後面插入預定義的 <.ws>，由於 ws 前面有一個點，所以 <.ws> 不會建立擷取，它的作用和顯式地加入允許空白是一樣的：

```
grammar Number {
    regex digits { \d+ <.ws> }
}
```

與其顯示 Parsed!，在執行成功時，你可以輸出存在 $result 變數中的 Match 物件：

```
grammar Number {
    regex digits { \d+ <.ws> }
}

my @strings = '137', '137 ', ' 137 ';

for @strings -> $string {
    my $result = Number.parse( $string, :rule<digits> );
    put $result ?? $result !! 'Failed!';
}
```

輸出的結果沒有太大差異，只是除了看到成功訊息之外，你還可以看到被匹配的文字：

```
「137」
「137 」
Failed!
```

請修改文法,將 <.ws> 中的點拿掉,這樣一來它就會去擷取空白,請再執行以下的範例:

```
grammar Number {
    regex digits { \d+ <ws> }
    }
```

現在,輸出顯示了具名擷取的巢式層級:

```
「137」
 ws =>「」
「137 」
 ws =>「 」
Failed!
```

這樣還是不會去匹配到 Str 開頭的空白。解析器不會去匹配開頭空白的原因,是因為 rule 只將 <.ws> 插入到樣式的後方。所以,若要匹配開頭的空白,你還需要在樣式的開頭加上一點東西。此時代表字串開頭的錨點就派上用場了,只要將 <.ws> 寫在它後面即可:

```
grammar Number {
    rule digits { ^ \d+ }    # ^ <.ws> \d+ <.ws>
    }
```

另外,也有允許零長度匹配的 token <?>:

```
grammar Number {
    rule digits { <?> \d+ }  # <?> <.ws> \d+ <.ws>
    }
```

大部分時候你不會想要這麼多花招。如果想要開頭的空白,你可以顯式地把它寫出來就好(而且你通常也不會想去擷取它):

```
grammar Number {
    rule digits { <.ws> \d+ }  # <.ws> \d+ <.ws>
    }
```

若用 token 取代 rule 的話,代表你不想要任何的空白:

```
grammar Number {
    token digits { \d+ }  # 只要數字
    }
```

你將會在本章後面的內容看到 rule 和 token 的另外一個功能。

---

**練習題 17.1**

請寫一個可以匹配八進位數字的程式，不論八進位數字前面有沒有寫 0 或 0o。
你的程式應該要能解析出像 123、0123 以及 0o456 這類數字，但不能解析像 8、
129 或 345 這類數字。

---

# 多個 rule

如果你只想用一個 rule 的話，就顯不出文法的好用之處。你可以在一個 rule 中定義其他
的 rule，並使用它們。在第一個練習題中，你只有使用到 TOP rule，但你可以將樣式拆成
數個部分，把原來在 TOP 中的樣式拆解成為 prefix 和 digits 用的 rule。這種可拆解性就
是文法為何能解決困難的解析問題之原因：

```
grammar OctalNumber {
    regex TOP         { <prefix>? <digits>  }
    regex prefix      {  [ 0o? ]  }
    regex digits      { <[0..7]>+ }
    }

my $number = '0o177';
my $result = OctalNumber.parse( $number );
say $result // "failed";
```

字串化過的 Match 物件顯示所有匹配結果以及具名子擷取：

```
「0o177」
 prefix => 「0o」
 digits => 「177」
```

你可以存取指定的部分：

```
put "Prefix: $result<prefix>";
put "Digits: $result<digits>";
```

---

### 練習題 17.2

建立一個用來匹配 Perl 6 中帶印記變數名稱的文法（請忽略不帶印記的變數，
因為太簡單了）。使用數個 rule 去匹配印記以及變數名稱部分。以下提供幾個
變數名稱，這樣你就不用自己去想了：

```
my @candidates = qw/
    sigilless   $scalar   @array     %hash
    $123abc     $abc'123 $ab'c123
    $two-words $two-     $-dash
    /;
```

---

你可以將一個點放在 rule 前面，除去那些以具名擷取到的東西。由於在我們的範例中，
你大概也不想管前綴文字，所以也就不用存下來：

```
grammar OctalNumber {
    regex TOP        { <.prefix>? <digits> }
    regex prefix     { [ 0o? ]  }
    regex digits     { <[0..7]>+ }
    }

my $number = '0o177';
my $result = OctalNumber.parse( $number );
say $result // "failed";
```

輸出的結果不含前綴資訊：

```
「0o177」
 digits => 「177」
```

在這個小範例中，這樣看不出來差多少，但請想像一下，如果一個複雜的文法擁有許多
rule 的話，就可以讓你看到文法的威力了。除了文法之外，你還可以指定一個 *action* 類
別，在文法成功解析出東西時，action 類別可以對 rule 進行處理。

## 文法除錯

在你的文法出錯時，有兩個模組可以幫助你找到問題，這兩種模組在端終機中表現
很好。

# Grammar::Tracer

Grammar::Tracer 模組會將文法處理的過程顯示給你看（在它辭法範圍內的所有文法都會顯示），只要載入該模組就可以使用了：

```
use Grammar::Tracer;

grammar OctalNumber {
    regex TOP           { <prefix>? <digits>  }
    regex prefix        {  [ 0o? ]  }
    regex digits        { <[0..7]>+ }
    }

my $number = '0o177';
$/ = OctalNumber.parse( $number );
say $/ // "failed";
```

輸出的第一個部分是追蹤，其顯示正在用什麼 rule 以及執行結果。在我們的範例中，每個 rule 都有自己的匹配結果：

```
TOP
|   prefix
|   * MATCH "0o"
|   digits
|   * MATCH "177"
* MATCH "0o177"
「0o177」
 prefix => 「0o」
 digits => 「177」
```

若我們將輸入的資料改為一個像 0o178 這樣內含一個不合法的數字，則文法就會執行失敗。在追蹤中你就可以看到它匹配到 0o17 就停下來，不再繼續，這樣一來你就知道在你的 Str 中，哪裡出錯了。可能是對文字用了不對的文法，或是文法本身寫得不通：

```
TOP
|   prefix
|   * MATCH "0o"
|   digits
|   * MATCH "17"
* MATCH "0o17"
digits
* FAIL
digits
* MATCH "0"
failed
```

若不想在程式中加入 Grammar::Tracer，你可以從命令列以 -M 開關載入它：

```
% perl6 -MGrammar::Tracer program.p6
```

## Grammar::Debugger

Grammar::Debugger 模組做的事情和 Grammar::Tracer 一樣（它們來自同一個發行），只差在 Grammar::Debugger 模組每次只讓你處理一步。當你執行它以後你會看到一個提示字元；鍵入 h 可以看到命令列表：

```
% perl6 -MGrammar::Debugger test.p6
TOP
> h
    r               run (until breakpoint, if any)
    <enter>         single step
    rf              run until a match fails
    r <name>        run until rule <name> is reached
    bp add <name>   add a rule name breakpoint
    bp list         list all active rule name breakpoints
    bp rm <name>    remove a rule name breakpoint
    bp rm           removes all breakpoints
    q               quit
```

如果不鍵入任何命令，直接按 Enter 的話，就可單步執行解析程序，然後讓你查看文字和解析器的狀態。而 rf 命令直接帶你看下一個失敗的 rule：

```
> rf
| prefix
| * MATCH "0o"
| digits
| * MATCH "17"
* MATCH "0o17"
digits
* FAIL
>
```

# 一個簡單的 Action 類別

文法是靠它內部的 rule 去拆解文字。你可以反過來做，靠著一堆解析完的文字，建出一個新 Str（或資料結構，或任何你想要的東西）。你可以要求 .parse 使用 action 類別來做到這件事。

下面的範例是一個簡單的 action 類別——OctalActions。它的名字不必和文法的名字一樣，但它的方法名字要和文法 rule 名字一致。它的每個方法都接受一個 Match 物件作為引數。在下面的範例中，宣告時使用了 $/，等一下你會看到，它是一個具有數個優點的變數：

```
class OctalActions {
    method digits ($/) { put "Action class got $/" }
    }

grammar OctalNumber {
    regex TOP          { <.prefix>? <digits>  }
    regex prefix       { [ 0o? ]  }
    regex digits       { <[0..7]>+ }
    }
```

利用 :actions 名稱參數告訴 .parse 要使用哪一個類別。指定的名字不必和文法的名字相同：

```
my $number = '0o177';
my $result = OctalNumber.parse(
    $number, :actions(OctalActions)
    );
say $result // "failed";
```

該 action 類別做的事不多，當 digits rule 成功地匹配後，它會觸發在 action 類別中同名字的 rule。而在我們的範例中，被觸發的 rule 只輸出引數：

```
Action class got 177
「0o177」
 digits => 「177」
```

---

### 練習題 17.3

請使用 OctalNumber 文法，實作你自己的 action 類別。當 digits 方法匹配時，請以十進位輸出匹配到的數字，此處你可能會用到 Str 中的 parse-base 副程式。有一個進階的練習，請將標準輸入的每一行取得一個數字，並將這些數字轉成十進位。

# 建立抽象語法樹

action 類別不應該直接輸出資訊，你該做的是將值加到 Match 物件中。在 action 方法中呼叫 make，將一個值送到**抽象語法樹**（*abstract syntax tree*，或稱 .ast）的 Match 物件中對應的 slot 去。你可以用 .made 取出樹中的內容：

```
class OctalActions {
    method digits ($/) {
        make parse-base( ~$/, 8 )  # 必須要字串化 $/
        }
    }

grammar OctalNumber {
    regex TOP        { <.prefix>? <digits>  }
    regex prefix     { [ 0o? ]  }
    regex digits     { <[0..7]>+ }
    }

my $number = '0o177';
my $result = OctalNumber.parse(
    $number, :actions(OctalActions)
    );
put $result ??
    "Turned 「{$result<digits>}」 into 「{$result<digits>.made}」"
    !! 'Failed!';
```

make 是將東西放在 Match 物件 .ast 的 slot 中，而 .made 是將它取出。你可以 make 任意東西，包括容器、物件以及其他任何你想到的東西。文字匹配的部分仍然和原來一樣。

在前一個範例中，action 的 digits 處理了一個該值，也可以改為在 action 方法 TOP 中處理，但就會放在 Match 物件下的第一層級中。

```
class OctalActions {
    method digits ($/) {
        make parse-base( ~$/, 8 )  # 必須要字串化 $/
        }
    }

grammar OctalNumber {
    regex TOP        { <.prefix>? <digits>  }
    regex prefix     { [ 0o? ]  }
    regex digits     { <[0..7]>+ }
    }

my $number = '0o177';
```

```
my $result = OctalNumber.parse(
    $number, :actions(OctalActions)
    );
put $result.so ??
    "Turned「{$number}」into「{$result.made}」"
    !! 'Failed!';
```

你不一定要在宣告處使用 $/；這麼用只是為了方便，沒有規定一定要用它。如果你喜歡看到變數名稱的話，你也可以使用其他的變數：

```
class OctalActions {
    method TOP ($match) { make parse-base( ~$match<digits>, 8 ) }
    }
```

---

### 練習題 17.4

請建立一個文法，用該文法來解析一個由四個部分組成並以逗點分隔的 IP 位置，例如 **192.168.1.137**。建立一個 action 類別，這個 action 類別將解析的結果轉為 32 位元的數值，然後以十六進位輸出該 32 位元數值。

---

## 棘輪效應

rule 和 token 有一個 regex 沒有的特性；它們都藉由隱式地指定副詞 :ratchet 以達到防止回溯的目的。一旦其中一個 rule 成功匹配，就算是文法後面出了錯，也不會回溯嘗試再度匹配其他的 rule。

下面的範例是我瞎寫的文法，這個文法中含有一個叫 <some-stuff> 的 rule，這個 rule 可以匹配一到多個任意字元。而 TOP token 則是想要匹配到被某種東西包圍住的數字：

```
grammar Stuff {
    token TOP { <some-stuff> <digits> <some-stuff> }
    token digits      { \d+ }
    token some-stuff  { .+  }
    }
```

下面的 字串 有可能滿足上方的樣式，它有一些字元、一些數字，然後接著更多字元：

```
my $string = 'abcdef123xyx456';
```

不過 Stuff 文字卻解析失敗：

```
my $result = Stuff.parse( $string );
put "「$string」", $result ?? 'Parsed!' !! 'Failed!'; # Failed!
```

這個失敗是因為 :ratchet 造成的，讓我們看看它到底為何失敗。TOP 裡首先會試著去匹配 <some-stuff>，它可以匹配任何字元，重複一到多次，而且是貪婪式的一也就是說它會將整段文字匹配到結束。TOP 接著會試圖去匹配 <digits>，但由於前面的貪婪，所以此時已無任何東西可以匹配了。如果沒有 :ratchet 的話，樣式有機會可以回捲一些用過的字元，但用了 :ratchet 的話，就不會回捲。最終，文法無法完成 TOP 中後面的匹配，所以文法解析失敗。

如果沒有 :ratchet 的話，情況就完全不一樣了，如果你不用 token 而改用 regex 的話，即允許文法可以吐回幾個已匹配的字元：

```
grammar Stuff {
    # regex 沒有棘輪效應
    regex TOP { <some-stuff> <digits> <some-stuff> }
    token digits      { \d+ }
    regex some-stuff  { .+  }
}
```

改掉以後就可以成功匹配了，TOP 在成功匹配 <some-stuff> 之際，也同時知道它用完了所有的文字，所以它會開始回溯。文法中所有的部分，如果允許回溯的話，就請用 regex。而且，只讓 TOP 回溯是不夠的，<some-stuff> 也要允許回溯。

# 解析 JSON

在 *Mastering Perl* 一書中，我曾提過一個由 Randal Schwartz 建立的 JSON 解析器，這個解析器中使用了一些 Perl 5 正規表達式的進階技巧。他的實作中大部分是文法，但不得不在解析時合併使用一些 action，這樣的做法讓正規表達式變得難以理解。如果用 Perl 6 的文法改寫的話，程式碼就會變得很乾淨，也容易修改。

除了少數幾個怪東西要特別處理之外，JSON 其實是一個很簡單的東西，但它卻可以讓你看到如何使用 proto rule 來簡化 action：

```
grammar Grammar::JSON {
    rule TOP                { <.ws> <value> <.ws> }

    rule object             { '{' ~ '}' <string-value-list> }
    rule string-value-list  { <string-value> * % ',' }
    token string-value      { <string> <.ws> ':' <.ws> <value> }

    rule array              { '[' ~ ']' <list> }
    rule list               { <value> * % ',' }

    token value             {
        <string> | <number> | <object> | <array> |
        <true> | <false> | <null>
        }

    token true  { 'true'  }
    token false { 'false' }
    token null  { 'null'  }

    token string {
        (:ignoremark \" ) ~ \"
        [
            <u_char>                  |
            [ '\\' <[\\/bfnrt"]> ] |
            <-[\\\"\n\t]>+
        ]*
        }

    token u_char {
        '\\u' <code_point>
        }

    token code_point { <[0..9a..fA..F]>**4 }

    token number {
        '-' ?
        [ 0 | <[1..9]><[0..9]>* ]
        [ '.' <[0..9]>+ ]?
        [ <[eE]> <[+-]>? <[0..9]>+ ]?
        }
    }
```

你可能會驚訝文法怎麼可以這麼簡單又短，它幾乎把 RFC 8295（*https://trac.tools.ietf. org/html/rfc8259*）中規範的文法寫出來而已。接下來，讓我們幫這個文法建立 acton：

```
class JSON::Actions {
    method TOP ($/) { make $<value>.made }
    method object ($/) {
        make $<string-value-list>.made.hash.item;
        }
    method array ($/) {
        make $<list>.made.item;
        }

    method true      ($/) { make True }
    method False     ($/) { make False }
    method null      ($/) { make Nil }

    method value     ($/) { make (
        $<true> || $<false> || $<null> || $<object> ||
        $<array> || $<string> || $<number> ).made
        }

    method string-value-list ($/) {
        make $<string-value>>>.made.flat;
        }

    method string-value ($/) {
        make $<string> => $<value>
        }

    method list       ($/) { make ~$/ }
    method string     ($/) { make $<uchar>.made || ~$/ }

    method u_char     ($/) { make $<code_point>.made }
    method code_point ($/) { make chr( (~$/).parse-base(16) ) }
    method number     ($/) { make +$/ }
    }
```

請看 value 中那笨拙的處理，幾乎任何東西都可以是一個值，所以 action 的方法只好做一些笨拙的工作來找出剛才匹配的東西。它會查看任何可能的子匹配，看看哪一些有定義好的值。好吧！即使作為一個初版可用的東西，也看起來也蠻笨的（雖然和遙遠的聰明相比，馬上可以派上用場的愚蠢還是有一定的價值）。

proto rule 可以解決這個問題，它定義幾個同名但帶不同樣式的子 rule，不再受困在多種可能，你只要為每一種可能定義一個 token 即可：

```
proto token value { * }
token value:sym<string> { <string> }
token value:sym<number> { <number> }
token value:sym<object> { <object> }
token value:sym<array>  { <array>  }
token value:sym<true>   { <sym>    }
token value:sym<false>  { <sym>    }
token value:sym<null>   { <sym>    }
```

第一個 proto rule 會匹配 *，實際的意義是它會分派工作給群組中的其他 rule。它可以分派工作給所有 rule，並找到可用的是哪一個。

有些 rule 在樣式中使用了特別的 <sym> 子 rule，這代表 rule 的名稱是要進行匹配的文字。例如 proto rule <true> 就是要匹配文字 true，這樣就不用在名字和樣式中將它打出來。

不用管是哪一個 rule 進行匹配；文法會以 $<value> 呼叫子 rule。父 rule 只知道有值被匹配出來了，而且子 rule 搞定了一切。然後 action 類別將正確的值 make，並儲存到 Match 中：

```
class JSON::Actions {
    method TOP      ($/) { make $<value>.made }
    method object ($/) { make $<string-value-list>.made.hash.item }

    method string-value-list ($/) { make $<string-value>>>.made.flat }
    method string-value      ($/) {
        make $<string>.made => $<value>.made
        }

    method array   ($/) { make $<list>.made.item }
    method list    ($/) { make [ $<value>.map: *.made ] }

    method string      ($/) { make $<uchar>.made || ~$/ }

    method value:sym<number> ($/) { make +$/.Str }
    method value:sym<string> ($/) { make $<string>.made }
    method value:sym<true>   ($/) { make Bool::True  }
    method value:sym<false>  ($/) { make Bool::False }
    method value:sym<null>   ($/) { make Any }
    method value:sym<object> ($/) { make $<object>.made }
    method value:sym<array>  ($/) { make $<array>.made }

    method u_char      ($/) { make $<code_point>.made }
```

```
method code_point ($/) { make chr( (~$/).parse-base(16) ) }
}
```

---

### 練習題 17.5

實作你自己的 JSON 解析器（可以複製任何你想用的程式碼去用）。用它來測試一些 JSON 檔案，看看它運作得如何。你可以用 *https://github.com/briandfoy/json-acceptance-tests* 上的 JSON 檔進行測試。

---

## 解析 CSV

讓我們來解析一些以逗號分隔值（*CSV*）的檔案，由於這種檔案沒有標準（除了 RCF 4180（*https://tools.ietf.org/html/rfc4180*）），所以不是太容易。而 Microsoft Excel 的做法和其他公司的軟體也有一些不同之處。

新手常常會誤認為只要把逗號中間的資料取出就可以了，但逗號也有可能是資料的一部分。引號也有可能是資料的一部分，但有一些軟體會用兩個 "" 去進行脫逸，而另外一個軟體可能使用 \ 進行脫逸。大家通常會假定這種資料是一行一行的，但有些軟體又允許垂直空格。若是這些還不夠讓你覺得難做的話，你還可以思考一下，如果一行中的欄位比其他行的少（或多）時，該怎麼辦？

請不要依上述的條件去做 CSV 的解析，請用 Text::CSV 模組，它不只可以解析 CSV 格式，而且也一直在修正問題中。

仍然想要試做一下嗎？你應該會發現文法有機會解決上述問題：

* 棘輪效應可以讓事情變簡單。

* 處理兩端都有的符號很容易（像括號之類的東西）。

* 文法可以繼承其他的文法，所以你可以依資料去調整文法，而不用將所有資料處理都寫在同一個文法中。

- 你之前已經用過 action 類別，但你用另外一個 action 實際去記住未能匹配的資料。

- 有一個叫做 .subparse 的方法，讓你可以解析出一批資料，這樣你就可以在裡面逐筆處理。

在 RFC 4180（*https://tools.ietf.org/html/rfc4180*）裡有一些 CSV 文法的基本規則，它允許用 "" 去脫逸括號。如果在資料裡有逗號、括號或垂直空白的話，也要進行脫逸：

```
grammar Grammar::CSV {
    token TOP       { <record>+ }
    token record    { <value>+ % <.separator> \R }
    token separator { <.ws> ',' <.ws> }
    token value     {
        '"'             # 括號類
            <( [ <-["]> | <.escaped-quote> ]* )>
        '"'

        |
        <-[",\n\f\r]>+  # 非括號（不含垂直空白）
        |
        ''              # 空白
    }

    token escaped-quote { '""' }
}

class CSV::Actions {
    method record ($/) { make $<value>».made.flat }
    method value ($/)  {
        # 除去兩個雙引號
        make $/.subst( rx/ '""' /, '"', :g )
    }
}
```

請將範例套用在一整個檔案上，整個檔案可能解析得出來，也有可能解析不出來：

```
my $data = $filename.IO.slurp;
my $result = Grammar::CSV.parse( $data );
```

一般來說，你通常不會想要解析整個檔案。讓我們開始修正這個問題的前半段，使它只在碰到記錄時才處理。用 .subparse 取代 .parse，.parse 會將錨點放在文字的最尾端但是 .subparse 不會。這表示你可以只解析想要的一部分文字，然後就可以停止動作。

你可以逐筆處理記錄，將 .subparse 搭配 record rule 使用，它會讓你抓取到第一筆記錄。和 .parse 不同的一個地方是，.subparse 方法永遠都會回傳一個 Match，而 .parse 只會在成功時回傳 Match，所以你無法從回傳的物件型態看出動作是否成功：

```
my $data = $filename.IO.slurp;
my $first_result = Grammar::CSV.subparse(
    $data, :rule('record'), :action(CSV::Actions)
    );
if $first-result { ... }
```

要從第一行開始解也是可以的，使用 :c(N) 告訴這些方法從 Str 的某處開始動作。你必須知道你要開始的地方在哪，Match 會從 .from 位置查看，才知道自己要跳過多少東西：

```
my $data  = $filename.IO.slurp;

loop {
    state $from = 0;
    my $match = Grammar::CSV.subparse(
        $data,
        :rule('record'),
        :actions(CSV::Actions),
        :c($from)
        );
    last unless $match;

    put "Matched from {$match.from} to {$match.to}";
    $from = $match.to;
    say $match;
    }
```

大部分的解決方案都會在 .subparse 解析某條記錄失敗後，宣告整個解析失敗。但透過一些簡單的動作，你可以解決這個問題，讓解析器找到跳出問題的下一行，然後重新開始解析。不過這些動作已超過本書的範圍了。

## 調整文法

在當你以為問題都解決了，此時某人寄了一個稍有不同的檔案給你，原來的檔案用 "" 去脫逸 "，但新的檔案中，卻是用反斜線進行脫逸。

現在你手上的文法無法解析該檔案了，由於之前在你的文法中並不需要，所以你沒有可用的 rule 滿足新的脫逸方法。實務上，在這兩種樣式和文法中只會有一種匹配。但仍要保持著其他的可能性隨時可能出現的態度，例如可建立子文法去處理新的脫逸方法：

```
grammar Grammar::CSV::Backslashed is Grammar::CSV {
    token escaped-quote { '\\"' }
    }

class CSV::Actions::Backslashed is CSV::Actions {
    method value ($/)  { make $/.subst( rx/ '\\"' /, '"', :g ) }
    }
```

現在有兩種文法了，那你怎麼知道該用哪一種呢？此時就可以利用名稱取代 ::(*$name*)來解決：

```
my %formats;
%formats<doubled> = {
    'file'    => $*SPEC.catfile( <corpus test.csv> ),
    'grammar' => 'Grammar::CSV',
    };
%formats<backslashed> = {
    'file' => $*SPEC.catfile( <corpus test-backslash.csv> ),
    'grammar' => 'Grammar::CSV::Backslashed',
    };

for %formats.values -> $hash {
    $hash<data> = $hash<file>.IO.slurp;
    my $class = (require ::( $hash<grammar> ) );
    my $match = $class.parse( $hash<data> );
    say "{$hash<file>} with {$hash<grammar>} ",
        $match ?? 'parsed' !! 'failed';
    }
```

由 Hash 組成的 **%formats** Hash 裡面儲了檔案名稱以及適用的文法。如此一來，你就可以載入一個文法並用它來解析資料，不用再指定文法名稱：

```
corpus/test.csv with Grammar::CSV parsed
corpus/test-backslash.csv with Grammar::CSV::Backslashed parsed
```

這樣大致上是解決了這個問題，雖然這裡還是有一堆特殊狀況沒有處理。

# 在文法中使用 Role

Role 能提供一些 rule 和方法給文法用，在前一個小節中，你透過繼承去處理兩種不同的脫逸，當時你覆寫了 rule，現在你可以利用 role 做到一樣的事。

文法中有方法和副程式，藉由你宣告 sub、method 或是 rule，語言解析器（不是指你的文法！）就會知道如何解析在所屬 Block 中的東西。

首先，請調整主要的文法，讓它擁有一個新的虛擬方法 <escaped-quote>。定義了這虛擬方法以後，就會強制某個東西一定要去定義它的內容：

```
grammar Grammar::CSV {
    token TOP        { <record>+ }
    token record     { <value>+ % <.separator> \R }
    token separator { <.ws> ',' <.ws> }
    token value      {
        '"'              # 括號
            <( [ <-["]> | <.escaped-quote> ]* )>
        '"'
            |
        <-[",\n\f\r]>+  # 非括號（不含垂直空白）
            |
            ''          # 空
    }

    # 你必須在 role 中定義的方法
    method escaped-quote { !!! }
}
```

role 中會實作虛擬方法，兩種括號脫逸的方法各自有自己的 role：

```
role DoubledQuote     { token escaped-quote { '""'  } }
role BackslashedQuote { token escaped-quote { '\\"' } }
```

要解析檔案時，你可以選擇想用哪一個 role。你可以建立一個新的 Grammar::CSV 物件，並將選定的 role 加到該物件上：

```
my $filename    = ...;
my $csv-data    = $filename.IO.slurp;
my $csv-parser = Grammar::CSV.new but DoubledQuote;
```

然後用該物件解析你的資料：

```
my $match = $csv-parser.parse: $csv-data;
say $match // '失敗！';
```

這麼做了以後，資料裡的雙括號不會被改變 —— "" 仍然是 ""，但若你想改變它的話，可以在 action 類別中動手。

---

### 練習題 17.6

請修改 CSV 範例，用 role 取代繼承。建立一個 action 類別，當你碰到兩個引號時，用這個 action 類別去做脫逸。如果需要 CSV 檔案的話，你可以利用本書網站（*https://www.learningperl6.com/*）下載區中的 *Grammars/test.csv* 檔。

---

## 本章總結

文法是這個語言中的關鍵功能，你可以利用很多樣式去定義出十分複雜的關係，並在匹配成功後，使用 action 類別去執行多種複雜的程式碼。有可能你會發現，你的程式最終變成一個巨大的文法。

# 第十八章

# Supply、Channel 和 Promise

*Supply* 和 *Channel* 提供將資料從程式的一處送到另外一處的方法。**Supply** 是從單一資料來源送到多個可能接收端的直接連線。**Channel** 則是讓你可從程式中任意位置將資料填入佇列，提供程式中想讀取這些資料的部分讀取。

**Promise** 允許非同步（*asynchronously*）執行程式碼─也就是在同一個時段，可以同時執行多個不同程式碼片段。當你使用 Supply 或 Channel 時（或同時使用），**Promise** 可以說是相當好用。

## Supply

**Supplier** 向每個要求接受其訊息的 **Supply** 傳送訊息，這件事情是非同步進行的；也就是在你的程式執行著些什麼的時候，這個傳送的工作也同時在進行。你可以在背景處理，然後在有結果產生時去處理結果，而不用停下整個程式等待資料傳送完畢。其他語言裡，這種功能常被稱為 "發佈─訂閱" 模式（Publish-Subscribe，或簡稱 PubSub）。

下面是個無實質功能的範例，設定好一個 **Supplier**，並呼它的 `.emit` 以傳送訊息。由於你並沒有定義任何的 **Supply**，所以不會有任何人收到訊息；訊息就消失了：

```
my $supplier = Supplier.new;
$supplier.emit: 3;
```

如果想要接受訊息的話，就要求 Supplier 提供一個 Supply 物件（這裡的命名有點繞口），訊息透過 Supply 中一個帶有 Block 的 .tap 方法傳來：

```
my $supplier = Supplier.new;
my $supply   = $supplier.Supply;
my $tap      = $supply.tap: { put "$^a * $^a = ", $^a**2 };
$supplier.emit: 3;
```

Supply 收到 3，並將 3 當成引數傳給程式碼 Block，程式碼 Block 會輸出以下的訊息：

```
3 * 3 = 9
```

Supply 有一些內建的工具，例如 .interval 會在你指定的秒數（可以是小數），自動地傳送下一順序的數字。此處你無須再指定 Supplier，它自己會搞定：

```
my $fifth-second = Supply.interval: 0.2;
$fifth-second.tap: { say "First: $^a" };

sleep 1;
```

輸出有 5 行，為何是 5 行呢？因為 Sleep 結束時，程式也執行結束，在程式結束以前有 5 個 0.2 秒：

```
First: 0
First: 1
First: 2
First: 3
First: 4
```

一旦你啟動 tap 以後，它就會以非同步執行，直到程式結果（或你關閉 tap）。在你的程式執行到 sleep 述句時，一共發生了兩件事。首先，程式會等待你指定的時間。第二，Supplier 傳送值給 tap 處理。這兩件事情是同時發生的，當你還在 sleep 時，Supplier 仍然持續在工作，以上這些事情只用這幾行就做完了！

 同步進行（concurrency）和平行（parallelism）是不一樣的東西，同步進行允許兩個不同東西在同一段時間中進行，而平行是兩件不同的事情同時發生，不過大家常常搞混它們的定義就是了。

如果你拿掉 sleep 述句，就不會有任何的輸出—程式會立即結束。Supplier 並不會讓程式繼續執行，如果你增加 sleep 的時間，就會讓程式跑久一點，也就會得到更多輸出。

下面的範例是一個計數器，它是個無窮迴圈，但只會輸出一行。裡面用了回車（carriage return），使得它會回到當行的開頭，而且不會建立下一行（不過終端機的緩衝可能會干擾這個行為）：

```
my $fifth-second = Supply.interval: 0.2;
$fifth-second.tap: { print "\x[D]$^a" };

loop { }
```

## 多重 Tap

tap 不是只能用一個，你可以任意地對同一個 Supply 使用許多 tap。下面的範例程式會執行兩秒，第一個 tap 會執行兩秒，而第二個 tap 會在第二秒開始執行：

```
my $supply = Supply.interval: 0.5;

$supply.tap: { say "First: $^a" };
sleep 1;

$supply.tap: { say "Second: $^a" };
sleep 1;
```

每個 tap 都在輸出上作了標記：

```
First: 0
First: 1
Second: 0
First: 2
First: 3
Second: 1
```

有注意到什麼奇怪的事情了嗎？第二個 tap 又從 0 開始，雖然是同時執行，但拿到的值和第一個 tap 不一樣。這是因為 .intrval 方法會建立一個需求觸發 *on-demand supply*。它會在 tap 要求時開始製造值，而且每一個新的 tap 拿到的都是全新的時間間隔。每次當一個 tap 去要值時，它就會拿下一個給它，和其他 tap 的值完全獨立。

在 tap 中的程式碼必須在執行另外一個值以前完全執行完畢。這特性可以確保你的程式碼不會被既有的值給搞亂。比方說，如果下面範例中的 block 在首次執行完畢之前就又再執行一次，那 $n 就會被遞增好幾次，然後才會輸出首次執行的訊息：

```
$supply.tap: {
    state $n = 0; $n++;
    sleep 1;   # 故意錯過幾次傳送值！
```

```
say "$n: $^a"
};
```

**練習題 18.1**

請建立一個 Supplier，讓它可以把從輸入取得的東西，再傳送出去，請你對傳送出來的值作 tap 的動作，只輸出之前沒看過的值。你可以使用網頁下載區中的蝴蝶調查檔案（*https://www.learningperl6.com/*）來做這個練習題。

## 即時 Supply

即時 *Supply*（*live supply*）和前面討論的*需求觸發*（*on-demand*）式的 Supply 不同，它會傳送一連串的值，讓所有的 tap 共享。當有一個新的可用的值出現時，即使舊的還沒有被任何 tap 使用，也會被丟棄。中途如果有新的 tap 加入，會從一連串值中的目前值開始使用。若想將需求觸發 supply 轉換為即時 supply，可以使用 .share：

```
my $supply    = Supply.interval(0.5).share;

$supply.tap: { say "First: $^a" };
sleep 1;

$supply.tap: { say "Second: $^a" };
sleep 1;
```

和前面需求觸發的輸出結果有兩個地方不一樣。首先，0 不見了。Supply 在第一個 tap 看到以前就把它傳送出去了，一秒之後第二個 tap 啟動，而 Supply 傳送了 2，所以兩個 tap 都看見 2，從這之後兩個 tap 都一直看到一樣的值，直到程式結束：

```
First: 1
First: 2
Second: 2
First: 3
Second: 3
First: 4
Second: 4
```

當你不想再用某個 tap 時，你可以關閉它；它就不會再收到值了：

```
my $supply = Supply.interval(0.4).share;

my $tap1 = $supply.tap: { say "1. $^a" };
```

```
    sleep 1;

    my $tap2 = $supply.tap: { say "2. $^a" };
    sleep 1;

    $tap2.close;

    sleep 1;
```

一開始，只有第一個 tap 在進行處理，在第一次 sleep 結束後，第二個 tap 也開始處理。
接下來一秒兩個 tap 都在處理，隨後第一個 tap 關閉，只有第二個 tap 還持續它的處理工
作：

```
    First: 1
    First: 2
    First: 3
    Second: 3
    First: 4
    Second: 4
    Second: 5
    Second: 6
    Second: 7
```

到目前為止，這一個小節只看了你自己建立的 Supply，但其實許多其他的物件也會提供
Supply。例如 .lines 方法所回傳的 Seq，就可以轉換成 Supply：

```
    my $supply = $*ARGFILES.lines.Supply;  # IO::ArgFiles
    $supply.tap: { put $++ ~ ": $^a" };

    $supply.tap: {
        state %Seen;
        END { put "{%Seen.keys.elems} unique lines" }
        %Seen{$^a}++;
        };
```

只要是屬於 List 的大多數東西（或可以轉換為 List）都可以做到這件事：

```
    my $list = List.new: 1, 4, 9, 16;
    my $supply = $list.Supply;
    $supply.tap: { put "Got $^a" }
```

即使無限序列也可以：

```
    my $seq := 1, 2, * + 1 ... *;
    my $supply2 = $seq.Supply;
    $supply2.tap: { put "Got $^a" }
```

請注意，這些範例不需要用 sleep 去延遲程式結束，它們不像 .interval 一樣是照時間行動的；它們會陸續提供出它們的值。

---

### 練習題 18.2

請建立一個可以每秒傳送一個數字的即時 Supply。三秒之後，請用一個 tap 輸出數字。再過三秒後，用另外一個 tap 輸出數字。再過三秒後，請關閉第二個 tap。最後，請再等三秒，關閉第一個 tap。

---

# Channel

Channel 是先到先服務的佇列，它們能確保東西只被處理一次。任何主體都可以在 Channel 中加入東西，任何主體也可以從 Channel 中拿出東西。放東西的不需要知道誰會拿走東西，多個執行緒可以共享一個 Channel，但是一旦從 Channel 拿走東西以後，那個東西就會從 Channel 中消失，無法再讓其他程式碼使用。

下面範例是建立一個 Channel，用 .send 把東西加進去，再用 .receive 拿走一個東西，等你用完該 Channel 之後，用 .close 關閉它：

```
my $channel = Channel.new;
$channel.send: 'Hamadryas';
put 'Received: ', $channel.receive;
$channel.close;
```

輸出的結果就是剛加入的東西：

```
Received: Hamadryas
```

在 .close 之後，你就再也無法加東西到 Channel 中，之前加的東西會持續存在於 Channel 中，也還可以再被使用，在 Channel 變空之前，你都可以 .receive：

```
my $channel - Channel.new;
$channel.send: $_ for <Hamadryas Rhamma Melanis>;
put 'Received: ', $channel.receive;
$channel.close;  # 不能再加東西了

while $channel.poll -> $thingy {
    put "while received $thingy";
    }
```

while 中不是使用 .receive，改用了 .poll。如果裡面有東西，.poll 就會回傳該東西。
如果裡面沒有可用東西了，它會回傳 Nil（使迴圈結束）：

```
Received: Hamadryas
while received Rhamma
while received Melanis
```

當 .poll 回傳 Nil 時，你其實不知道之後會不會再有東西可用。如果 Channel 保持開
啟的狀態，那就有可能被加入其他的東西；如果 Channel 是關閉的狀態，則不能再呼
叫 .receive 了。在下面範例中，呼叫 .fail 會關閉 Channel，此後再呼叫 .receive 時，
它就會丟出一個錯誤。你可以 CATCH 該 Exception 去結束迴圈：

```
my $channel = Channel.new;
$channel.send: $_ for <Hamadryas Rhamma Melanis>;
put 'Received: ', $channel.receive;
$channel.fail('End of items');    # X::AdHoc

loop {
    CATCH {
        default { put "Channel is closed"; last }
        }
    put "loop received: ", $channel.receive;
    }
```

如果不用迴圈，你可以 tap 該 Channel；tap 會幫你呼叫 .receive：

```
my $channel = Channel.new;
$channel.send: $_ for <Hamadryas Rhamma Melanis>;
put 'Received: ', $channel.receive;
$channel.fail('End of items');

$channel.Supply.tap: { put "Received $_" }
CATCH { default { put "Channel is closed" } }
```

輸出的結果和前面是一樣的：

```
Received: Hamadryas
loop received: Rhamma
loop received: Melanis
Channel is closed
```

---

### 練習題 18.3

請建立一個 Channel 並 tap 它。把 input 中取得的行都送到 Channel 中,但只輸出質數行號的行。

---

# Promise

Promise 是一段程式碼,它會在之後產生執行結果,這個之後,可能會是好一段時間之後。它會在你的程式繼續執行時,用另外一個執行緒來進行排定的工作。Perl 6 中同步工作就是用 Promise 實現的,而且它已幫你做完大部分困難的工作。

每個 Promise 都有一個狀態,有可能是等待執行、正在執行或結束。Promise 的執行結果會決定其狀態:執行成功時,Promise 是 Kept 狀態;執行失敗時,是 Broken 狀態;而正在執行時,則是 Planned 狀態。

計時器(Timer)是一個簡單的 Promise 範例,它的 .in 方法讓 Promise 在你指定的秒數時變成 kept 狀態:

```
my $five-seconds-from-now = Promise.in: 5;

loop {
    sleep 1;
    put "Promise status is: ", $five-seconds-from-now.status;
    }
```

在開始時 Promise 是 Planned 狀態,5 秒之後(大約)Promise 會變成 Kept 狀態,此時你就知道 5 秒到了:

```
Promise status is: Planned
Promise status is: Planned
Promise status is: Planned
Promise status is: Planned
Promise status is: Kept
Promise status is: Kept
...
```

你不用一直去檢查 Promise 的狀態值,只要用 .then 去設定它變成 kept 時要執行的程式碼即可:

```
my $five-seconds-from-now = Promise.in: 5;
$five-seconds-from-now.then: { put "It's been 5 seconds" };
```

若執行上面程式碼的話，什麼也不會發生，因為程式很快就結束，Promise 來不及變成 kept。Promise 在 Planned 狀態，並不會阻止程式結束執行。

你可以試著讓程式執行超過 5 秒，例如用 sleep 延長程式結束時間：

```
my $five-seconds-from-now = Promise.in: 5;
$five-seconds-from-now.then: { put "It's been 5 seconds" };

sleep 7;
```

然後，你就可以看到 .then 裡面的程式碼執行了：

```
It's been 5 seconds
```

## 等待 Promise

如果不用 sleep 的話（而且用 sleep 還要猜測需延長多久時間），你可以用 await，直到 Promise 變成 kept 或 broken 之前，await 會阻擋程式執行。

```
my $five-seconds-from-now = Promise.in: 5;
$five-seconds-from-now.then: { put "It's been 5 seconds" };

await $five-seconds-from-now;
```

這範例中使用 await 是為了讓程式保持在執行狀態。你的程式在其他的應用場景下，可能有一大堆工作要做，所以不一定需要刻意保持程式的執行狀態。

如果不想用相對時間，你可以用 .at 指定一個絕對時間。絕對時間可以是一個 Instant 值或是可以轉換為 Instant 值的東西（或是一個可以當成 Instant 用的 Numeric 值）：

```
my $later = Promise.at: now + 7;
$later.then: { put "It's now $datetime" };

await $later;
```

關鍵字 start 會建立一個 Promise，當程式區塊執行完時，Promise 就會結束：

```
my $pause = start {
    put "Promise starting at ", now;
    sleep 5;
```

```
    put "Promise ending at ", now;
    };
await $pause;
```

輸出顯示 Promise 開始和結束的時間：

```
Promise starting at Instant:1507924913.012565
Promise ending at Instant:1507924918.018444
```

如果程式丟出 Exception，Promise 狀態就會變成 broken。如果你想要的話，你可以回傳 False 值，但要一直到 fail，或是因錯誤導致 Exception 之前，你的 Promise 狀態都會是 kept。在下面範例中，即使程式碼回傳 False，但 Promise 的結果還是成功的：

```
my $return-false = start {
    put "Promise starting at ", now;
    sleep 5;
    put "Promise ending at ", now;
    return False;  # 仍然是 kept
    };
await $return-false;
```

這個範例中，因為是顯式地 fail，所以 Promise 被中斷：

```
my $five-seconds-from-now = start {
    put "Promise starting at ", now;
    sleep 5;
    fail;
    put "Promise ending at ", now;
    };
await $five-seconds-from-now;
```

你會得到一部分的輸出結果，但裡面的 fail 停止了程式碼 Block 的行，所以你無法拿到 fail 之後的輸出：

```
Promise starting at Instant:1522698239.054087
An operation first awaited:
  in block <unit> at ...

Died with the exception:
    Failed
      in block  at ...
```

## 等待多個 Promise

await 可以等待一堆 Promise：

```
put "Starting at {now}";
my @promises =
    Promise.in( 5 ).then( { put '5 finished' } ),
    Promise.in( 3 ).then( { put '3 finished' } ),
    Promise.in( 7 ).then( { put '7 finished' } ),
    ;

await @promises;

put "Ending at {now}";
```

直到所有 Promise 進入 kept 狀態前，程式不會結束：

```
Starting at Instant:1524856233.733533
3 finished
5 finished
7 finished
Ending at Instant:1524856240.745510
```

如果其中任何一個 Promise 進入 broken 狀態，await 就完成工作，並放棄所有在 Planned 狀態的 Promise：

```
put "Starting at {now}";
my @promises =
    start { sleep 5; fail "5 failed" },
    Promise.in( 3 ).then( { put '3 finished' } ),
    Promise.in( 7 ).then( { put '7 finished' } ),
    ;

await @promises;

put "Ending at {now}";
```

在 .in(3) 的 Promise 變成 kept 狀態後，用 start 做出的 Promise 會接著讓執行失敗：

```
Starting at Instant:1524856385.367019
3 finished
An operation first awaited;
  in block <unit> at await-list.p6 line 9

Died with the exception:
    5 failed
      in block  at await-list.p6 line 4
```

## 管理自己的 Promise

在前面的範例中，都有一個東西幫你管理多個 Promise，但其實你可以自己管理，讓我們從製作一個純 Promise 開始：

```
my $promise = Promise.new;
```

透過與 PromiseStatus 中的常數（你可以任意使用）進行聰明匹配，來檢查它目前的狀態：

```
put do given $promise.status {
    when Planned { "Still working on it" }
    when Kept    { "Everything worked out" }
    when Broken  { "Oh no! Something didn't work" }
    }
```

此時 $promise 是在 planned 狀態，而且一直保持這個狀態。下面的範例會是無窮迴圈：

```
loop {
    put do given $promise.status {
        when Planned { "Still working on it" }
        when Kept    { "Everything worked out" }
        when Broken  { "Oh no! Something didn't work" }
        }

    last unless $promise.status ~~ Planned;
    sleep 1;
    }
```

你可以使用 now 去記錄開始時間並檢查 5 秒是不是到了，來製作屬於你自己的 .at 或 .in 功能。當 5 秒到了之後，你可以呼叫 .keep 去改變狀態值：

```
my $promise = Promise.new;

my $start = now;
loop {
    $promise.keep if now > $start + 5;
    given $promise.status {
        when Planned { put "Still working on it" }
        when Kept    { put "Everything worked out" }
        when Broken  { put "Oh no! Something didn't work" }
        }

    last unless $promise.status ~~ Planned;
    sleep 1;
    }
```

現在迴圈會在 5 秒後停止：

```
Still working on it
Still working on it
Still working on it
Still working on it
Still working on it
Everything worked out
```

這個 Promise 仍然會呼叫 .then 後的程式碼：

```
my $promise = Promise.new;
$promise.then: { put "Huzzah! I'm kept" }

my $start = now;
loop { ... } # 和之前一樣
```

下面的輸出結果中，可以看到 .then 的輸出：

```
Still working on it
Still working on it
Still working on it
Still working on it
Still working on it
Everything worked out
Huzzah! I'm kept
```

你也可以中止 Promise 的執行，但不管如何，.then 程式碼都會執行，所以你需要一個方法來分辨 Promise 是否是被中止了。.then 中的程式碼可以接受一個引數；這個引數就是 Promise 本身。如果你不將引數另取名字的話，它就是 $_：

```
my $promise = Promise.new;
$promise.then: {
    put do given .status {
        when Kept { 'Huzzah!' }
        when Broken { 'Darn!' }
        }
    }

my $start = now;
loop {
    $promise.break if now > $start + 5;
    last unless $promise.status ~~ Planned;
    sleep 1;
    }
```

## Promise Junction

你可以利用 Junction 去建立一個能承載其他 Promise 的 Promise。.allof 方法會建立一個 Promise，這個 Promise 只有在它內部的所有 Promise 狀態都是 kept 時，它的狀態才會是 kept：

```
my $all-must-pass = await Promise.allof:
    Promise.in(5).then( { put 'Five seconds later' } ),
    start { sleep 3; put 'Three seconds later'; },
    Promise.at( now + 1 ).then( { put 'One second later' } );
put $all-must-pass;
```

另外一種 .anyof Promise 則是在它內部任一 Promise 的狀態是 kept 時，它的狀態就會是 kept。只要有一個成功運作的話，那大的 Promise 狀態就會是 kept：

```
my $any-can-pass = await Promise.anyof:
    Promise.in(5).then( { put 'Five seconds later' } ),
    start { sleep 3; put 'Three seconds later'; fail },
    Promise.at( now + 1 ).then( { put 'One second later' } );
put $any-can-pass;
```

這兩段範例程式執行結果都是成功，在使用 .allof 的範例中，你可以看到三個 Promise 都輸出了，而 .anyof 的範例中，只輸出一個 Promise 的結果。這是因為它不用等到所有的 Promise 執行結束，就可以知道 Promise 整體結果為成功：

```
One second later
Three seconds later
Five seconds later
True
One second later
True
```

# 互動式程式

react Block 讓你可以在有新值可用時，去執行某些程式碼。這個動作會持續到處理完所有的值。它和事件迴圈很像，下面是它最簡單的使用範例：

```
react {
    whenever True { put 'Got something that was true' }
    }

END put "End of the program";
```

你可以使用 whenever 提供值給 Block 中的程式碼使用。在上面的例子中,你只提供的一個值 True,這裡不是 if 或 while 中的那種條件述句,相對地,程式碼 Block 只對這一個 True 值作出反應,執行 whenever 後面的程式碼。做完以後就沒有更多的值可以處理了,所以 Block 就結束離開:

```
Got something that was true
End of the program
```

你可能會傾向把它想成一個迴圈結構,但其實兩者並不相同。在這裡並不是把 react Block 裡的事情都做完,然後再回到 Block 開頭。這裡的 whenever 拿到 True 以後,只執行一次,而不是像 loop 一樣無窮盡的執行下去:

```
loop {
    if True { put 'Got something that was true' }
    }
```

若我們將提供給 whenever 的值從 True 改為 Supply.interval,那你就永遠不會看到程式執行結束的訊息了:

```
my $supply = Supply.interval: 1;

react {
    whenever $supply { put "Got $^a" }
    }

END put "End of the program";
```

只要 Supply 能一直提供值給 whenever,react Block 就會持續一直做下去:

```
Got 0
Got 1
Got 2
...
```

你可以既給它 Supply,又給它 True 值:

```
my $supply = Supply.interval: 1;

react {
    whenever $supply { put "Got $^a" }
    whenever True { put 'Got something that was true' }
    }

END put "End of the program";
```

用了 Supply 的 whenever，會立即反應並輸出 Supply 拿到的第一個值。而用了 True 值的
whenever 接著反應並用完可用的值（也就是那一個 True 值）。然後 Supply 會持續提供
值，直到你放棄並中斷程式：

```
Got 0
Got something that was true
Got 1
Got 2
...
```

如果你先寫了使用 True 值的 whenever，它就會變成先反應的那一個：

```
my $supply = Supply.interval: 1;

react {
    whenever True { put 'Got something that was true' }
    whenever $supply { put "Got $^a" }
    }

END put "End of the program";
```

而輸出的結果也會稍有變化，但這個情況並不是鐵律，也許實作功能的人會改變這一
點。你只能說這是同步進行的；而不能依賴寫時的先後次序：

```
Got something that was true
Got 0
Got 1
Got 2
...
```

如果不想藉由中斷程式去讓 react 停止執行的話，你可以在 Block 裡寫一個 done。在下
面範例中，利用 Promise 的 in，在若干時間後提供一個值：

```
my $supply = Supply.interval: 1;

react {
    whenever $supply { put "Got $^a" }
    whenever True { put 'Got something that was true' }
    whenever Promise.in(5) { put 'Timeout!'; done }
    }

END put "End of the program";
```

在 5 秒鐘之後，Promise 變成 kept，而 whenever 開始執行。它會輸出 timeout 訊息，並使用 done 來結束 react：

```
Got 0
Got something that was true
Got 1
Got 2
Got 3
Got 4
Got 5
Timeout!
End of the program
```

下面的範例中，多寫了另外一個 react 去處理一個更新過的 Supply：

```
my $supply = Supply.interval: 1;

react {
    whenever $supply { put "Got $^a" }
    whenever True { put 'Got something that was true' }
    whenever Promise.in(5) { put 'Timeout!'; done }
    }

put "React again";

react {
    whenever $supply { put "Got $^a" }
    }

END put "End of the program";
```

從輸出中可以看出來，Supply 又重新開始了，時間間隔重頭起算：

```
Got 0
Got something that was true
Got 1
Got 2
Got 3
Got 4
Timeout!
React again
Got 0
Got 1
```

---

### 練習題 18.4

請修改有兩個 react 的範例，將原先使用需求觸發 Supply 的地方，改為使用即時 Supply。改完後輸出會變成怎樣呢？

---

## 在背景執行的 react

react 是一種解決方案，讓你在有值的時候，才做相對應的處理。到目前為止，你已經看過在最頂層 Block 中使用的 react。它會一直執行—阻擋後面程式的執行—直到它完成工作為止。

如果不想這樣的話，你可能會想要 react 在背景把事情做完，這樣你原來的程式就可以繼續往下做。你可以將 react 用一個 start 產生的 Promise 包起來，這樣就可以讓 react 以執行緒的形態工作，讓剩下的程式得以繼續執行：

```
my $supply = Supply.interval: 1;

my $promise = start {
    react {
        whenever $supply { put "Got $^a" }
        whenever True { put 'Got something that was true' }
        whenever Promise.in(5) { put 'Timeout!'; done }
        }
    }

put 'After the react loop';

await $promise;
put 'After the await';

END put "End of the program";
```

輸出的第一行是從 start 區塊後的 put 輸出的，此時 react 已經開始工作，並且沒有阻擋後面程式的執行：

```
After the react loop
Got 0
Got something that was true
Got 1
Got 2
Got 3
```

```
Got 4
Timeout!
After the await
End of the program
```

讓我們再進階一點，在範例中加入一個 Channel，將 Supply 移到 whenever 裡面。當 Supply 有值時，它會執它 Block 裡的程式碼，以輸出像之前一樣的訊息。如果碰到值是 2 的倍數時，它也會將值傳送給 Channel。

加入第二個 whenever，用來在 Channel 有值可用時把該值讀取出來。你需要將 Channel 轉換成 Supply；這並不困難，因為它自身本來就帶有 .Supply 方法。新加的 whenever 會緊跟著該 Supply 而動作：

```
my $channel = Channel.new;

my $promise = start {
    react {
        whenever Supply.interval: 1
            { put "Got $^a"; $channel.send: $^a if $^a %% 2 }
        whenever $channel.Supply
            { put "Channel got $^a" }
        whenever True
            { put 'Got something that was true' }
        whenever Promise.in(5)
            { put 'Timeout!'; done }
        }
    }

put 'After the react loop';

await $promise;
put 'After the await';

END put "End of the program";
```

輸出的訊息幾乎和前面的一樣，只是多插入了 Channel 的輸出：

```
After the react loop
Got 0
Got something that was true
Channel got 0
Got 1
Got 2
Channel got 2
Got 3
```

```
Got 4
Channel got 4
Timeout!
After the await
End of the program
```

---

### 練習題 18.5

你在命令列指定一個檔案，請在這個檔案每次被變更的時候，就使用
IO::Notification 輸出一個訊息。

---

## 本章總結

Promise 是同步行為的根本，有數種方法可以建立 Promise，可視你想要做的事來選擇不同的建立方法。請將你面對的問題拆解成一個個獨立的小塊，並用 Promise 執行這些小區塊程式碼，它們就可以在多個執行緒同步執行（甚至可能在不同的處理器執行）。有了這個基礎之後，再利用 Supply 和 Channel 在程式碼區塊間傳遞資料。想要實現這樣的情境，你必須將之前看到的循序性程式架構忘掉，換上新的腦袋，然後只要加以練習就可以達成。

第十九章

# 控制其他程式

有時候，你會需要其他的程式來幫你完成一些工作。Perl 家族語言被大家稱作 "網際網路的膠帶"。借助知名的、穩定的、現有的程式，會比你重新寫一個來得更快、更容易。這一章將會展示許多方法來啟動並控制外部程式，讓它們照你的意願做事。

## 快又容易

shell 副程式是一個執行外部命令或程式的快速方法。它收到引數之後，會在 shell 裡執行該引數，就如同你自己在 shell 中打命令一樣。下面這個範例使用了 Unix-like 的 shell 命令來列出檔案清單：

```
shell( 'ls -l' );
```

如果你用的是 Windows 的話，需要改用另外一個命令。這種命令前面其實隱藏了 cmd /c：

```
shell( 'dir' );   # 其實是 cmd /c dir
```

這個命令的輸出結果將會和你程式的輸出去到同一個地方（只要你沒有用文字將標準輸出和錯誤導向其他地方去的話）。

你可以藉由查看 $*DISTRO 變數來得知要用哪一個命令。$*DISTRO 變數中的 Distro 物件有一個 .is-win 方法，如果你的程式是執行在 Windows 上的話，這個方法會回傳 True：

```
my $command = $*DISTRO.is-win ?? 'dir' !! 'ls -l';
shell( $command );
```

如果以變數當成引數傳遞給 shell 時，你要確定變數裡的值是什麼。如果
是 shell 中認定的特殊字元，那它在該變數裡也就會被當成特殊字元，我
們馬上就會講到這部分了。

shell 會回傳一個 Proc 物件，當你在 sink context（一個不能取得結果的地方）中使用這
個物件，並且命令執行失敗時，Proc 物件會丟出一個例外：

```
shell( '/usr/bin/false' );  # 丟出 X::Proc::Unsuccessful
```

當一個命令離開時帶了一個非 0 值，表示它 "失敗" 了，這是 Unix 的傳統，非 0 值表
示有錯誤發生。並不是所有的程式都遵循這個傳統，當遇見這樣的程式時，你就要多做
一些工作了。

你可以將結果儲存起來，以避免例外發生。你可以查看 Proc 物件，看看到底發生了什麼
事：

```
my $proc = shell( '/usr/bin/false' );
unless $proc.so {
    put "{$proc.command} failed with exit code: {$proc.exitcode}";
    }
```

這可能仍然不是你想要的方法，如果你預期回傳值是一個非 0 值，你可以自行處理：

```
my $proc = shell( '/usr/bin/true' );
given $proc {
    unless .exitcode == 1 {
        put "{.command} returned: {.exitcode}";
        X::Proc::Unsuccessful.new.throw;
        }
    }
```

如果你不在乎一個命令是不是失敗，你可以對回傳的物件呼叫 .so，這個方法會 "處
理" 該回傳物件，也避免 Proc 丟出例外：

```
shell( '/usr/bin/false' ).so
```

## 括起來的命令

有時候你想要擷取一個命令的輸出結果，或將結果儲存在一個變數中。你可以使用括
法，帶著副詞 :x，這樣就可以將命令的輸出結果放到一個新建的 Str 中：

```
my $output = Q:x{ls -1};
my $output = q:x{ls -1};
my $output = qq:x{$command};
```

有一個稍短一點的版本可以做到同樣的功效：

```
my $output = Qx{dir};
my $output = qx{dir};
my $output = qqx{$command};
```

這個用法只能擷取標準輸出，如果你想要連標準錯誤也一起擷取的話，你必須在 shell 中做處理。在 Unix 和 Windows 中都可以使用 **2>&1**，它可以在東西進入你程式前，把輸出 handle 合併起來：

```
my $output = qq:x{$command 2>&1};
```

## 更安全的命令

run 副程式允許你將命令寫成一列，第一個東西是命令名稱，Perl 6 可以不透過 shell 直接執行這個程式。下面範例中的命令並沒有它看起來的那麼複雜，因為所有用到的字元都沒有特殊意義，不像在 shell 中的分號，代表終止並開始新命令：

```
# 請不要執行，以防萬一
run( '/bin/echo', '-n', ';;;; rm -rf /' );
```

如果你將上述範例放在一個 Str，讓它在 shell 中執行的話，你將會啟動一個遞迴刪除所有檔案的動作。請不要調皮地去執行它（如果要的話，也請用設好還原點的虛擬機器做）。

run 會回傳一個 Proc 物件；用法和前面講 shell 時一樣：

```
unless run( ... ) {
    put "Command failed";
    }
```

你或許會不想帶路徑，只用純命令名稱去執行：

```
run( 'echo', '-n', 'Hello' );
```

這樣做也不是很安全，run 將會在 PATH 環境變數中找匹配的檔案。而 PATH 環境變數是一個別人可以從外部改變而影響你程式執行的值。有心人士就能夠愚弄你的程式，讓你的程式執行一個假扮 *echo* 的其他程式。

你可以先清除 PATH 變數,強制程式只用完整路徑找命令:

```
%*ENV{PATH} = '';  # 沒有任何預設路徑
run( '/bin/echo', '-n', 'Hello' );
```

設定 PATH 到你信任路徑可能會好一點:

```
%*ENV{PATH} = '/bin:/sbin:/usr/bin:/usr/sbin'
run( 'echo', '-n', 'Hello' );
```

這不表示你找到的命令就會是對的;別人也有可能修改你想執行的外部程式。沒有一種方法可以保證完全安全—但你也不要讓人家太容易得手。請在每次你要和外部程式互動時,都稍微事先想一下安全性問題。

和 shell 一樣,run 也會回傳一個 Proc 物件。在下方範例中,參數 :out 會抓取標準輸出,並讓你透過 Proc 物件去使用抓到的東西,請用 .slurp 取得它的內容:

```
my $proc = run(
    '/bin/some_command', '-n', '-t', $filename
    :out,
    );
put "Output is 「{ $proc.out.slurp }」";
```

:err 參數能對標準錯誤做一樣的事情:

```
my $proc = run(
    '/bin/some_command', '-n', '-t', $filename
    :out, :err,
    );
put "Output is 「{ $proc.out.slurp }」";
put "Error is 「{ $proc.err.slurp }」";
```

如果你不想要兩個輸出被分開成兩個串流的話,你可以合併它們:

```
my $proc = run(
    '/bin/some_command', '-n', '-t', $filename
    :out, :err, :merge
    );
put "Output is 「{ $proc.out.slurp }」";
```

你也可以指定其他具名參數,比方用來控制編碼、環境設定以及改變目前工作目錄等(以及其他項目設定)。

---

### 練習題 19.1

請使用 run 從目前目錄取得檔案列表，這個列表需要以檔案大小排序。請以長格式輸出檔案清單，在 Unix 上，命令是 ls -lrS，在 Windows 上命令是 cmd /c dir /OS。程式可以動以後，請將輸出進行過濾，只輸出含有 7 的行。最後，你可以試著將程式改為兩個平台都可以執行嗎？

---

## 寫入到其他程序

一個行程可以從你的程式取得資料，使用 :in 讓你可以把東西寫入，提供給另外一個行程使用：

```
my $string = 'Hamadryas perlicus';

my $hex = run 'hexdump', '-C', :in, :out;

$hex.in.print: $string;
$hex.in.close;

$hex.out.slurp.put;
```

在這個範例中，你呼叫 .print 一次就關閉輸出，這樣寫對 *hexdump* 來說不會有問題，但其他的程式就不一定了。有些程式可能預期要收到特定的輸入，給出特定的輸出，然後等你看完輸出後，再給它下一個輸入。這類的行為要依不同的程式而定，有時候難以想象到底會怎樣：

```
my $string = 'Hamadryas perlicus';

my $hex = run 'fictional-program', :in, :out;
$hex.in.print: $string;
$hex.out.slurp;
$hex.in.print: $string;
...;
```

你可以將一個外部程式的輸出重新導向到另外一個程式當作輸入。下面的範例會取得 perl6 -v 的輸出，並將輸出當成下面 Proc 的輸入：

```
my $proc1 = run( 'perl6', '-v', :out );
my $proc2 = run(
    'tr', '-s', Q/[:lower:]/, Q/[:upper:]/,
```

```
    :in($proc1.out)
    );
```

第二個 run 使用了外部的 tr 命令,這個命令會將所有的小寫字母變成大寫字母:

```
THIS IS RAKUDO STAR VERSION 2018.04 BUILT ON MOARVM VERSION 2018.04
IMPLEMENTING PERL 6.C.
```

# Proc

Proc 物件可以處理 shell 和 run 的結果,你可以藉由自行建構 Proc 物件來作更多的控制。自行建構分作兩步;Proc 要先設定一些東西後才能執行命令:

```
my $proc = Proc.new: ...;
```

下面是設定一個通用的 Proc,將它設定為能將標準輸出和錯誤串流合併並擷取結果:

```
my $proc =  Proc.new: :err, :out, :merge;
```

當你準備好要執行命令時,就呼叫 .spwan。你會生出一個行程,這個行程會使用剛才的設定。.spwan 執行的結果會是一個布林值,代表目標程式執行後的離開狀態碼:

```
unless $proc.spawn: 'echo', '-n', 'Hello' {
    ... # 錯誤處理
    }
```

如果你想要做不同的設定,在呼叫 .spawn 時可以再改變目前工作路徑和環境:

```
my $worked = $proc.spawn: :cwd($some-dir), :env(%hash);
unless $worked {
    ... # 錯誤處理
    }
```

---

### 練習題 19.2

請建立一個可以擷取標準輸出和錯誤的 Proc。請用 .spwan 執行一個命令,取得一個目錄中的檔案清單。

---

# 非同步控制

透過 Proc（或 shell 或 run）執行命令時，你的程式會停下來等待外部程式結束工作。請用 Proc::Async 來讓外部程式在自己的 Promise 中執行，而你的程式就可以繼續執行下去。

執行外部的 *find* 並等待它找完整個檔案系統，這個動作可能要一輩子那麼久（至少感覺像一輩子）：

```
my $proc = Proc.new: :out;
$proc.spawn: 'find', '/', '-name', '*.txt';

for $proc.out.lines -> $line {
    put $++, ': ', $line;
    }

put 'Finished';
```

當你執行這個範例程式時，你會看到所有從 *find* 輸出的訊息，當動作在很久之後結束時，你會看到 Finished 訊息。你可以將這個範例改為使用非同步執行。

在這些範例中都用了 Unix 的 *find* 命令，但你也可以用在第 8 章看到的列出檔案程式取代，也當作是用 Proc 執行外部程式的一個練習：

```
my $proc = Proc.new: :out;
$proc.spawn: 'perl6', 'dir-listing.p6';

for $proc.out.lines -> $line {
    put $++, ': ', $line;
    }

put 'Finished';
```

Proc::Async 使用介面和 Proc 有些不同，一旦你建立該物件後，就可以用你在第 18 章看到的 Supply 和 Promise 功能。下面的範例使用 .lines 將輸入切成一行一行（而不是一整個緩衝），然後將 Supply 套用到每行的處理上：

```
my $proc = Proc::Async.new: 'find', '/', '-name', '*.txt';

$proc.stdout.lines.Supply.tap: { put $++, ': <', $^line, '>' };
my $promise = $proc.start;

put 'Moving on';
```

```
await $promise;
```

這只是 Proc::Async 的簡單使用範例，但你可以將它和前面看過的平行處理功能合併使用。在你呼叫完 .start 後，請呼叫 .stdout 取得你輸出的訊息。請在同一個 Block 中做這兩件事：

```
my $proc = Proc::Async.new: 'find', '/', '-name', '*.txt';

react {
    whenever $proc.stdout.lines { put $_;  }
    whenever $proc.start        { put "Finished"; done }
    };
```

.start 回傳一個 Promise，它在外部程式執行完畢前，狀態都不會是 kept。即使 whenever 在程式開始時就執行過了，但 Promise 會一直等到結束時才會變成 kept，所以 Block 在這期間內可以持續工作。

---

**練習題 19.3**

請實作一個非同步的 *find* 程式，使它可以在命令列接收一個你指定檔案數量，在找到的檔案符合你指定的數量後就停止動作，然後回報找到多少檔案。

---

## 本章總結

現在你可以執行外部程式並等待它的執行結果，或在背景執行外部程式並在執行產生結果時再進行處理。若將這個動作擴張成一次處理好幾個程式，那麼你的程式就變成一個管理外部資源的管理者。你已經知道這些機制是怎麼做的了，要怎麼好好利用或是做出規模更大的東西，取決就在於你了。

# 第二十章

# 進階主題

在這樣一本頁數不多的書裡，我無法把所有你能做的事都展示給你看。本章所介紹的功能是我想要做多一點說明的功能。看完以後，你會知道有這些功能存在，然後自行決定要不要花更多時間學習這些相關功能。

## 一行執行

你可以利用 *perl6* 一行執行程式集合，這個程式集合是你可以在命令列裡，將程式組合成一行執行。用 -e 開關來指定程式的引數：

```
% perl6 -e 'put "Hello Perl 6"'
Hello Perl 6
```

-n 開關可為輸入的每一行去執行一次程式，當前的行被儲存在 $_ 中。下面的範例是將行的內容變成大寫，然後再輸出該行：

```
% perl6 -n -e '.uc.put' *.pod
```

你可以用 -M 載入模組：

```
% perl6 -MMath::Constants -e 'put α'
0.0072973525664
```

# 宣告 Block 註解

解析器並不會丟掉所有的註解，它會記得特殊的註解，並將這些特殊的註解和副程式放在一起。用 #| 宣告的註解會把自己附在後面的副程式上。用 #= 宣告的註解會把自己附在前面的副程式上。透過 .WHY 描述方法，就可以看到這些註解。

```
#| Hamadryas is a sort of butterfly
class Hamadryas {

    #| Flap makes the butterfly go
    method flap () {

        }
    }

Hamadryas.WHY.put;
Hamadryas.^find_method('flap').WHY.put;
```

會將附掛在同一個副程式上的註解全部一起輸出：

```
Hamadryas is a sort of butterfly
Flap makes the butterfly go
```

在整合開發環境中，若想要抓取想要使用的副程式資訊時，這個功能就會派上用場。而且在你除錯時，也很好用—若開發者有好好註解他們的程式的話，這功能就會好用。

# 餵食運算子

餵食運算子（Feed Operator）的功能是看出資訊的流向。下面的範例是一個列表處理 pipeline，其中有 .grep、.sort 以及最後的 .map，它們做什麼動作並不重要，請注意它們的順序：

```
my @array = @some-array
    .grep( *.chars > 5 )
    .sort( *.fc )
    .map( *.uc )
    ;
```

最後一個動作居然是離給值動作最遠的一個，你可能不喜歡這種寫法。利用向左的餵食運算子，可以讓你改寫這段程式，使資料流遵守方向，改寫以後資料流會從下到上，最後進到新變數中：

```
my @array <==
    map(   *.uc           ) <==
    sort(  *.fc           ) <==
    grep(  *.chars > 5  ) <==
    @some-array
    ;
```

請注意，給值運算子消失了，因為餵食運算子取代了它。

向右餵食運算子則是把方向反過來，新變數現在要寫在最後面。另外一個方向的餵食運算子的用法也是一樣：

```
@some-array
    ==> grep(  *.chars > 5  )
    ==> sort(  *.fc         )
    ==> map(   *.uc         )
    ==> my @array;
```

# 拆分宣告

你可以利用中括號將參數集結成組，這樣的行為稱為子宣告（*subsignature*）。你可以將在 [] 中間的東西再變成更小的宣告：

```
sub show-the-arguments ( $i, [$j, *@args] ) {  # slurpy
    put "The arguments are i: $i j: $j and @args[]";
    }

my @a = ( 3, 7, 5 );
show-the-arguments( 1, @a );
```

在這樣的寫法下，$i 會拿到第一個參數，而 [] 會拿到其他的參數。然後 [] 會再拆解參數，分派到 $j 和 @args 中。

# 自定運算子

你可以建立新的運算子，幾乎所有我們稱為 "運算子" 的東西，其實都是方法。

↑ 和 ↑↑ 是 Knuth 前頭，它們代表一些指數操作：

```
multi infix:< ↑ > ( Int:D \n, Int:D \m  --> Int:D )
    is equiv(&infix:<**>)
    is assoc<right>
```

```
    { n ** m }

proto infix:< ↑↑ > ( Int:D \n, Int:D \m --> Int:D )
    is tighter(&infix:< ↑ >)
    is assoc<right>
    { * }
multi infix:< ↑↑ > ( \n,  0 ) { 1 }
multi infix:< ↑↑ > ( \n,  1 ) { n }
multi infix:< ↑↑ > ( \n, \m ) { [ ↑ ] n xx m }

put 2 ↑ 3;   # 2 ** 3 = 8
put 2 ↑↑ 3;  # 2 ** 2 ** 2 = 2 ** 4 = 16
```

請注意,這些箭頭可定義優先性和結合性,也和其他的副程式一樣遵守辭法範圍,所以它們不會影響到你程式的其他部分。

# Perl 5 樣式

比起 Perl 6 樣式,如果你更喜歡使用 Perl 5 樣式,或已經寫好一些打算重複利用的樣式的話,你可以這麼做,利用副詞 :Perl5 告訴匹配運算子,要使用 Perl 5 的正規表達式去解譯樣式:

```
my $file = ...;
for $file.IO.lines {
    next unless m:Perl5/\A\s+#/;   #  Perl 5 中不需要括住 # 號
    .put;
    }
```

# Array 造型

想要使用多維矩陣嗎?你可以建立一個指定每個維度大小的 Array,請用 ; 分隔每個維度大小:

```
my @array[2;2];
say @array; # [[(Any) (Any)] [(Any) (Any)]]

@array[1;0] = 'Hamadryas';
say @array; # [[(Any) (Any)] [Hamadryas (Any)]]

my $n = 0;
my $m = 1;
```

```
@array[$n;$m] = 'Borbo';
say @array; # [[(Any) Borbo] [Hamadryas (Any)]]
```

你可以再擴展成更高的維度：

```
my @array[2;2;3];
```

副詞 :shape 可以被用來指定每個維度的大小：

```
my @array = Array.new: :shape(3,3);
```

一旦你設定好每個維度的上界以後，大小就固定住了。意思是你可以建立固定大小的一維陣列，建好以後就無法再使用運算子去增加或減少元素的數量了：

```
my @array[5];
```

## 限定型態容器

容器型態們（List、Array、Hash 等）可以限制它們的元素要是哪種型態。要做這種限制有數種做法，如下面範例：

```
my Int @array = 1, 2, 3;
@array.push: 'Hamadryas';
```

由於 Str 不是 Int，所以 .push 失敗：

```
Type check failed in assignment to @array
```

在下面範例中，這樣的用法也會決定 @array 變數的型態，它的型態是 Array[Int]。你也可以直接綁定你剛建構好的物件：

```
my @array := Array[Int].new: 1, 3, 7;
```

你也可以建立 Hash，並指定 key 的物件型態或其他想要的限定。

## NativeCall

有一個內建的外部函式介面，稱為 NativeCall。你可以利用 is native 去指定要用哪個外部函式庫。下面的範例會將你的程式和 *libbutterfly* 中一個無引數的 flap 副程式連接起來：

```
use NativeCall;
sub flap() is native('butterfly') { * }
```

有數種方法能夠告訴 NativeCall 如何轉譯資料結構給該〞Native〞型態，或是從
該〞Native〞型態轉譯回來。

# with

利用 with 關鍵字可以設定執行主體，利用後綴寫法可以讓你避免一直輸入一些很長的變
數名稱：

```
put "$_ has {.chars}" with $some-very-long-name;
```

它還有一種 Block 格式，用起來像是 if-elseif-else，但它會看條件式的結果去設定執
行主體。下面範例中的條件式不是去查看 True 或 False，它是去查看字元是否存在，每
個字元存在情況下所執行的 Block，其執行主體均為 .index：

```
my $s = 'Hamadryas';

  with $s.index: 'a' { $s.substr( $_, 2 ).put }
orwith $s.index: 'm' { put 'Found m' }
orwith $s.index: 'H' { fail "Why is there an H at $_?"  }
```

# 第二十一章

# 結語

恭喜！你讀到這本書的最後一章了，某些人估計技術書的讀者中，只有三分之一的人可以完成這個成就。原本這本書只規劃 300 頁，但是因為我不知道要捨棄哪一部分，所以最後都含括進書中了。真不好意思，後面 80 頁的練習題解答真的是把我逼瘋了。如果你正在閱讀本文的話，請寄封 email 給我，告訴我你身為一個帶有完美主義讀者，進入了一個曲高和寡的境界是怎樣的狀態。

我無法教你如何成為一個程式設計師，我只有這項技能，而且已經做了好幾十年，卻一直還在學習中。這本書特別避免去教人家成為一個程式設計師，而且我想我做的蠻成功的。請你記得，你在本書上看到的範例展示、片段的概念以及語法，並不是打算指導你如何擁有良好的程式實作。

希望你已經學到這個語言的基本概念，而且也可以寫出一個可以執行的簡單程式了。如果你才開始程式設計師生涯，覺得自己花太多時間才讓程式可以跑起來，請不要覺得沮喪。把程式寫出來總是最簡單的，除錯才是難的一個環節，需要經過練習才能掌握。當你碰到一個新的問題時，就是在自己的經驗上再增加一筆，最終在你經歷的問題夠多時，你就可以下意識的避開問題，但這卻也只是為新的問題騰出餘裕而已。

關於這個語言，你還沒學完，在文件裡還有很多很多可以學的。我在第 20 章寫了一些我喜歡但是無法寫進書中的主題，但即使看完那些主題，未學的東西還有更多。我真的很想再多談談這些，但是我有一個不能超過 500 頁的障礙放在前面。連把要學的主題列出都還列不完全，還有好多好多東西我甚至連提都無法提。有了你在本書中學到的東西後，在探索新的主題的過程中，讓你不會覺得無所適從。

請考慮回到開頭，再重新閱讀本書一次，由於你現在有比較完整的概觀了，所以有些東西讀起來就更有道理。對於寫到前幾章內的東西時，你有更充足的理解，可以作出更好的設計決定。

最後，請繼續讀更多其他的書，請不要局限於只讀一個作者的書。我對一些事情有自己的看法，別人也會有他們的看法，有時候看法會有些衝突，你也不需要選邊站。如同我在 *Mastering Perl* 中寫的一樣，你要從盡可能多人的想法中，取得最好、最有用的想法。將這些想法組成適用於你的世界、你的工作的想法。告訴大家你做了什麼決定，而為什麼做那些決定，再將你的想法回饋給周遭的大家。

# 詞彙表

你在本書看到斜體的名詞或片語，都可以在詞彙表中找到它的定義，就當它們是種超連結吧！隨著你的實戰經驗越來越多，也會跟著熟悉這些字詞。但在那之前，你可以參考我寫在這裡的詞彙表。

*abstract method*（抽象方法）

一個被定義出來，但是尚未實作的方法。

*abstract syntax tree*（抽象語法樹）

是一種資料結構，解析器用它來將輸入的東西轉換成可用的格式。

*accessor method*（存取方法）

是一種方法，可直接用來取得或設定物件的屬性。

*action class*（*action* 類別）

在解析器執行文法時，用於產生動作的一種類別。

*adverb*（副詞）

用於修飾一個東西的動作，副詞通常和冒號搭配使用，例如 :out。

*allomorph*（同質異像）

一種合併兩種型態的型態，同時具有兩種型態的行為。舉例來說，IntStr 可以作為 Int，也可以作為 Str 使用。

*alternation*（可行樣式）

是一種樣式的功能，允許同一個位置同時存在兩種可能的子樣式。

*Any*

所有型態共同的基礎類別，有些東西會在失敗時回傳 Any。

*argument*（引數）

填入參數的具體值。

*arity*（參數數量）

宣告中定義的參數數量。

*assertion*（斷言）

是一種樣式的功能，用於匹配一種狀況，而不是去匹配字元。

*assign*（給值）

儲存一個值，通常是一個新的容器會使用的動作，這個動作和綁定不同。

*Associative*（關聯）

用字串索引元素的一種角色。

*associativity*（結合性）

相同優先權運算子運作時的順序，用於決定哪個運算子要先動作。

*asynchronous*（非同步）

指多個平行工作可以在重疊的時間中各自獨立運作。

*attribute*（屬性）

物件中用於追踪資料的標籤。

*autochomp*（自動刪除行結尾）

自動刪除輸入中的行結尾。

*autothread*（自動執行緒）

讓你的程式將同樣的操作同時套用到多個東西上的功能。

*backreference*（回頭參照）

在樣式中去參照前面已擷取到的值。

*backtrack*（回溯）

樣式中的一部分可以反匹配一些字元，使得後面的樣式可以匹配成功。

*bareblock*（純 *block*）

是一種不帶任何控制關鍵字的 Block，例如 loop 或 while。

*binary assignment*（二元給值）

是二元運算子的簡寫，會將結果值給回左側的運算元。例如 $s =+ 1。

*binary operator*（二元運算子）

接受兩個運算元的運算子。

*bind*（綁定）

將一個標籤給一個值，而不將該值存在新的容器中，這個動作和給值是不同的。

*block*

放在大括號中的程式碼，擁有自己的辭法範圍。

*Boolean value*（布林值）

一種為 True 或是 False 的值，可實作為 enum 或 Int。

*branch*（分支）

一條程式碼執行的路徑，一個 if-else 結構會造成至少兩個分支。

*callable*

一種可以被呼叫的東西，可以帶引數。具有這種行為的副程式或其他東西就稱為 callable。

*camel case*（駱駝大小寫法）

名稱中，將字的開頭字母寫成大寫。

*camelia*

Perl 6 蝴蝶吉祥物的名稱，就像 Perl 5 的駱駝吉祥物的名稱是 "Amelia"。

*condidate*（候選方法）

是一種 `multi`，這種 `multi` 的宣告有相容的引數列表。

*capture*（擷取）

將樣式匹配到的東西記起來的部分，數字變數 `$0` 等就代表擷取下來的東西。

*case insensitive*（忽略大小寫）

在比較或是進行樣式匹配時，將大寫和小寫字母視為同樣的東西。

*case sensitive*（區分大小寫）

在比較或是進行樣式匹配時，將大寫和小寫字母視為不同的東西，一般通常是採用這種操作。

*catch*（補捉）

在 Exception 停止你的程式之前抓到它。

*cat ears*（貓耳朵）

兩端被排除的 Range 運算子（例如：`^..^`）的別名。

*channel*

一種先進先出（*FIFO*）的佇列。

*child class*（子類別）

一種基於（繼承自）其他類別（父類別）的類別。

*circumfix*（環綴）

環繞某樣東西的語法。

*circumfix infix operator*（環綴中綴運算子）

是一種環繞另外一種東西的運算子，而且該種東西中間也有其他東西。超運算子 `<<+>>` 就是一例。

*circumfix operator*（環綴運算子）

一種環繞它的引數的運算子，例如 `<...>`。

*class*（類別）

用來定義和建立物件的樣板，類別能用來定義一個物件擁有的屬性和方法。

*class method*（類別方法）

一種型態物件的方法，而不是實作物件的方法。例如建構子就是常用的類別方法。

*code*（字元）（編碼）

在 Unicode Character Database（UCD）中的一個字元，一或多個編碼可以組成字位（*grapheme*）。

*code point*（等價字元）

在 Unicode Character Database（*UCD*）中的一個項目。

*coercer*

是一個方法，用來將一個東西轉換成另則一個型態（通常是相容的）。.Str 和 .Bool 方法就屬於 coercer 方法，~ 和 ? 運算子的功能相同。

*comment*（註解）

你寫在程式中的筆記，編譯器會忽略這些筆記。

*comment out*（註解取消）

利用註解的語法來避免程式碼被編譯。目的是將程式碼留在檔案中，稍後可以拿回來用。

*comparator*（比較運算子）

是一種運算子，用以比較兩個東西間的關係，運算的結果是回傳 True 或 False。例如小於等於運算子 < 就是用來比較兩個數字的運算子。

*compile time*（編譯時期）

程式操作的一個階段，在這個階段中，程式碼會被解析並轉換成可以執行的東西。

*compile-time variables*（編譯時期變數）

含有關於編譯操作特定訊息的特殊變數，例如 $?FILE 變數。

*complex number*（複數）

由實數（*Real*）和虛數（*imaginary number*）組成。

*compunit*（編譯單位）

一段可載入或可編譯的程式碼，在一個模組中，含有零到多個 compunit。Perl 6 repository 中儲存著 compunit。

*concatenation*（接合）

將兩個東西合併的一種處理，通常用來表示將兩個字串組成一個新的字串。

*concurrency*（同步執行）

程式中不同的部分，可以以任意順序進行處理，不需要依序完成。

*condition*（條件）

是一種述句，被滿足了以後才可以繼續後面的動作。

*conditional*（條件構造）

屬於一種程式構造，只有在某些斷言被評估為 True 時才會執行。例如 if 和 while 構造必須評估一個條件，才能決定要不要執行程式碼區塊。

建構子（*constructor*）

一種用來建立同型態物件的方法。Perl 6 一般會用 .new 當成建構子，但也可以不使用 .new。

*container*（容器）

可以裝值的東西，容器允許你改變裡面的值。

*control structure*（控制結構）

一種用於決定程式執行路徑的結構，像是 while 這種迴圈用的關鍵字，或是 if 這種條件構造都屬於控制結構。

*CURI*

CompUnit::Repository::Installation 的縮寫—就是一種知道怎麼在本地安裝模組的東西。

*current working directory*
（目前工作路徑）

指一個程式用來解析相對路徑的一個目錄。這個路徑並不一定指向程式同一個目錄。你可以在 $*CMD 變數中找到目前工作路徑的值。

*CWD*

指 *current working directory*。

*decimal number*（十進位數）

以數字 0 到 9（或其他語言中的數字 0 到 9）組成的數字。有時候也用來代表一個數字有小數點，不過搞電腦的人都傾向將有小數點的數稱為**浮點數**（*floating point*）。

*regex*）（宣告式樣式（*declarative*）

在一個樣式中用來描述字串的部分，而不是指示做什麼的部分。一排字元的部分就是 declarative。

*declare*（宣告）

聲明你打算使用的變數名稱，利用 my 關鍵字可以宣告一個變數。

*decontainerize*（去容器化）

從容器中取出值。

*directive*（*printf*）（*printf* 的指示字）

在 sprintf 樣板中的佔位單元，用來描述如何格式化資料。

*double-quoted strings*
（雙引號括起字串）

以 "（或相等的東西）括起的字串，這種字串可以取代為特定數列、變數或其他的東西。

*dual value*（雙值）

是可以當成一或多個其他物件的物件，例如 IntStr，它可以是 Int 也可以是 Str。也稱為同質異像（*allomorph*）。

*DWIN*

Do What I Mean 的縮寫，它是一個設計原則，表示某物的預設行為應該是它最常被使用的行為。

*dynamic variable*（動態變數）

從暫時的範圍所定義的變數（不是辭法範圍），這個定義其他的語言非常的不同。

*eager assignment*（迫切給值）

是一種給值行為，這種給值行為會強迫 Seq 建立所有元素。

*embedded comment*（內嵌註解）

用 #'() 做出來的註解，可以寫在述句的中間。

*empty list*（空 *list*）

沒有元素的 List。

*empty string*（空字串）

不含有任何字元的字串，它是定義過的（*defined*），但布林值等於 False。

*escape*（脫逸）

依未脫逸前的解讀，決定下一個字元應該要被當成特殊字元或是一般字元

*escape character*（脫逸字元）

\ 是脫逸字元，在某些字串內容中，它用來表示下一個字元是一般字元（\'）或特殊字元（\n）。

*escaped string*（脫逸字串）

是一個在括號中的字串，允許某些字元代表非一般字元（例如 \n）。

匯出（*export*）

在呼叫者的範圍裡，定義一些名稱和副程式。通常這些名稱或副程式被定義在它們自有的辭法空間中。

擴展（*extend*）

在一個子類別中定義一個方法，這個方法會呼叫父類別中的同名方法，而且還會多做一些事。

*factory*

是一個方法，這個方法會建立另外一個型態的物件。

*False*

內建的布林值，會讓條件構造不滿足，利用 .so 方法的話，許多值都可以歸約到布林值。

*fat arrow*（胖箭頭）

=>，用來建構 Pair。

*filehandle*

是一個物件，用於將你的程式和某樣可供輸入或輸出的東西連結起來。

*flatten*（壓扁）

將一個合併值的單位（例如 List），將它從單一個東西變成多個東西。

*floating-point number*（浮點數）

一個擁有小數部分的數字，對程式設計之外的世界來說，通常和 *decimal number* 是等義的。

*French quote*（法式括法）

一種更花俏的括法，使用 « 和 »。

*generalized quoting*（通用括法）

利用 Q 或是它的等效格式去建立一個字串。

*gist*

是將物件轉換成"人類可讀"的表示方法。.say 方法會自動地呼叫 .gist，並給予需要的引數。

*gradual typing*（漸進式定型）

> 在你使用後，型態系統才去給定變數
> 的執行期型態。

*grammar*（文法）

> 用特定的語法建立解析器的一套東
> 西。

*grapheme*（字位）

> 由一到多個等價字元（*code point*）組
> 成，用來表示一個概念。

*greedy*（貪婪）

> regex 中試圖盡量用完字元的部分。

*group*（分組）

> 利用括號或其他分隔符號，將一個述
> 句分隔。

*Hamadryas*

> 本書封面蝴蝶的屬名。

*Hamadryas perlicus*

> 一種虛構的蝴蝶種類，在範例中使
> 用。

*here doc*

> 多行字串的一種引用機制。

*hexadecimal number*（十六進位數）

> 十六進位數─使用數字 0 到 9，以及
> A 到 F 表示的數字（可混合使用）。

*hyperoperator*（超運算子）

> 是一種運算子，用來將另外的運算子
> 應用在兩個 .Positional 上。

*identifier*（識別）

> 變數的名稱部分，可以由字文、數
> 字、底線、連接號和撇號組成。

*imaginary number*（虛數）

> 是虛數單位（*imaginary unit*）的倍
> 數。

*imaginary unit*（虛數單位）

> 即把 -1 開根，在一個複數中有實部
> （real）以及虛部（imaginary）。

*immutable*（不可變）

> 一個你不可改變的值，例如 List 和
> Map 這些型態，它們在建立完成後，
> 資料就固定了。一個不帶印記的變
> 數，就是不可變變數。

*implicit parameter*（隱式參數）

> 是一種參數，這種參數自動地會被包
> 括在宣告中。

*import*（匯入）

> 從其他的模組或函式庫，將功能或程
> 式碼引入。

*infinite loop*（無窮迴圈）

> 一個永遠不會離開的迴圈，loop{} 就
> 是一例。

*infix*（中綴）

> 是語法的一部分，用以表示寫在其他
> 兩個東西的中間。

*infix operator*（中綴運算子）

是一個運算子，身處於它的引數中間，例如 @i + @j 中的 +。

*inherit*（繼承）

在做一個新類別或物件時，用另外一個類別或物件當作基礎。

*inheritance*（繼承關係）

將某個類別當成另外某個新類別的基礎。

*initialize*（初始化）

指定一個變數的初始值。

*instance*（實例）

物件的另外一種說法。

*Integer*（整數）

整數，包括正整數和負整數以及 0，用 Int 類別來代表這種數值。

*interpolated string*（取代過的字串）

是一種括法構造，其中某些特殊字元可以被取代。舉例來說，字串中的變數以它的值取代後，就是取代過的字串。

*intersection*（交集）

將同時存在於多個集合中的元素，取出建立成一個新集合。

*invocant*（呼叫主體）

你呼叫一個方法時，它的主體就叫 invocant。

*item assignment*（項目給值）

給值的動作是給到一個項目容器中，這種給值動作的優先權和清單給值是不同的。

*itemize*（項目化）

將某樣東西解讀為單一單位，即使該樣東西是由多種東西組成。

*iteration*（迭代）

對集合中的每一個元素都重複進行同一組動作。

*kebab case*（烤肉串大小寫法）

在變數名稱中使用連字號，用 - 把字組合在一起。

*key*

在 Associative 型態中，用來代表儲存值的一個標籤。

*lazy*（延遲）

Positional 型態物件，一直到你需要使用它的值時，才會產生它的值。

*Lazy*，大寫的 *L*（懶惰）

程式設計師的主要優點之一，現在做的多，以確保以後做的少。

*left associative*（左結合）

當兩個運算子的優先權相等時，讓最左側的運算子先動作。

*lexical scope*（辭法範圍）

以程式碼所在的地點為基礎，而不是依程式執行的順序定義出的範圍。例如 Block 可以定義一個辭法範圍。

*lexicographic comparison*
（字彙序比較法）

表示字和字的一種順序，或是用於比較兩個字串。雖然還有一些實驗是基於更複雜的字元順序，但在 Perl 6 中大部分都是以 Unicode Character Database（UCD）的編碼當成字的順序。

*library*（函式庫）

一個由副程式、類別和其他資源組成的檔案。

*link*

檔案名稱和磁碟上資料間的一種連結。

*lisp case*（咬舌大小寫法）

就是烤肉串大小寫法。

*list*（串列）

一個不可變的序列，由零或多個東西組成。

*literal value*（常值）

一個和打出來的字一樣的值，而不是一個經過計算產生的值。像 137 和 'Hamadryas' 就是常值。

*live supply*（即時 *supply*）

是一種 supply，它只提供目前和未來的值，它和需求觸發（on-demend）*Supply* 不同。

*logical operator*（邏輯運算子）

作用於布林值（True 和 False）。

*longest declarative prefix*
（最長開頭宣告）

這是正規表達式中的一部分，在樣式被編譯時就已決定。由於程式性的元素要在樣式匹配成功以後才會知道結果，所以宣告的開頭部分是在程式性元素之前。

*longest token matching*
（最長 *token* 匹配）

在匹配時 | 會選擇"最好的"可用樣式，所謂最好的就是試圖用最長開頭宣告或是最精確匹配。

*loop*（迴圈）

是一個程式碼 Block，這種 Block 會執行一次以上，才會讓程式繼續向後執行。

*looser*（鬆散）

是運算子和其他運算子之間的優先權相對關係，緊密的運算會比較先做，而鬆散的運算會比較後做。

*LTM*

*Longest token matching* 的縮寫，應用在文法或 | regix 的多個可用樣式。

member（成員）

指一個 Set 的成員。

metacharacter（描述字元）

是一種字元，這種字元除了當作一般字元之外，還有其他的意義。例如樣式中的 * 就是一個描述字元。

metadata（描述資料）

除了檔案的內容之外，一個檔案的額外資料。舉例來說，檔案存取權限就是一種描述資料。

method（方法）

用來定義物件行為的程式碼。

method resolution order
（方法解析順序）

從繼承樹一路找一個方法的過程，它在多重繼承時很重要。

mixin

role 的另外一個名字。

module（模組）

一個可以重複使用的程式碼單元。許多模組提供類別給別人使用，但是其實不限於提供類別。

multiple inheritance（多種繼承）

一個類別以多個其他類別為基底的處理流程，Perl 6 支援多重繼承，但使用時請務必小心。

mutable（可變）

你可以改變的值。

named parameter（具名變數）

帶有標籤的參數，可以寫在參數列表中的任意地方，對比於位置變數（positional parameter），位置變數使用時只能依指定的順序。

negate（反向）

讓 True 變成 False，或是 False 變為 True，用來表示某個東西不是另外一個東西。

NGF

Normal Form Grapheme 的縮寫，它是 Perl 6 的一種特殊格式，用來匯出字串資料到程式中。

Nil

沒有值。

Normal Form Grapheme（正規化字位）

Perl 內部用來表示字串的方法，是用它自有的正規化方法，這個正規化方法是基於字位的。

object（物件）

類別的實作版本。

octal number（八進位數字）

以 8 為基底進位的數字—用到的數字只有數字 0 到 7。

octet（位元組）

octect 是一個既新又酷，用來代表一個位元組的名詞，由 8 個位元組成。

*on-demand supply*（需求觸發 *supply*）

是一種 Supply，這種 Supply 會把整串值都提供給你。相對於它，還有另外一種稱為即時 *supply*（*live supply*）。

*one-liner*（一行執行）

程式寫好之後，在命令列上執行。

*operand*（運算元）

一個讓運算子使用的值，它是名詞。

*operator.*（運算詞）

一個從其他值建立一個新值的東西。

*outer scope*（外部範圍）

比你目前身處的 scope 層級，再向上一級的 scope。

*Pair*

由一個 key 和一個 value 組成。Pair 是一種資料型態，同時也是其他 Associative 資料型態的基礎。副詞和具名引數也都是 Pair。

*paired delimiter*（成對的分隔符號）

是一種分隔符號，這種分隔符號有分開始和結束兩種，例如小括號和大括號。

*parameter*（參數）

希望從呼叫者處取得哪些引數的一種描述。

*parent class*（父類別）

讓別的類別以它為基礎的一個類別，可以稱為基礎類別或是超類別。

*phaser*

一種特別的副程式，只在程式執行中的特定時間點執行。像 END 會在程式結束時執行，而 LAST 會在迴圈最後一次迭代時執行。

*placeholder variable*（佔位變數）

一種被定義在 Block 中的隱式參數變數。它們帶有第二印記，例如 $^a。

*positional parameter*（位置參數）

在宣告中藉由位置定義出來的參數（相對於具名參數）。

*postcircumfix*（後環綴）

寫在一個東西的後面，而且要包夾住另外一個東西。例如用 [] 取得陣列中的一個元素（@array[$index]），就是寫在陣列名稱後面，而且包住索引值。

*postcircumfix operator*（後環綴運算子）

是一種運算子，這種運算子包夾住某個東西，並且寫在另外一個東西的後面，例如 Positional 的索引運算子就是一例。

*postfix operator*（後序運算子）

一種運算子，這種運算子寫在它要用的引數後面，例如 $x++ 中的 ++。

*postfix rule*（後序原則）

如果一個運算子既可以當中序，也可以當後序用的話，那當中序用時兩邊要放空白，當後序用時就它前面就不可以有空白。

*precedence*（優先權）

> 當同一個述句中有很多個運算時，這些運算的順序就是優先權。每個運算子都知道自己的優先權為何。

*precircumfix operator*（前環綴運算子）

> 是一運算子，這種運算子包夾住某個東西，並且寫在另外一個東西的前面，簡化運算子就是其中一例。

*prefix operator*（前序運算子）

> 一種運算子，要寫在要作用東西前面。

*private method*（*private* 方法）

> 一種方法，這種方法只有在類別辭法範圍內才看得到的方法，其他的物件無法使用。

*regex*（程式式樣式（*procedural*））

> 存在於樣式中，說明要做一些操作，而不是用於匹配東西。在樣式中的 Block 就是一種程式化元素。

*public attribute*（*public* 屬性）

> 一種屬性，這種屬性可藉由類別的介面讓別人使用，不是只能在類別內部使用。

*pun*

> 把一個 role 當成類別用。

*quantifier*（量化器）

> 一種樣式的功能，讓某部分樣式重複。

*Rakudo Star*

> Rakudo 的一個發布版本，其中包含文件、額外模組以及工具，請見 *http://rakudo.org/how-to-get-rakudo/*。

*recursion*（遞迴）

> 從目前正在執行的副程式，呼叫自己。

*regex*

> 可以執行樣式匹配的一個解決方案。

*regular expression*（正規表達式）

> 一種描述匹配字串的樣式寫法。

*reify*（具體化）

> 為一個延遲構造計算出一個實際值的動作。舉例來說，若想要拿到一個 lazy list 中下一個位置的東西，Perl 就會以用決定下一個值是什麼的程式碼，來具體化出那個東西。

*REPL*

> Read-Evaluate-Print-Loop 介面，如果你不帶引數執行 *perl6* 命令的話，它就會啟動 REPL，並開始提示你輸出述句。

*repository*

> 一個程式碼單元的儲存地，程式碼單元是像模組和函式庫這種東西。Perl 6 可以將這些東西儲存在檔案、資料庫、網路儲存體等地方。

*return*（回傳）

　　將一個值送給呼叫你的東西。

*return value*（回傳值）

　　Routine 執行的結果，可以在呼叫該 Routine 的範圍中使用。

*right associative*（右關聯）

　　當兩個運算子擁有相同的權先權時，最右邊的運算子先做。

*role*

　　一種類別，可不透過繼承就提供功能。

*rule*

　　一種不能回溯的 regex。

*satisfied*（滿足）

　　當一個條件述句運算子被評估為 True 時。

*scalar*（常量）

　　一個單一的東西，它可能是一個一般字元，也可能是一個物件。

*scalar variable*（常量變數）

　　一個裝載著單一東西的變數。

*set difference*（差集）

　　存在於第二個 Set 的元素，而且那些元素不存在在第一個 Set 中。

*shaped array*（造型矩陣）

　　指一個擁有多維度的 Array，例如 my @array[3;2]。

*shebang*

　　指的是在程式最上面以 #! 開頭那行，這個符號用於告訴直譯器該如何解讀程式。

*short-circuit operators*（短環運算子）

　　&&、|| 和 //（或其他等效的東西）運算子，這些運算子會對最後一個查看的表達式進行評估求值。

*sigil*（印記）

　　放在變數名稱前面，用以標明關於該變數的一些事情。

*sigilless variable*（無印記變數）

　　不帶印記的變數，這種變數不會自動地將值儲存在容器中，通常在用常數時使用。

*signature*（宣告）

　　統稱一個 callable 的所有參數。

*simple list*（簡單 *list*）

　　一個扁平的 List，裡面沒有任何額外的結構。

*single argument rule*（單一引數規則）

　　一個單一的 Iterable 引數會填滿一個思樂冰引數，而不是成為該思樂冰引數中的一個元素。

*single-quoted strings*（單引號字串）

　　由 ' 分隔符號建造出的字串，通常裡面都是一般字元。

*sink context*

計算出的值不會被儲存或使用的空間，通常表示工作是白做的。

*slang*

子語言的 slang。

*slice*（切片）

存取一個 Positional 中多個元素。

*slurpy parameter*（思樂冰參數）

屬於宣告的一部分，表示接受剩下的所有引數。

*smart match operator*
（聰明匹配運算子）

就是 ~~，這個運算子能藉它的運算元決定如何去比較東西。

*snake case*（蛇大小寫法）

是一種將變數名稱以底線分隔的寫法，底線們看起來像是在地上爬。

*soft failure*（軟性失敗）

一種會延後發作的 Exception。

*string*（字串）

由一連串字元組成的單一東西。

*structured list*（帶結構的 *list*）

一個含有其他 List 的 List。

*stub method*（虛擬方法）

一個未實作但是先定義的方法，這種方法通常會用 ... 或 !!!，在執行到時用產生 fail。

*submethod*（子方法）

一個不可被繼承的方法，行為像方法的副程式。

*subroutine*（副程式）

一個不可被繼承的函式，帶有參數清單。

*subset*（子集合）

一個由其他 Set 中的元素所組成的 Set。

*subsignature*（子宣告）

屬於宣告的一部分，用於將參數的結構再拆解。

*substring*（子字串）

一個被其他字串包含的字串，舉例來說，Hamad 就是 Hamadryas 的子字串。

*superset*（超集合）

一個由另外一個 Set 中所有元素組成的 Set，甚至還可再加上其他元素。

*supply*

一個能接收 Supplier 提供的所有值的接收者，Supply 有能力處理並對新值作出回應動作。

*symbolic link*（符號連結）

是一種檔案，這種檔案儲存了一個字串，這個字串指向另外一個檔案。

*symmetric set difference*（對稱差集）

不同時存在兩個 Set 的元素所組成的 Set。

*syntax check*（語法檢查）

一種編譯一個程式但又不執行該程式的動作。如果編譯成功的話，就不會有語法錯誤（雖然這不代表程式跑起來是正確的）。

*syntax error*（語法錯誤）

一種程式中的錯誤，是由程式碼沒有遵守語言的規則而造成的錯誤。

*task distribution*（工作發行）

是一種發行物，通常不會提供任何程式碼，它是利用模組安裝程序去安裝一堆模組。舉例來說 Task::Star 模組會要求安裝相依套件，這些相依套件指定要安裝 Rakudo Stra 的額外模組。

*term*（詞）

程式碼的最小單位，一般的值和變數名稱都是詞。

*ternary operator*（三元運算子）

是一個冷門的名稱，也是個通用名稱。它指的是 ?? 和 !! 這類的條件運算子，因為它們使用了三個部分。

*thingy*（東西）

一個通用的詞，用在你不想要明確的指出是哪個名稱、行為或是值的時候。

*throw*（丟出）

造成 Exception 斷言（assert）自己。

*thunk*

是一段程式碼，這種程式不會立即執行。而且 thunk 不會定義一個範圍出來。

*tighter*（緊密）

它是一種運算間的優先權相對關係，一個較緊密的運算會比鬆散的運算先做。

*token*

一種低層級，不可回溯的 regex。

*topic*（主體）

是預設變數 $_ 的別稱。沒有明確寫出物件而呼叫的方法，就是使用儲存 $_ 中的物件。使用的目的是要簡短程式碼。

*topicalization*（主體化）

指將值暫時放在 $_ 裡面的一個動作。舉例來說，given 就做了這樣的動作。這樣的動作讓你在呼叫方法時，可以把主體當成隱藏物件使用。

*topical method*（主體方法）

帶著隱藏主體（$_）的方法呼叫。

*True*

一個內建的布林值，它可以滿足一個條件構造。有許多值都可用 .so 歸約成布林值。

**twigil**（第二印記）

一個字元，目的是用來幫助印記，表示出它的範圍，例如 $*HOME 中的 *。

**type**（型態）

一個東西的類別，用於決定該東西該有的行為。

**type object**（型態物件）

一個代表型態的物件，這個物件知道它的型態是什麼，但沒有實現化過的值。它永遠是未定義的狀態（undefined）。

**UCD**

Unicode Character Database 的縮寫，有時（錯誤地）被稱為 "Unicode"。

**unary**（一元）

只接受一個運算元或引數的東西。

**unary operator**（一元運算子）

只需要一個運算元的一種運算子，這種運算子可以寫在運算元的前面或後面。

**union**（交集）

將兩個 Set 合併，變成一個比較大的 Set，這個較大的 Set 中含有兩個 Set 中的所有元素。

**unspace**（非空間）

一個空間，藉由前面放 \ 讓它被安插在通常不能出現空白的地方。在不能用空白的地方，你通常會用非空間來分開詞或是做程式碼對齊。

**UTF-8**

一種 Unicode Tranformation Format，它使用 8-bit 編碼單位。一個 UTF 代表等價字元與位元組表示的一種對應關係。Perl 6 使用 UTF-8 當成輸出和輸入預設的編碼。

**variable**（變數）

一個具名的值，嚴格來說它們並不是"變"數，因為它們其中的一些值是不可變的。

**Whatever**

* 這個 token，它代表一個由上下文決定的東西，例如 * - 1。這是一個閉包的簡寫，在這個例子中，完整寫法是 {$^x - 1}。

**yada yada**

一個佔位運算子（...），這個運算子可以被編譯，但如果執行到它的話，就會產生錯誤。

# 練習題解答

這個附錄中有本書中所有的習題解答。

## 前言練習題解答

1. 除了你們在練習題前面讀到的內容之外,我沒有其他的答案了。Perl 6 的安裝是其中的重點問題。

   一旦你安裝好 *Perl6* 之後,你可以要求它給你幫助。在你碰到問題時,-h 和 --help 命令列開關可以顯示一堆可幫助你解決問題的列表。下面擷取它們一部分的輸出:

   ```
   % perl6 -h
   perl6 [switches] [--] [programfile] [arguments]

       With no arguments, enters a REPL. With a "[programfile]" or
       the "-e" option, compiles the given program and, by default,
       also  executes the compiled code.

       -c          check syntax only (runs BEGIN and CHECK blocks)
       --doc       extract documentation and print it as text
       -e program  one line of program, strict is enabled by default
       -h, --help  display this help text
       ...
       -v, --version       display version information
       ...
   ```

你可以看到 *perl6* 有 **-v** 和 **--version** 開關：

```
% perl6 -v
This is Rakudo version 2018.04 built on MoarVM version 2018.04
implementing Perl 6.c.
```

在這個幫助訊息的最上面是說明如果不帶引數呼叫 *perl6* 的話，它會進到 REPL 中，REPL 就是我展示給你看，你可以做一些事情的地方。在提示字元處，你可以輸入一個變數的名稱，REPL 就會把它的值顯示給你看：

```
% perl6
To exit type 'exit' or '^D'
> $*VM
moar (2018.04)
> $*PERL
Perl 6 (6.c)
```

好了！你已完成了你第一個練習題！你知道你有 Perl 6 可以用了。你同時也知道，如果你要反應問題的話，要從哪裡取得一些細節資訊了。

2. 關於這個練習題，我沒有什麼可補充的。主要要做的就是去使用 *Learning Perl 6* 網站，現在你知道有這個網站了，去看看有什麼是我沒講到的。

# 第 1 章練習題解答

1. 我在章節裡沒有告訴你要用什麼方法，但你知道是要從 Int 類別中，找到你能用的東西。我傾向請你查閱線上文件。

如果你不知道該值是否為一個 Int 的話，你可以使用 .^name 方法來得到答案：

```
% perl6
> 137.^name
Int
```

查閱 Int 類別的文件，你應該可以找到要用的是 .sqrt 和 .is-prime 方法，所以請對該值呼叫這兩個方法：

```
> 137.sqrt
11.7046999107196
> 137.is-prime
True
```

你也可以將程式儲存在檔案中，如此一來，你就必須把值輸出：

```
put 137.^name;
put 137.sqrt;
put 137.is-prime;
```

現在我覺得你已經可以自己找到一個類別的文件，並且從中找到你要用的方法了。

2. 對於這個練習題來說，這個變數並不是重點，重點是懂得怎麼弄清楚它是誰。請查閱變數文件（*https://docs.perl6.org/language/variables*），**$*CWD** 代表的是目前工作路徑，也是你用相對路徑（第 8 章）讀取或寫入檔案時，會用的預設路徑。你可以在 REPL 中看看它的值：

```
% perl6
> $*CWD
"/Users/hamadryas".IO
```

如果你在另外一個目錄啟動 *perl6*，你會得到另外一個值：

```
% cd work/perl6-files/ch-01
% perl6
> $*CWD
"/Users/hamadryas/work/perl6-files/ch-01".IO
```

3. 這題的答案很短，只要從章節內容裡把程式偷出來放到一個檔案中就好了：

```
#!/usr/local/bin/perl6
put 'Hello World!';
```

然後執行它：

```
% perl6 hello-world.p6
```

做完以後，本書後面的練習題看起來就變容易了，因為只是在檔案中放不一樣的文字而已！

# 第 2 章練習題解答

1. 程式和你在章節內容裡看到的一樣，只是把它改成一行的版本：

```
put 'Hello Perl 6!';
```

而用 MAIN 寫的版本則是多加一點點東西而已：

```
sub MAIN {
    put 'Hello Perl 6!'
    }
```

2. 這個練習題的重點是放在讓一個程式可以執行起來，而不是理解它所有的程式內容。解答是在兩個參數的程式中再加一點東西：

```
sub MAIN ( $thingy1, $thingy2 = 'perlicus', $thingy3 = 'sixus' ) {
    put '1: ', $thingy1;
    put '2: ', $thingy2;
    put '2: ', $thingy3;
    }
```

以下是用不同的引數分別跑了幾次程式的情況。在沒有給引數的時候，你會看到幫助訊息，告訴你必須至少指定一個引數：

```
% perl6 three-args.p6
Usage:
  three-args.p6 <thingy1> [<thingy2>] [<thingy3>]

% perl6 three-args.p6 Hamadryas
1: Hamadryas
2: perlicus
2: sixus

% perl6 three-args.p6 Hamadryas amphinome
1: Hamadryas
2: amphinome
2: sixus

% perl6 three-args.p6 Hamadryas amphinome fumosa
1: Hamadryas
2: amphinome
2: fumosa
```

3. 這個程式是章節範例中，那個猜喜歡的數字範例的變體：

```
my $name = prompt 'What is your name? ';
put 'Hello ', $name;
```

在 MAIN 後面，你可以使用 prompt 來設定預設值：

```
sub MAIN ( $name = prompt( 'What is your name> ' ) ) {
    put 'Hello ', $name;
    }
```

現在你可以用兩種方法執行該程式：

```
% perl6 name.pl
What is your name> Gilligan
Hello Gilligan
```

```
% perl6 name.pl Roger
Hello Roger
```

4. 在範例中所有不同基底的數字，其實都是同一個數字。基底僅僅只是用不同的表示，去表達同一種東西。REPL 會回應以 10 為基底的結果：

```
% perl6
> 137
137
> 0b10001001
137
> 0o211
137
> 0x89
137
```

5. 只要把範例中的東西打在 REPL 中，就可以看到它們的十進位：

```
% perl6
> :7<254>
137
> :19<IG88>
129398
> :26<HAL9000>
5380136632
> :36<THX1138>
64210088132
```

6. 你可以建立 MAIN 副程式，在該副程式中指定一個參數。在程式中的每一行，都是以不同基底去表達同一個數字，你可以在某些基底前面加上前綴：

```
sub MAIN ( $number ) {
    put '0b', $number.base:  2;
    put '0o', $number.base:  8;
    put       $number;
    put '0x', $number.base: 16;
    }
```

如果你執行此程式，並給它一個十進位數字的話，就可看到該數字的四種表示：

```
% perl6 formats.p6 343
0b101010111
0o527
343
0x157
```

如果你不是指定十進位數,就會看到一個從 `.fmt` 方法來的錯誤,現在請先不要糾結於該錯誤的意義為何:

```
% perl6 formats.p6 BEEF
Directive b not applicable for type Str
```

如果輸入東阿拉伯數字(Eastern Arabic),則程式還是可以執行:

```
% perl6 formats.p6 ١٣٧
0b10001001
0o211
137
0x89
```

7. 請在程式碼區塊的最頂端再加上一步,這一步是利用 `.parse-base` 將引數轉為數字,然後才接著將該數字轉為不同的基底:

```
sub MAIN ( $thingy ) {
    my $number = $thingy.parse-base: 16;

    put '0b', $number.base:  2;
    put '0o', $number.base:  8;
    put $number;
    put '0x', $number.base: 16;
    }
```

8. 當你使用了後綴的 `++` 時,會在輸出原值後,才更新該值。所以你的輸出會從 0 開始,因為它就是你進到迴圈時的目前值:

```
0
1
2
...
```

當你使用了前綴的 `++` 時,將會先更新值,才輸出新值。迴圈第一次執行時,該值是 0,你會將它更新成 1 後,才輸出值:

```
1
2
3
...
```

9. 你只需要將做輸出的那一述句換掉即可,讓它每次都加 3:

```
loop {
    state $sum = 0;
    put $sum += 3;
    }
```

上面的作法和將 $sum 寫在給值運算子兩側的效果是相同的:

```
loop {
    state $sum = 0;
    put $sum = $sum + 3;
    }
```

如果把每次要加的值移出迴圈的話,會讓這個程式稍微變好一點。請用一個變數儲存你每次要加的那個數字:

```
my $interval = 3;
loop {
    state $sum = 0;
    put $sum += $interval;
    }
```

在本章後面一點,你將會讀到如何將它更進一步放一個 MAIN 函式中:

```
sub MAIN ( $interval = 3 ) {
    loop {
        state $sum = 0;
        put $sum += $interval;
        }
    }
```

你目前還不知道怎麼停止這個迴圈,請繼續讀下去!

10. 當 $sum=5 時,你會執行 last。由於你使用了後綴自動遞增,所以你是在使用 $sum 以後,才更新 $sum 的值。當你輸出 4 之後,馬上就將它的值改為 5。所以當你輸出 4 之後,$sum 的目前值就是 5,此時就會進行檢驗的動作。== 評估的結果為 True,所以 last 就停止了 loop,而輸出停止在 4:

```
0
1
2
3
4
```

11. 這個問題的解法有很多種,但受限於你在本書中讀到內容,所以許多解法還不能使用,以下是其中一種解法:

```
loop {
    state $n = 1;
    put do if $n %% 3 and $n %% 5 { 'FizzBuzz' }
        elsif $n %% 3             { 'Fizz' }
        elsif $n %% 5             { 'Buzz' }
        else                      { $n }
```

```
    $n += 1;
    last if $n > 100;
    }
```

它看起來像是一團亂麻,請你把它逐步拆開看。首先,是要有個東西可以裝載數字,這部分不難,state 宣告在 loop 的範例中定義了一個持久變數。在 loop 的尾端,你會將該數字加 1:

```
loop {
    state $n = 1;
    ...
    $n += 1;
    last if $n > 100;
    }
```

而在中段的部分是用來輸出一些值,基本上就是 put:

```
loop {
    state $n = 1;
    put ...;
    $n += 1;
    last if $n > 100;
    }
```

最後,就是這個問題的核心部分,是要決定輸出什麼文字。如果第一個數字可以被第二個整除,那 %% 就會等於 True,即透過這些整除動作來決定選擇什麼:

```
if $n %% 3 and $n %% 5 { 'FizzBuzz' }
        elsif $n %% 3           { 'Fizz' }
        elsif $n %% 5           { 'Buzz' }
        else                    { $n }
```

if 前面的 do 讓 put 能夠使用被選定的值:

```
put do if ...;
```

這些現在看起來有點令人喘不過氣,但讀完本書後再回頭看,應該會覺得它很簡單。你讀過的程式碼越多,越容易把程式逐步拆開看。

12. 與其在程式中寫 100,不如使用 $highest 這個變數。如果沒有命令列引數,就將這個變數設為 100:

```
sub MAIN ( $highest = 100 ) {
    my $number = $highest.rand.Int;
    put 'Number is ', $number;

    if $number > 50 {
```

```
        put 'The number is greater than 50';
        }
    elsif $number < 50 {
        put 'The number is less than 50';
        }
    else {
        put 'The number is 50';
        }
    }
```

加入第二個參數 $pivot，並給它一個預設值，請在程式中將 50 出現的地方都用 $pivot 取代：

```
sub MAIN ( $highest = 100, $pivot = 50 ) {
    my $number = $highest.rand.Int;
    put 'Number is ', $number;

    if $number > $pivot {
        put 'The number is greater than ', $pivot;
        }
    elsif $number < $pivot {
        put 'The number is less than ', $pivot;
        }
    else {
        put 'The number is exactly ', $pivot;
        }
    }
```

不過這裡仍存在一個問題，就是如果第一個引數小於 50 怎麼辦？這樣就不會有值比 pivot 還大了，你馬上就可以修改好這個問題。

13. 你可以從章節範例中取用程式碼，將 pivot 設定為最高數字的一半：

```
sub MAIN ( $highest = 100, $pivot = $highest / 2 ) {
    my $number = $highest.rand.Int;
    put 'Number is ', $number;

    if $number > $pivot {
        put 'The number is greater than ', $pivot;
        }
    elsif $number < $pivot {
        put 'The number is less than ', $pivot;
        }
    else {
        put 'The number is exactly ', $pivot;
        }
    }
```

14. 我將會仔細的一步步解這個練習題。和一次想把所有的東西弄好比起來,漸進式的建立程式會比較容易。首先,你需要一個命令列的引數並設定它的預設值,從這裡開時實作你的程式:

```
sub MAIN ( $maximum = 100 ) {
    put 'Maximum is ', $maximum;
    }
```

你已知道怎麼產生神祕數字了,請把它加到程式中:

```
sub MAIN ( $maximum = 100 ) {
    my $secret-number = $maximum.rand.Int;
    put 'Secret number is ', $secret-number;
    }
```

用 prompt 取得使用者猜測的數字,之後只要看一下輸入的值和變數值是否相同即可:

```
sub MAIN ( $maximum = 100 ) {
    my $secret-number = $maximum.rand.Int;
    put 'Secret number is ', $secret-number;

    my $guess = prompt 'Enter a guess: ';
    put 'Your guess was ', $guess;
    }
```

使用者給了一個猜測數字後,現在你要給他一個提示。請使用 if 和 elsif 去判斷猜測值和神祕數字。現在程式只能執行一次,然後就跑完了,沒有機會執行第二次猜數字:

```
sub MAIN ( $maximum = 100 ) {
    my $secret-number = $maximum.rand.Int;
    put 'Secret number is ', $secret-number;

    my $guess = prompt 'Enter a guess: ';

    if $guess == $secret-number {
        put 'You guessed it!';
        }
    elsif $guess < $secret-number {
        put 'Guess higher!';
        }
    elsif $guess > $secret-number {
        put 'Guess lower!';
        }
    }
```

請用 loop 把提示輸入和給使用者的提示包圍起來。請在使用者猜對的分枝處使用 last，這會讓 loop 停止，在這程式中也不用再做任何事。

```
sub MAIN ( $maximum = 100 ) {
    my $secret-number = $maximum.rand.Int;
    put 'Secret number is ', $secret-number;

    loop {
        my $guess = prompt 'Enter a guess: ';

        if $guess == $secret-number {
            put 'You guessed it!';
            last;
            }
        elsif $guess < $secret-number {
            put 'Guess higher!';
            }
        elsif $guess > $secret-number {
            put 'Guess lower!';
            }
        }
    }
```

我花了一些時間來講解整個流程，你最後可以看到程式長成怎樣。通常在你開始寫的時候，並無法知道最終整個程式會長成怎樣。不過，你還是可以將最程式外層的地方布置好，然後才開始填寫中間的程式。

# 第 3 章練習題解答

1. 以下是表 3-1 中的所有值，只要將 ^name 套用在它們身上即可，多數都很容易理解：

```
% perl6
> 137.^name
Int
> (-17).^name
Int
> 3.1415926.^name
Rat
> 6.026e34.^name
Num
> (0+i).^name
Complex
> i.^name
Complex
```

在這些範例中，複數和負整數會被括起來，- 和 + 的優先權比方法呼叫的點符號來得低，所以它們需要被括號括起來。

2. 寫一個能接受兩個命令列引數的程式很容易：

```
sub MAIN ( $one, $two ) {
    put $one.^name;
    put $two.^name;
    }
```

當你輸入一個數字和一個文字引數時，你會得到兩種不同的型態：

```
% perl6 args-types.p6 1 two
IntStr
Str
```

如果你把第二個引數寫成小數的話，你又會看到另外一個不同的型態 RatStr：

```
% perl6 args-types.p6 4 3.5
IntStr
RatStr
```

另外還有 ComplexStr，當你指定一個看起來像複數的東西時，就會看到它：

```
% perl6 args-types.p6 4 1+3i
IntStr
ComplexStr
```

在這裡你會看到每一種數字型態的名稱都是以 Str 結尾。結束這個練習後，你將會讀到更多關於這部分的相關資訊。

3. 將一個 MAIN 包住那個 given 範例，但不要指定引數的型態：

```
sub MAIN ( $arg ) {
    put 'Saw ', do given $arg {
        when Int     { 'an integer' }
        when Complex { 'a complex number' }
        when Rat     { 'a rat! Eek!' }
        default      { 'something' }
        }
    }
```

執行它並給予多個不同型態引數：

```
% perl6 what-is-it.p6 17
Saw an integer
% perl6 what-is-it.pl 17.0
Saw a rat! Eek!
% perl6 what-is-it.pl 17i
```

```
Saw a complex number
% perl6 what-is-it.pl Hamadryas
Saw something
```

4. 這個程式很簡單，Perl 6 會自動地幫你把分數建好，請從命令列取得一個數字，並使用 .numerator 和 .donominator 方法來輸出分數：

```
sub MAIN ( $number ) {
    put $number.numerator, ' / ', $number.denominator;
    }
```

given 寫成後綴的話更簡潔一點：

```
sub MAIN ( $number ) {
    put .numerator, ' / ', .denominator given $number;
    }
```

試著餵給它不同的數字，你會看到那些數字以分數表示：

```
% perl6 fraction.p6 3.1415926
15707963 / 5000000

% perl6 fraction.p6 2.71828182845905
54365636569181 / 20000000000000
```

5. 你可以調整該範例，以產生新的數列。這次你可以從 $n 等於 1 開始，然後不要做 2 次方的部分，就是答案了：

```
my $n   = 1;
my $sum = 0.FatRat;
loop {
    $sum += FatRat.new: 1, $n++;
    put .numerator, '/', .denominator, ' = ', $_ given $sum;
    last if $n > 100;
    }
```

其加總結果會慢慢的發散：

```
1/1 = 1
3/2 = 1.5
11/6 = 1.833333
25/12 = 2.083333
137/60 = 2.283333
49/20 - 2.45
...
```

6. 這一題要使用 .Rat。如果要求倒數,就請將分子和分母對調:

```
my $number = 7.297351e-3;
put 'Number is a ', $number.^name;

my $rat = $number.Rat;
put 'Fraction is ', $rat.perl;

my $reciprocal = Rat.new: $rat.denominator, $rat.numerator;
put 'Reciprocal is ', $reciprocal;
put 'Reciprocal fraction is ', $reciprocal.perl;
```

輸出結果中的值和你在書本章節中看到的非常相似:

```
Number is a Num
Fraction is <27/3700>
Reciprocal is 137.037037
Reciprocal fraction is <3700/27>
```

7. 這題就像是你猜數字的基本程式,但你必須做兩組比較。雖然看起來每次猜都要做兩次比較,但做完以後就可以肯定兩邊的比較結果:

```
sub MAIN ( $maximum = 100 ) {
    my $secret = Complex.new:
        $maximum.rand.Int,
        $maximum.rand.Int;

    put 'Secret number is ', $secret;

    my $re = $secret.re;
    my $im = $secret.im;

    loop {
        my $guess =
            prompt( 'Enter your guess (n+mi): ' ).Complex;

        if $guess == $secret {
            put 'You guessed it!';
            last;
            }

        given $guess {
            put "Real part is ",
                do if $re > .re { 'too small'  }
                elsif $re < .re { 'too large'  }
                else            { 'just right' }
```

```
        put "Imaginary part is ",
            do if $im > .im { 'too small'  }
            elsif $im < .im { 'too large'  }
            else            { 'just right' }
        }
    }
}
```

請注意，在這個解答中用了幾個新東西。首先，你建立了 $re 和 $im 兩個變數，所以可以讓比較式那一行變得簡短，這麼做只是為了簡短。

你將 prompt 得到的東西轉換成為一個複數。如果取得的不是一個值，你就會得到錯誤，你將會在第 7 章看到怎麼處理錯誤。

given 將猜測的答案放在 $_ 中，所以你可以拿它來當作主體，$_ 是方法呼叫的預設物件，你可以用 $guess.im 完全取代 .im。

# 第 4 章練習題解答

1. 用提示字取得一些文字，並用 .chars 算出有多少文字：

```
my $string = prompt 'Enter a string: ';
put 'There are ', $string.chars, ' characters';
```

請執行它幾次，並給它一些不一樣的輸入：

```
% perl6 char-count.p6
Enter a string: Hamadryas perlicus sixus
There are 24 characters

% perl6 char-count.p6
Enter a string: 🦋 🐚 🦑 éåü
There are 6 characters
```

2. 加入一個 loop，並且在沒有更多字元時使用 last 離開迴圈：

```
loop {
    my $string = prompt 'Enter a string: ';
    last if $string.chars == 0;
    put 'There are ', $string.chars, ' characters';
    }
```

改完以後，程式會持續執行，直到輸入空白為止：

```
% perl6 char-count-loop.p6
Enter a string: Hello
```

```
There are 5 characters
Enter a string: Perl 6
There are 6 characters
Enter a string:
```

3. 這個解答和數字元數量的解答很像，只是換成 Str 的另外一個功能：

```
loop {
    my $string = prompt 'Enter a string: ';
    last if $string.chars == 0;
    put 'Found Hamad!' if $string.contains: 'Hamad';
    }
```

只有在子字串存在而且大小寫一致時，你才會看到比較多輸出訊息：

```
% perl6 test.p6
Enter a string: Hamadryas
Found Hamad!
Enter a string: Hamad is in the house
Found Hamad!
Enter a string: hamad
Enter a string: Koko likes Kool-Aid
Enter a string:
```

若要改成不管大小寫的話，你可以將對前面的字串以及子字串使用 .lc（或用 .fc 也可以，稍後你再看到）：

```
loop {
    my $string = prompt( 'Enter a string: ' ).lc;
    last if $string.chars == 0;
    put 'Found Hamad!' if $string.contains: 'Hamad'.lc;
    }
```

現在變成不管大小寫了：

```
% perl6 test.p6
Enter a string: Hamadryas
Found Hamad!
Enter a string: hamadryas
Found Hamad!
Enter a string:
```

4. 這是一個簡單的程式，$first 和 $second 變數一開始就拿到 Str 物件，你不需要自行轉換，因為數值運算會幫你暗中做掉轉換的工作，而且也不會有警告：

```
my $first  = prompt( 'First number: ' );
my $second = prompt( 'Second number: ' );
```

```
put 'Sum is ',        $first + $second;
put 'Difference is ', $first - $second;
put 'Product is ',    $first * $second;
put 'Quotient is ',   $first / $second;
```

執行程式並給回答兩個數字，它就可以運作正常了：

```
% perl6 two-numbers.p6
First number:  12
Second number: 34
Sum is 46
Difference is -22
Product is 408
Quotient is 0.352941
```

如果你輸入的不是數字的話，你會得到一個轉換錯誤：

```
% perl6 two-numbers.p6
First number:  Two
Second number: Three
Cannot convert string to number: base-10 number must
begin with valid digits or '.'
```

我還沒告訴你要怎麼避免這種錯誤，你將會第 7 章時讀到相關內容。

5. 你可以把前一個練習題改成走兩條路的方法。在 if 條件中，使用 val 去檢查每個
Str 能不能被轉換為數字。如果每個字串都可以與 Numeric role 聰明匹配成功，那下
面的數學操作就不會有問題。中間如果有任何一個失敗的話，你也會知道：

```
my $first  = prompt( 'First number:  ' );
my $second = prompt( 'Second number: ' );

if val($first) ~~ Numeric and val($second) ~~ Numeric {
    put 'Sum is ',        $first + $second;
    put 'Difference is ', $first - $second;
    put 'Product is ',    $first * $second;
    put 'Quotient is ',   $first / $second;
    }
else {
    put 'One of the values isn\'t numeric.';
    }
```

不過，這樣的解決並不是 Perl 的調調。在上面的解答中，你必須輸入兩次聰明匹配
運算子和 role。雖然你還沒有用過 Junction（第 14 章），但你可以使用 all 去標註，
所有的東西都應該要滿足匹配：

```
if all( val($first), val($second) ) ~~ Numeric {
```

另外一種解法是寫一個有三條路的程式，你可以檢查每一個 Str，以找出哪一個出了問題：

```
my $first  = prompt( 'First number:  ' );
my $second = prompt( 'Second number: ' );

if val($first) !~~ Numeric {
    put 'The first string is not numeric.'
    }
elsif val($second) !~~ Numeric {
    put 'The second string is not numeric.'
    }
else {
    put 'Sum is ',        $first + $second;
    put 'Difference is ', $first - $second;
    put 'Product is ',    $first * $second;
    put 'Quotient is ',   $first / $second;
    }
```

6. 若不想每次要輸出東西就要呼叫一次 put 的話，你可以利用 Str 插值的方法來處理輸入字串和顯示字串數量：

```
loop {
    my $string = prompt( 'Enter a string: ' ).lc;
    last if $string.chars == 0;
    put "'$string' has {$string.chars} characters";
    }
```

改好了以後，你就可以在同一行看到輸入的文字和它的字數：

```
% perl6 interpolate.p6
Enter a string: Hamadryas
'hamadryas' has 9 characters
Enter a string: hamad
'hamad' has 5 characters
Enter a string: perl6
'perl6' has 5 characters
```

7. 你可以使用條件運算子去選擇適合作業系統的命令，並將它插入到 qqx 中：

```
my $command =
    $*DISTRO.is-win
        ??
    'C:\Windows\System32\hostname.exe'
        !!
    '/bin/hostname';

print qqx/$command/;
```

如果不想作插值，也可以直接在 shell 中執行 Str：

```
print do
    if $*DISTRO.is-win { qx/C:\Windows\System32\hostname.exe/ }
    else              { qx|/bin/hostname| }
```

# 第 5 章練習題解答

1. 用 state 定義一個變數，並指定它的起始值。若該值比 75 大的話，就用 last 停止迴圈執行。否則就輸出目前的值，然後把它加 3：

```
loop {
    FIRST { put 'Starting' }
    state $n = 12;
    last if $n > 75;
    put $n;
    $n += 3;
    }
```

寫成 C 樣式的話，看來更有條理：

```
loop ( my $n = 12; $n <= 75; $n += 3 ) {
    FIRST { put 'Starting' }
    put $n;
    }
```

不管是寫成哪種樣式，都是利用 FIRST phaser 去輸出迴圈的起始訊息（只有一開始輸出一次）。

2. 把程式改為使用 while 時，最明顯的改法是將變數宣告在 Block 前面。其他部分程式和使用 loop 那個版本非常相似：

```
my $n = 12;
while $n <= 75 {
    FIRST { put 'Starting' }
    LAST  { put 'Stopping' }
    put $n;
    $n += 3;
    }
```

另外有一個比較聰明（或懶）的方法，就是將 loop 改為 while True，其他完全不改。while 後面的條件式永遠滿足，你可以使用 last 去停止迴圈：

```
while True {
    FIRST { put 'Starting' }
    LAST  { put 'Stopping' }
```

```
state $n = 12;
last if $n > 75;
put $n;
$n += 3;
}
```

3. $trim-and-lower 程式碼使用了 $_，所以它需要有一個引數輸入。請呼叫 .trim 並將結果給值回 $_，然後對 .lc 也做一樣的動作：

```
my $trim-and-lower := {
    $_ = $_.trim;
    $_ = $_.lc;
};

my $string = ' HaMaDrYaS   ';
$trim-and-lower( $string );
put "[$string]";
```

請注意在輸出中包夾 $string 的中括號，加了中括號以後你可以把開頭的和結尾處的空白看得很清楚：

```
[hamadryas]
```

$trim-and-lower 的寫法不是很像 Perl 的調調，由於 $_ 是預設物件，所以你可以在進行方法呼叫時省略它：

```
my $trim-and-lower := {
    $_ = .trim;
    $_ = .lc;
};
```

你也可以用二元給值，搭配使用 . 運算子，這樣的寫法和上面的程式是等效的（連打字的數量也一樣多）：

```
my $trim-and-lower := {
    $_ .= trim;
    $_ .= lc;
};
```

不過，你還可以將方法串起來，然後把結果指定回給 $_：

```
my $trim-and-lower := {
    $_ = .trim.lc;
};
```

這種寫法要能運作有一個前提，由於你需要去改變引數的值，所以引數必須是一個容器。如果你直接指定一個 Str 的話，就會得到錯誤：

```
$trim-and-lower( 'Perlicus    ' );
```

錯誤訊息告訴你 Str 是不可變的：

```
Cannot assign to an immutable value
```

不過你現在暫時還不用煩惱這個錯誤。

4. max 副程式可以接收多個東西，並判斷出哪一個最大。如果全部都是數字或全部都是 Str 的話，則很容易就可以找出答案。但如果是多個型態混用，就令 max 以 Str 的型態進行比較：

```
my $block := { max $^a, $^b, $^c };

put $block( 1, 2, 19 );                  # 19
put $block( 'a', 'b', 'c' );             # c
put $block( 9, 'Hamadryas', 'perlicus' );   # perlicus
put $block( 'a', 'b' );          # 錯誤！參數太少
```

5. 使用一個 where 和一個 thunk 去限制分母變數不能是 0：

```
subset NotZero of Int where * != 0;
sub divide ( $num, NotZero $dem ) { $num / $dem }

put divide 1, 137; # 0.007299
put divide 5, 0;    # 錯誤！限制型態檢查失敗
```

你也可以在宣告中直接做完：

```
sub divide ( $num, $dem where * != 0 ) { $num / $dem }

put divide 1, 137; # 0.007299
put divide 5, 0;    # 錯誤！限制型態檢查失敗
```

# 第 6 章練習題解答

1. MAIN 函式接收一個 Str 和一個數字引數，並利用 xx 重複 Str 多次，放入一個由 $n 項目組成的 List 中。然後你可以呼叫 .join 將所有項目以換行連接起來：

```
sub MAIN ( Str $s, Int $n ) {
    my $list = $s xx $n;
    put $list.join: "\n";
    }
```

輸出的結果是把 Str 輸出 5 次：

```
B<% perl6 repeat.p6 'Hello' 5
Hello
Hello
Hello
Hello
Hello
```

你可以不寫 $list 變數：

```
sub MAIN ( Str $s, Int $n ) {
    put ( $s xx $n ).join: "\n";
    }
```

2. 這題的解答和你在章節內容中看到的非常相似，lines() 提供一行一行的輸入值，請在你處理每一個元素時，輸出計數值和該行內容：

```
for lines() {
    put $++, ": $_";
    }
```

在這裡無名常量 $ 很好用，因為你可以把所有的東西寫在一起，無名常量本身就是一個永久變數。你也可以透過顯示的方法做：

```
for lines() {
    state $line-number = 1;
    put $line-number++, ": $_";
    }
```

使用 .words 將一行拆開，然後再用 .elems 去計算你拿到多少東西：

```
for lines() {
    put $++, ": $_ ({ .words.elems })";
    }
```

3. 要把那些行輸出很容易，只要用 next 跳過任何不含子字串的東西就可以了一你在第 4 章看到的 .contains 方法，這時候就派上用場了（第 15 章的 regex 也很有用）：

```
for lines() {
    next unless .contains( 'Pyrrhogyra' );
    .put;
    }
```

計算數量的部分要稍微多做一點事。請建立一個永久變數來儲存計數，在你通過 next 時就把計數加一。LAST phaser 會在迴圈的最後一次執行時輸出訊息：

```
for lines() {
    state $count = 0;
    next unless .contains( 'Pyrrhogyra' );
    .put;
    $count++;
    LAST { put "Found $count lines" }
    }
```

4. 請在 REPL 中執行：

```
% perl6
> ('aa'..'zz').elems
676
> ('a'..'zz').elems
702
```

這是因為英文字母結尾的地方又會重新開始,即 'z' 後面是 'aa'(像試算表一樣的編排)。

5. 請在 REPL 中執行這一行,就會自動地產生範圍了:

```
> ('b5'..'f9').List
(b5 b6 b7 b8 b9 c5 c6 c7 c8 c9 d5 d6 d7 d8 d9
e5 e6 e7 e8 e9 f5 f6 f7 f8 f9)
```

你可以把數字和字母的順序顛倒過來:

```
> ('5b'..'9f').List
(5b 5c 5d 5e 5f 6b 6c 6d 6e 6f 7b 7c 7d 7e 7f
8b 8c 8d 8e 8f 9b 9c 9d 9e 9f)
```

你可以想象這裡面有一些簡單的矩陣數學運算?

6. 這個解答會循環一個由色彩組成的 Seq,每次迴圈執行時,take 都會取得 Array 中的下一個元素。它會去遞增無名常量 $,再去整除 Array 的元素數量,這樣就可以讓計算出來的索引都保持在正確的範圍中:

```
my @colors = lazy gather {
    state @array = <red green blue>;
    loop { take @array[ $++ % * ] }
    }

put @colors[$++] for ^10
```

輸出是前 10 個色彩：

```
red
green
blue
red
green
blue
red
green
blue
red
```

程式裡面用到了 gather，它是這個練習題的重點。有一句我覺得你應該不知道的俗話：將 xx 搭配 Whatever 使用的話，會無限地複製你給它的東西。但由於它的延遲特性，所以那些無限多的東西，將不會一次全部出現：

```
my @colors = |<red green blue> xx *;
put @colors[$++] for ^10;
```

7. 0 是第一個平方數，給位置 0 使用，下一個平方數是 *0+2(1)-1*，也就是 1，以此類推。在定義好 Seq 以後，你就可以要求任何你想要的位置，永久變數 $n 中儲存著位置，而 $^a 是在 Seq 中的前一個值：

```
my $squares := 0, { state $n; $^a + 2*(++$n) - 1 } ... *;
say $squares[25];   # 625
```

8. 這個解答很簡單，和你前一題練習題的解答很像：

```
for @*ARGS {
    put $_;
    }
```

當你執行這個程式時，你可以在分開的每一行看到一個引數：

```
% perl6 args.p6 Hamadryas perlicus sixus
Hamadryas
perlicus
sixus
```

你可以將命令列引數編號：

```
for @*ARGS {
    put ++$, ': ', $_;
    }
```

現在每行前都顯示引數的位置：

```
% perl6 args.p6 Hamadryas perlicus sixus
1: Hamadryas
2: perlicus
3: sixus
```

你也可以指定值給 @*ARGS，只要是想要用 Str 的東西，MAIN 都可以將引數套上去使用：

```
BEGIN @*ARGS = <4 5>;  # 變體
say @*ARGS;

sub MAIN ( Int $n, Int $m ) {
    put "Got $n and $m";
    }
```

9. 由於 .shift 可從 Array 的最前面拿走一個元素，而 .unshift 會將一個元素放到最 Array 的最前面，所以兩個合在一起用的話，可以將 Array 中的元素顛倒，第一個最終會變成新 Array 中的最後一個：

```
my @array = @( 'a' .. 'f' );
my @new-array = Empty;

while @array.shift {
    @new-array.unshift: $^a;
    }

say @new-array;  # [f e d c b a]
```

.pop 和 .push 運算子也可以從 Array 的另外一個方向做到一樣的功能：

```
my @array = @( 'a' .. 'f' );
my @new-array = Empty;

while @array.pop {
    @new-array.push: $^a;
    }

say @new-array;  # [f e d c b a]
```

.splice 兩種方向都可以做到，不過程式碼要有一點小修改，因為在碰到空 Array 時，.splice 並不會善罷甘休──你必須要避免這種錯誤。雖然你要到第 7 章才會看到 try，但除了 try 以外，其他的部分的動作都和 .pop 及 .push 一樣：

```
my @array = @( 'a' .. 'f' );
my @new-array = Empty;
```

```
try {
    while @array.splice: *-1, 1, Empty {
        put $^a;
        @new-array.splice: @new-array.end + 1, 0, $^a;
        }
    }

say @new-array;  # f e d c b a
```

不過，其實你不用做得這麼麻煩，只要使用 .reverse 就可以，這個方法會清掉原來的 Array：

```
my @new-array = @array.reverse;
@array = Empty;
```

10. 如果你有開始索引的位置以及陣列長度的話，就可以用 .splice 模擬 .shift、.unshift、.pop 以及 .push 方法。解答中 *-1 代表物件中最後一個索引值：

```
my @letters = 'a' .. 'f';
put @letters.elems;

# shift - 從前方取出，並將一個東西刪除
put 'shift ', '-' x 10;
my $first-element = @letters.splice: 0, 1;
say $first-element;
say @letters; # [b c d e f]

# pop - 從後面取出，並將一個東西刪除
put 'pop ', '-' x 10;
my $last-element = @letters.splice: * - 1, 1;
say $last-element;
say @letters; # [b c d e]

# unshift - 從前方插入，不刪除東西
put 'unshift ', '-' x 10;
@letters.splice: 0, 0, 'A';
say @letters; # [A b c d e]

# push - 從後面插入，不刪除東西
put 'push ', '-' x 10;
@letters.splice: *, 0, 'F';
say @letters; # [A b c d e F]
```

請注意，在 .push 的版本中，啟始的索引比最後一個索引還大 1。因為 * 代表陣列中的元素數量，但在那個數字處還沒有索引。

11. 呼叫 lines 的 .rotor，從你在命令列指定的檔案或是從標準輸入中，取得多行輸入。在 Block 中的值是一個 List，你可以從它那裡取得任何元素：

```
for lines.rotor(3) {
    put $^a.[2];
    }
```

一般利用行的數量，來獲取中間的索引。如果行的數量是奇數的話，.Int 會將算出來的值去小數（選擇比較靠近 0 的那一個）：

```
my $chunk-size = 5;
my $index = ( $chunk-size / 2 ).Int;

for lines.rotor($chunk-size) {
    say $^a.^name;
    say $^a.[$index];
    }
```

12. 建立兩個 Array 分別裝載字母以及字母的順序，用 Z 把兩者 Zip 起來：

```
my @letters = 'a' ..'z';
my @positions = 1 .. 26;
my @tuples = @letters Z @positions;
say @tuples;
```

輸出將會顯示新的 Array 及它的子 list：

```
[(a 1) (b 2) (c 3) (d 4) (e 5) (f 6) (g 7) (h 8) (i 9) (j 10)
(k 11) (l 12) (m 13) (n 14) (o 15) (p 16) (q 17) (r 18) (s 19)
(t 20) (u 21) (v 22) (w 23) (x 24) (y 25) (z 26)]
```

藉由查看 @letters，就可以得到字母的長度，程式可以寫得更精簡一點：

```
my @letters = 'a' ..'z';
my @tuples = @letters Z 1 .. @letters.end;
say @tuples;
```

13. 對兩個 List 作交叉組合很簡單：

```
my $ranks = ( 2, 3, 4, 5, 6, 7, 8, 9, 10, 'J', 'Q', 'K', 'A' );
my $suits = < ♣ ♡ ♠ ♢ >;

my $cards = ( @$ranks X @$suits );
say $cards;
put "There are {$cards.elems} cards";
```

把點數放在前面就代表同點數但不同花色的東西會一起顯示：

```
((2 ♣ ) (2 ♡ ) (2 ♠ ) (2 ◇ ) (3 ♣ ) (3 ♡ ) (3 ♠ ) (3 ◇ )
(4 ♣ ) (4 ♡ ) (4 ♠ ) (4 ◇ ) (5 ♣ ) (5 ♡ ) (5 ♠ ) (5 ◇ )
(6 ♣ ) (6 ♡ ) (6 ♠ ) (6 ◇ ) (7 ♣ ) (7 ♡ ) (7 ♠ ) (7 ◇ )
(8 ♣ ) (8 ♡ ) (8 ♠ ) (8 ◇ ) (9 ♣ ) (9 ♡ ) (9 ♠ ) (9 ◇ )
(10 ♣ ) (10 ♡ ) (10 ♠ ) (10 ◇ ) (J ♣ ) (J ♡ ) (J ♠ ) (J ◇ )
(Q ♣ ) (Q ♡ ) (Q ♠ ) (Q ◇ ) (K ♣ ) (K ♡ ) (K ♠ ) (K ◇ )
(A ♣ ) (A ♡ ) (A ♠ ) (A ◇ ))
There are 52 cards
```

如果你在程式碼中把點數和花色倒過來組合，則所有同花色的牌會一起顯示，然後才輪到其他花色的牌顯示。若要在同一行印出所有同花色的牌的話，就請你迭代過所有的花色，並在過程中與點數交叉組合。由於你使用了 $ 記印，所以你必須將它轉換成它的元素，這樣 for 才能迭代過它的所有元素。在這裡的轉換請用 @：

```
my $ranks = ( 2, 3, 4, 5, 6, 7, 8, 9, 10, 'J', 'Q', 'K', 'A' );
my $suits = < ♣ ♡ ♠ ◇ >;

for @$suits {
    say $_ X @$ranks;
    }
```

現在每行顯示的都是同花色的牌（為了書本印刷隱藏了一部分輸出結果）：

```
(( ♣ 2) ( ♣ 3) ( ♣ 4) ... ( ♣ 10) ( ♣ J) ( ♣ Q) ( ♣ K) ( ♣ A))
(( ♡ 2) ( ♡ 3) ( ♡ 4) ... ( ♡ 10) ( ♡ J) ( ♡ Q) ( ♡ K) ( ♡ A))
(( ♠ 2) ( ♠ 3) ( ♠ 4) ... ( ♠ 10) ( ♠ J) ( ♠ Q) ( ♠ K) ( ♠ A))
(( ◇ 2) ( ◇ 3) ( ◇ 4) ... ( ◇ 10) ( ◇ J) ( ◇ Q) ( ◇ K) ( ◇ A))
```

下面這個版本的解答有點難，它是將所有點數當成一個單位，然後拿花色去交叉組合。請注意 $ranks 前面沒有 @：

```
for @$suits X $ranks {
    say [X] @$_
    }
```

在 $ 中的值是一個含有兩個元素的 List，第一個是代表花色的 Str，第二個是代表所有點數的 List：

```
( ♣ (2 3 4 5 6 7 8 9 10 J Q K A))
```

其中的簡化運算子負責將所有子 List 作交叉組合：

```
[X] @$_;
```

組合的結果是產生一個由同花色的 List 組成的 List（為了書本印刷隱藏了一部分輸出結果）：

```
((♣ 2) (♣ 3) (♣ 4) ... (♣ 10) (♣ J) (♣ Q) (♣ K) (♣ A))
```

14. MAIN 副程式讓你可以指定要發給幾個玩家，每個玩家要發幾張牌。把牌做好了以後，就用 .pick 去選出需要的牌，.rotor 方法會將選出的牌發給玩家：

```
sub MAIN ( Int $hands = 5, Int $hand-size = 5 ) {
    my @ranks = <2 3 4 5 6 7 8 9 T J Q K A>;
    my @suits = < ♣ ♡ ♠ ◇ >;
    my $ranks-str = @ranks.join: '';

    my @cards = @ranks X @suits;

    for @cards.pick( $hands * $hand-size ).rotor: 5 {
        .sort( { $ranks-str.index: $^a.[0] } ).say
        }
    }
```

.sort 的 Block 做了聰明的事，它利用了 Str 中的位置進行排序，這個 Str 是由所有點數結合起來所組成的。牌中有數字、國王皇后，以及 A，它解決了混合排序問題：

```
((4 ♡) (5 ♠) (J ♠) (Q ♠) (A ♠))
((6 ♡) (T ♠) (Q ♡) (Q ◇) (Q ♣))
((2 ♣) (2 ♡) (5 ♡) (6 ◇) (A ♣))
((3 ◇) (5 ◇) (7 ♣) (9 ♠) (J ♣))
((8 ♠) (9 ♡) (T ◇) (K ♠) (A ♡))
```

也許你可以想到其他的解決方法。

15. 這題的關鍵是排序技巧。從花色和點數的 List 中，Block 裡的程式碼產生了兩個 Str。在這兩個 Str 中，用 .index 取得的位置，就是元素的排序順序。這樣一來，對於要排序 A、10 以及國王皇后牌就很好用。用了這個方法，你也可以另外自定排序的順序。

接下來的程式和前一個練習題一樣，發牌給玩家。然後你到程式碼中間部分，那有一個 Block，用來做 .sort。此處做的與排序姓 / 名是一樣的事：

```
sub MAIN ( Int $hands = 5, Int $hand-size = 3 ) {
    my @ranks = <2 3 4 5 6 7 8 9 T J Q K A>;
    my @suits = < ♣ ♡ ♠ ◇ >;
    my $block = {
        state $r = @ranks.join;
        state $s = @ranks.join;
```

```
        $r.index( $^a.[0] ) <=> $r.index( $^b.[0] )
            or
        $s.index( $^a.[0] ) <=> $s.index( $^b.[0] )
        };

    my @cards = @ranks X @suits;

    for @cards.pick( $hands * $hand-size ).rotor: $hand-size {
        .sort( $block ).say
        }
    }
```

輸出是發給 5 位玩家排序過的牌：

```
((2 ♡ ) (9 ◇ ) (T ♠ ) (K ◇ ) (A ♣ ))
((4 ♣ ) (9 ♣ ) (9 ♠ ) (Q ♡ ) (A ♡ ))
((5 ♣ ) (5 ♡ ) (5 ♠ ) (Q ♠ ) (K ♠ ))
((7 ♣ ) (8 ♠ ) (9 ♡ ) (T ◇ ) (Q ♣ ))
((5 ◇ ) (6 ♣ ) (8 ◇ ) (J ♡ ) (A ◇ ))
```

# 第 7 章練習題解答

1. 使用你前面看過的 try 程式區塊，把有問題的程式碼包起來：

```
try {
    CATCH {
        default { put "Caught {.^name} with 「{.message}」" }
        }
    say 137 / 0;
    }

put "Got to the end.";
```

你會得到這個錯誤：

```
Caught X::Numeric::DivideByZero with
    「Attempt to divide 137 by zero using div」
Got to the end.
```

2. 第一個程式並不會處理錯誤：

```
sub top { stubby() }
sub stubby { ... }  # yada yada 運算子

top();
```

錯誤會輸出在 Backtrace 中：

```
Stub code executed
  in sub stubby at /Users/brian/Desktop/test.p6 line 4
  in sub top at /Users/brian/Desktop/test.p6 line 3
  in block <unit> at /Users/brian/Desktop/test.p6 line 6
```

你可以用 try 把有問題的程式碼包起來：

```
sub top { stubby() }
sub stubby { ... }  # yada yada 運算子

try {
    CATCH {
        default { put "Uncaught exception {.^name}" }
        }
    top();
    }
```

從輸出中可以知道 Exception 型態：

```
Uncaught exception X::StubCode
```

你 也 可 以 透 過 輸 出 Backtrace 來 知 道 Exception 的 型 態。Exception 型 態 有 一個 .backtrace 方法，可以將資訊取出來：

```
sub top { stubby() }
sub stubby { ... }

try {
    CATCH {
        default { put "Uncaught exception {.^name}\n{.backtrace}" }
        }
    top();
    }
```

3. 把一個練習題中的 ... 換成 die：

```
sub top { stubby() }
sub stubby { die "This method isn't implemented" }

try {
    CATCH {
        default { put "Uncaught exception {.^name}" }
        }
    top();
    }
```

現在錯誤型態已變得不同，X::AdHoc 代表任何沒有明確型態的東西：

```
Uncaught exception X::AdHoc
```

你可以選擇使用另外一個錯誤型態。請自行建構一個物件，並將它當成引數傳給 die。請將你的 stubby 實作改掉：

```
sub stubby {
    die X::StubCode.new( payload => "This method isn't implemented" );
    }
```

這次就不再是 X::AdHoc 了：

```
Uncaught exception X::StubCode
```

你不一定要使用 die，因為你可以直接丟出 Exception：

```
sub stubby {
    X::StubCode
        .new( payload => "This method isn't implemented" )
        .throw;
    }
```

4. 處理非數字加法的其中一種解法，是去做該加法並 CATCH 錯誤。在 CATCH 中，你可以使用 fail：

```
sub add-two-things ( $first, $second ) {
    CATCH {
        when X::Str::Numeric {
            fail q/One of the arguments wasn't a number/
            }
        }

    return $first + $second;
    }

my @items = < 2 2 3 two nine ten 1 37 0 0 >;

for @items -> $first, $second {
    my $sum = add-two-things( $first, $second );

    put $sum.defined ??
        "$first + $second = $sum" !!
        "You can't add $first and $second";
    }
```

你可以藉由檢查 $sum 有沒有被定義，來處理無法相加的情況：

```
2 + 2 = 4
You can't add 3 and two
You can't add nine and ten
1 + 37 = 38
0 + 0 = 0
```

如果你想更認真練習的話，可以分別去檢查每個引數，並回報不是數字的情況。

5. 利用 val 檢查每個引數，並和 Numeric 作聰明匹配。如果匹配不了，就用 warn 提出警告：

```
sub add-two-things ( $first, $second ) {
    CATCH {
        when X::Str::Numeric {
            fail q/One of the arguments wasn't a number/
            }
        }

    for $first, $second {
        warn "'$_' is not numeric"  unless val($_) ~~ Numeric;
        }

    return $first + $second;
    }

my @items = < 2 2 3 two nine ten 1 37 0 0 >;

for @items -> $first, $second {
    my $sum = add-two-things( $first, $second );

    put $sum.defined ??
        "$first + $second = $sum" !!
        "You can't add $first and $second";
    }
```

程式碼中的 quietly，會讓程式忽略所有錯誤：

```
my $sum = quietly add-two-things( $first, $second );
```

# 第 8 章練習題解答

1. 一個一個地測試命令列引數：

```
for @*ARGS {
    unless .IO.e {
        put "'$_' does not exist";
        next;
        }

    .put;
    put "\treadable"   if .IO.r;
    put "\twritable"   if .IO.w;
    put "\texecutable" if .IO.x;
    }
```

使用 given 來擺脫呼叫時要寫好多個 .IO 的情況，但是這樣改也會讓程式稍微變得複雜些：

```
for @*ARGS -> $file {
    given $file.IO {
        unless .e {
            put "'$file' does not exist";
            next;
            }

        put $file;
        put "\treadable"   if .r;
        put "\twritable"   if .w;
        put "\texecutable" if .x;
        }
    }
```

依檔案的內容，所輸出的東西也會不同：

```
% perl6-latest file-test.p6 hamadryas /etc/hosts /usr/bin/true
'hamadryas' does not exist
/etc/hosts
    readable
/usr/bin/true
    readable
    executable
```

2. 從這段程式開始：

```
put "Home dir is $*HOME";
```

```
unless chdir $*HOME.IO.add: @*ARGS[0] {
    die "Could not change directories: $!"
    }

put "Current working dir is now $*CWD";
```

前後兩個 put 就不用提了，它們輸出的值都是特殊變數的值。不過，如果是自己指定的子目錄又該怎麼辦呢？這個練習題中，有一部分的目的是要試看看指定的目錄是否存在。你可以抓取命令列的第一個引數來當作指定的路徑：

```
put "Home dir is $*HOME";

unless chdir $*HOME.IO.add: @*ARGS[0] {
    die "Could not change directories: $!"
    }

put "Current working dir is now  $*CWD";
```

你也可以將程式整個放入 MAIN 副程式中：

```
sub MAIN ( Str $subdir ) {
    put "Home dir is ", $*HOME;

    unless chdir $*HOME.IO.add: @*ARGS[0] {
        die "Could not change directories: $!"
        }

    put "Current working dir is now $*CWD";
    }
```

3. 解答程式很短，這個解答使用 CATCH 去處理 $file 中可能有 Failure 的情況。如果出現問題的話，這個程式就只是直接離開，不過你也可以做得更花俏些：

```
sub MAIN ( $subdir = '/etc' ) {
    state $count = 1;
    CATCH { default { exit } }
    for dir( $subdir ).sort -> $file {
        put "{$count++}: $file";
        }
    }
```

輸出的結果會幫檔案也編上號碼：

```
1. /etc/atpovertcp.cfg
2: /etc/afpovertcp.cfg~orig
3: /etc/aliases
4: /etc/aliases.db
```

```
    5: /etc/apache2
    ...
```

4. 這個解答是迭代的版本（不是遞迴版本）。使用 @queue 去維護要處理的目錄清單。
輸出每個檔案的名稱，如果它是一個符號連結，就跳過後面的動作不做—這一點很
重要，因為符號連結可能會把你帶到檔案系統中的其他地方去，在你整段程式設計
生涯中，可能會犯幾次這種錯誤。如果都沒問題且在正常可讀的目錄內，就將該檔
放到佇列中：

```
sub MAIN ( Str:D $dir where *.IO.d = '/') {
    my @queue = $dir;

    while @queue.elems > 0 {
        for dir( @queue.shift ) {
            next if ($_ eq '.' or $_ eq '..'); # 虛擬目錄
            # next if $_ ~~ any( <. ..> )  # junction
            .put;
            next if .IO.l; # 符號連結跳過不做
            @queue.unshift($_) if .IO.d and .IO.r;
            }
        }
    }
```

下面是遞迴版本解答，它的總字數比較少，但是它會建出比較多層的副程式呼叫：

```
sub MAIN ( Str:D $dir where *.IO.d = '/') {
    show-dir( $dir.IO );
    }

sub show-dir ( IO::Path:D $dir where *.IO.d ) {
    for dir( $dir ) {
        next if ($_ eq '.' or $_ eq '..'); # 虛擬目錄
        .put;
        next if .IO.l; # 符號連結跳過不做
        &?ROUTINE( $_ ) if .IO.d and .IO.r;
        }
    }
```

雖然預設的 :test 引數會排除 . 和 .. 目錄，但我們還是明確地跳過它們比較好。如
果某人改了設好的過濾條件的話，你至少還有程式碼卡關以避免這個問題，像是雙
重保險。

dir 的文件中還有其他的範例，如果想跳過檔案不輸出的話，還可以看看 gather-
take 的用法。

5. 下面是能建立一個目錄的程式：

```
sub MAIN ( $subdir ) {
    CATCH {
        when X::IO::Mkdir
            { put "Failed to make directory $subdir" }
        }

    mkdir $subdir.IO.mkdir;
    }
```

你給的引數可以是絕對或相對路徑：

```
% perl6 mkdir.p6 Butterflies
% perl6 mkdir.p6 Butterflies/hamadryas
```

如果你指定的目錄是不可被建立的，那你就會捕捉到一個錯誤：

```
% perl6 mkdir.p6 /Butterflies
Failed to make directory /Butterflies
```

你可以用一個你不能建立，但又已經存在的目錄來試看看，這樣的情況下你不會得到錯誤：

```
% perl mkdir.p6 /etc
```

6. 這個程式的巧妙之處在於，將樣版字串當成一般其他的 Str 看待，你可以將寬度插入它：

```
sub MAIN ( Int $width, Str $s ) {
    put '123456789.' x ($width + 10) / 10;
    printf "%{$width}s", $s;
    }
```

```
% perl6 right.p6 18 Hamadryas
123456789.123456789.
         Hamadryas
```

7. 指令符號 %f 用於處理浮點數，用 .3 指定在小數後是三位數，用兩個 % 來獲得一個百分比符號。你可以在樣版字串中使用任何想用的指令符號：

```
sub MAIN ( Int $n, Int $m ) {
    printf "$n/$m - %.3f%%", 100 * $n / $m;
    }
```

輸出是你做完格式化後的百分比：

```
% perl6 percentages.p6 15 76
15/76 = 19.737%
```

8. 建立一個擁有 12 個樣式符號的樣式字串，讓它的寬度足以顯示最大的數值（144），然後用一些空白分隔數字：

```
my $template = [~] '% 4d' x 12, "\n";
for 1 .. 12 -> $row {
    printf $template, (1..12) <<*>> $row;
    }
```

以下是完成格式化的表格：

```
% perl6 multiplication-table.p6
  1   2   3   4   5   6   7   8   9  10  11  12
  2   4   6   8  10  12  14  16  18  20  22  24
  3   6   9  12  15  18  21  24  27  30  33  36
  4   8  12  16  20  24  28  32  36  40  44  48
  5  10  15  20  25  30  35  40  45  50  55  60
  6  12  18  24  30  36  42  48  54  60  66  72
  7  14  21  28  35  42  49  56  63  70  77  84
  8  16  24  32  40  48  56  64  72  80  88  96
  9  18  27  36  45  54  63  72  81  90  99 108
 10  20  30  40  50  60  70  80  90 100 110 120
 11  22  33  44  55  66  77  88  99 110 121 132
 12  24  36  48  60  72  84  96 108 120 132 144
```

9. 這個程式可以寫得很簡單：

```
put 'Hello Perl 6';
```

像平常一樣執行該程式，你就會看到終端機上輸出訊息：

```
% perl6 hello.p6
Hello Perl 6
```

再次執行它，並將它的輸出導向一個檔案。你應該可以在該檔案中看到一樣的訊息：

```
% perl6 hello.p6 > output.txt
```

若是導向 null device 的話，就可以完全忽略所有輸出：

```
% perl6 program.p6 > /dev/null
C:\ perl6 program.p6 > NUL
```

10. 下面是一個簡單的程式，它的輸出會到兩個 filehandle 去。輸出的訊息是什麼不重要：

```
put 'This is standard output';
note 'This is standard error';
```

在命令列中，你可以將任何一個 filehandle 作重新導向。如果你將輸出送到 null device，就表示你不想看到那些輸出：

```
% perl6 out-err.p6 2> /dev/null
This is standard output

% perl6 out-err.p6 > /dev/null
This is standard error
```

11. 下面是第一個程式，從 @ARGS 中取得第一個元素來當成你想找的子字串。將 @ARGS 中其他的東西當成你想讀取的檔名：

```
my $string = @*ARGS.shift;

for lines() {
    next unless .contains: $string;
    .put;
    }
```

試試看執行的效果是不是符合預期：

```
% perl6 put.p6 for *.p6
for @*ARGS -> $file {
        for lines() {
for 1 .. 12 -> $row {
for lines() {
for lines() { .uc.put }
```

下面是第二個程式，它會讀取程式中的內容，並將每行轉成大寫。你可以對整個檔案做這個動作，以確保效果符合你想要的，不過我在這裡並不這麼做：

```
for lines() { .uc.put }
```

現在做管道連接的動作，將輸出接成另外一個程式的輸入：

```
% perl6 put.p6 for *.p6 | perl6 uc.p6
FOR @*ARGS -> $FILE {
        FOR LINES() {
FOR 1 .. 12 -> $ROW {
FOR LINES() {
FOR LINES() { .UC.PUT }
```

這就是 Unix：它是由一堆實用的小工具組合而成，每個工具都能很好的完成自己的工作，你可以像在花園接軟管一樣把它們連接起來。若想瞭解更多，請研究 Doug NcIlroy 對世界的貢獻。

12. 請用 FIRST phaser 告訴 .on-switch，在每個檔案開始之際，印出一個檔案的橫幅。不過，這個動作只有在切換檔案時才會做，所以你需要把第一個檔案另外獨立處理：

```
for lines() {
    FIRST {
        my $code = { put join( "\n", '=' x 50, $^a, "-" x 50) };
        $code( $*ARGFILES );

        $*ARGFILES.on-switch = -> $handle {
            $code( $*ARGFILES ) if $handle.is-open;
            };
        }

    .put;
    }
```

你會得到像這樣的輸出，但在最後一個檔案後面會多一條橫幅。會出現多一條橫幅的原因，是因為 filehandle 從最後一個檔案切換到空無一物（這實在是有點煩人）：

```
==================================================
line-banner.p6
--------------------------------------------------
#!/Users/brian/bin/perl6s/perl6-latest


for lines() {
    FIRST {
        my $code = { put join( "\n", '=' x 50, $^a, "-" x 50) };
        $code( $*ARGFILES );

        $*ARGFILES.on-switch = {
            $code( $*ARGFILES );
            };
        }

    .put;
    }
==================================================
<closed IO::CatHandle>
--------------------------------------------------
```

若不想看到多出來的橫幅，你可以檢查看看 handle 是不是處於打開的狀態（多餘橫幅中的檔案是關閉的狀態，如輸出訊息最後一個檔名所示）。.is-open 方法如果碰到已關閉檔案的話，就會回傳 False，如此一來就可以避掉多餘的橫幅了：

```
$*ARGFILES.on-switch = -> $handle {
    $code( $*ARGFILES ) if $handle.is-open;
};
```

13. 此處是一個簡單的解決方案（基於你在做的是練習題，所以完全合適）。

逐一查看 @ARGS 中的檔案名稱，並試著去打開那些檔案。如果打不開的話，就輸出一個警告訊息，並移到下一個檔案。然後從 .lines 取得一個 lazy list，輸出索引位置 0 和 *-1 的行。使用 .elems 計算出你跳過了幾行：

```
for @*ARGS {
    my $fh = .IO.open;
    put '=' x 20, ' ', $_;
    unless $fh {
        warn "Could not open $_: {$fh.exception.message}";
        next;
        }
    my $lines = $fh.lines;
    put $lines.[0];
    put "... { $lines.elems - 2 } lines hidden ...";
    put $lines.[*-1];
    }
```

有幾種情況會導致程式出問題，你可能會想在檔案少於兩行時，做些別的處理。在少於兩行的情況下，就不會去隱藏任何行：

```
for @*ARGS {
    my $fh = .IO.open;
    put '=' x 20, ' ', $_;
    unless $fh {
        warn "Could not open $_: {$fh.exception.message}";
        next;
        }
    my $lines = $fh.lines;

    given $lines.elems {
        when 0 { next }
        when 1 { put $lines.[0] }
        when 2 { .put for @$lines }
        default {
            put $lines.[0];
            put "... { $lines.elems - 2 } lines hidden ...";
```

```
                    put $lines.[*-1];
                    }
                }
            }
```

使用 given 是有點多餘，你可以將第一個解答改寫，變成可以依元素的數量有條件地輸出某些行：

```
for @*ARGS {
    my $fh = .IO.open;
    put '=' x 20, ' ', $_;
    unless $fh {
        warn "Could not open $_: {$fh.exception.message}";
        next;
        }
    my $lines = $fh.lines;

    next if $lines.elems == 0;

    put $lines.[0];
    put "... { $lines.elems - 2 } lines hidden ..." if $lines.elems > 2;
    put $lines.[*-1] if $lines.elems > 1;
    }
```

14. 第一個部分的解答並不難：

```
my $file = 'primes.txt';
sub MAIN ( Int:D $low, Int:D $high where * >= $low ) {
    unless my $fh = open $file, :w {
        die "Could not open '$file': {$fh.exception}";
        }

    for $low .. $high {
        $fh.put: $_ if .is-prime;
        }
    }
```

第二個部分要處理已經存在的檔案，這裡的做法有很多種，其中一種是拒絕執行後面的工作。請使用副詞 :exclusive，指定只去打開不存在的檔案：

```
my $file = 'primes.txt';
sub MAIN ( Int:D $low, Int:D $high where * >= $low ) {
    unless my $fh = open $file, :w, :exclusive {
        die "Could not open '$file': {$fh.exception}";
        }

    for $low .. $high {
```

```
        $fh.put: $_ if .is-prime;
        }
    }
```

相較於在進行工作之前去檢查檔案是否存在，這個作法稍微好一些。這一段程式碼中，在你檢查檔案是否存在之後，到你開啟該檔之前會有一小段的時間，其他程式可能會建立該檔案（這就是 "競爭危害 race condiction"）：

```
my $file = 'primes.txt';
sub MAIN ( Int:D $low, Int:D $high where * >= $low ) {
    die "File exists" if $file.IO.e;
    ...
    }
```

處理已存在檔案的另外一個選擇，就是將內容新增到該檔的後面：

```
my $file = 'primes.txt';
sub MAIN ( Int:D $low, Int:D $high where * >= $low ) {
    unless my $fh = open $file, :a {
        die "Could not open '$file': {$fh.exception}";
        }

    for $low .. $high {
        $fh.put: $_ if .is-prime;
        }
    }
```

15. 這裡是一個簡單的十六進位輸出程式，它會顯示所有位元值。首先請試著打開一個檔案，如果無法打開的話，你就會補捉到一個例外並馬上結束執行。如果能夠打開的話，就會持續 loop 到檔案無法再讀出東西為止。

對於你讀到的每個 buffer，請用 .map 將它格式化為 2 個數字的十六進位值，並以空白連接彼此，然後送去輸出。如果你到達了檔案的尾端，就停止 loop 並關閉 filehandle：

```
sub MAIN ( $file ) {
    # 預留之後可以改值
    my $octets-per-line  = 16;
    my $column-separator = ' ';

    my $fh = try {
        CATCH {
            when X::AdHoc { put "Could not open $file"; exit }
            default { put .^name; exit }
            }
```

```
            open $file, :bin;
            }

    loop {
        my Buf $buffer = $fh.read: $octets-per-line;

        put $buffer
            .map( *.fmt: '%02x' )
            .join( $column-separator )
            ;

        last if $fh.eof;
        }

    $fh.close;
        }
```

16. 這是從章節內容中取得的程式：

```
    my $path = 'buf.txt';
    unless my $fh = open $path, :w, :bin {
        die "Could not open file";
        }

    my $buf = Buf.new: <52 61 6b 75 64 6f 0a>.map: *.parse-base: 16;
    $fh.write: $buf;
```

你執行它後，請看檔案的內容；你應該可以找到文字 "Rakudo\n"。

# 第 9 章練習題解答

1. 這是其中一種解法，value-to-ordinal 副程式使用了 if 分支結構，將數字轉換成 Pair。在數字 11 到 19 時是特殊情況，這種情況要給它的是 th。其他的數字中，如果是以 1、2 或 3 結尾的，要給它 st、nd 或 rd，而預設的區塊則是一律都給 th：

```
    for 1 .. 120 {
        my $ordinal = value-to-ordinal( $_ );
        put $ordinal.value ~ $ordinal.key;
        }

    sub value-to-ordinal ( Int $n where * > 0 ) {
          if $n % 100 ~~ 11..19 { 'th' => $n }
        elsif $n %  10 == 1    { 'st' => $n }
        elsif $n %  10 == 2    { 'nd' => $n }
        elsif $n %  10 == 3    { 'rd' => $n }
```

```
else                    { :th($n)    }
    }
```

請記得該副程式回傳的是它最後進行評估的述句，所以你從該區塊會得到的值將會依分支有所不同。

2. 這個解答的第一部分和前一個練習題一樣：

```
for 1 .. 10 {
    my $ordinal = value-to-ordinal( $_ );
    put $ordinal.value ~ $ordinal.key;
    }
```

不過，這裡的 value-to-ordinal 副程式和前面不同。Map 儲存了先計算好的值，但只回傳符合 Pair 中 key 的值。你可以透過查看 if 區塊，知道為什麼要這樣定義。你可以透過 mod 100 動作，知道數字是否是 11 到 19 結尾，如果是的話，就取得其序數後綴。如果在 $ordinals 中沒有符合的 key，就改用 mod 10 做一樣的事情。這樣的解決方案下，你可以用一樣的規則處理，1 和 101 會拿到 st，而 11 和 111 會拿到 th：

```
sub value-to-ordinal ( Int $n where * > 0 ) {
    state $ordinals = Map.new:
        '1' => 'st',
        '2' => 'nd',
        '3' => 'rd',
        map { $_ => 'th' }, 11 .. 19;


        if $ordinals{$n % 100}:exists { $ordinals{$n % 100} => $n }
    elsif $ordinals{$n %  10}:exists { $ordinals{$n %  10} => $n }
    else                             { :th($n)    }
    }
```

是不是很簡單呢？與其要用很多分支去檢查，不如判斷是否存在 $ordinals 中就好了。

當你寫完這個程式後，再考慮一個新的序數規則，如果以 5（但 15 不行）結尾的話，你應使用 ty。由於你已經有了一個 Map 了，只要新增一組值就好了：

```
sub value-to-ordinal ( Int $n where * > 0 ) {
    state $ordinals = Map.new:
        '1' => 'st',
        '2' => 'nd',
        '3' => 'rd',
        '5' => 'ty',
```

```
    map { $_ => 'th' }, 11 .. 19;

    if $ordinals{$n % 100}:exists { $ordinals{$n % 100} => $n }
elsif $ordinals{$n %  10}:exists { $ordinals{$n %  10} => $n }
else                             { :th($n)      }
}
```

加完 Pair 之後，你還要加一條件在 if 述句分支處。

3. 你可以呼叫一個範圍的 .map 方法，由於在使用目前值時需要 key 和 value 兩個值，所以在這裡你不能使用 thunk。你可以建立一個會回傳 Pair 的程式碼區塊：

```
my $squares =
    Map.new: (1..10).map: { $^a => $^a ** 2 };

loop {
    my $number = prompt 'Enter a number: ';
    last unless $number;

    if $squares{$number}:exists {
        put "$number squared is $squares{$number}";
        }
    else {
        put "$number is an invalid number";
        }
    }
```

4. 這個解答的第一個部分很簡單，只要將 Map 物件改為 Hash 即可。其他的部分都不用改，因為 Hash 的動作是一樣的：

```
for 1 .. 120 {
    my $ordinal = value-to-ordinal( $_ );
    put $ordinal.value ~ $ordinal.key;
    }

sub value-to-ordinal ( Int $n where * > 0 ) {
    state $ordinals = Hash.new:
        '1' => 'st',
        '2' => 'nd',
        '3' => 'rd',
        '5' => 'ty',
        map { $_ => 'th' }, 11 .. 19;


    if $ordinals{$n % 100}:exists { $ordinals{$n % 100} => $n }
```

```
elsif $ordinals{$n %  10}:exists { $ordinals{$n %  10} => $n }
else                             { :th($n) }
}
```

第二個部分就比較難一點了。首先，用 :exists 去檢查 $ordinals。如果 key 不存在，就找出應該用什麼後綴字，然後將找出的結果加入 $ordinals 中。在副程式尾端，會利用從 Hash 來的值去建立 Pair：

```
for 1 .. 10 {
    my $ordinal = value-to-ordinal( $_ );
    put $ordinal.value ~ $ordinal.key;
}

for 10 .. 15 {
    my $ordinal = value-to-ordinal( $_ );
    put $ordinal.value ~ $ordinal.key;
}

sub value-to-ordinal ( Int $n where * > 0 ) {
    state $ordinals = Hash.new:
        '1' => 'st',
        '2' => 'nd',
        '3' => 'rd',
        map { $_ => 'th' }, 11 .. 19;

    unless $ordinals{$n}:exists {
        # 這個訊息只會出現一次
        put "Trying new suffix for $n";
        $ordinals{$n} = do
                if $ordinals{$n % 100}:exists { $ordinals{$n % 100} }
            elsif $ordinals{$n %  10}:exists { $ordinals{$n %  10} }
            else                             { 'th' }
    }

    return $ordinals{$n} => $n;
}
```

有另一種讓你在 return 述句中建好 Pair 的方法，就是利用副詞 :p。副詞 :p 會以 Pair 的型式回傳 key-value：

```
return $ordinals{$n}:p;  # 已接近你要的東西了
```

可是你已將數字存為 key，而將後綴存為 value 了，這和你想要回傳的順序顛倒，你可以利用 .antipair 將它倒過來：

```
return $ordinals{$n}:p.antipair;
```

也許當你讀到這個解答時，某些還在實驗中的功能已經正式發行了，例如你可以在你的副程式中設定一個特徵，使得副程式可以快取住回傳值。如果你的副程式是一個函式，函式對於一樣的輸入永遠回傳一樣的回傳值，你就不用自己去做快取的動作。

is cached 特徵幫你做完快取的工作，雖然在使用之前，你需要先宣告使用實驗性質的功能。這種解法不需使用 :exists，因為它不用去煩惱增加新項目的工作：

```
use experimental :cached;

for 1 .. 10 {
    my $ordinal = value-to-ordinal( $_ );
    put $ordinal.value ~ $ordinal.key;
    }

for 10 .. 25 {
    my $ordinal = value-to-ordinal( $_ );
    put $ordinal.value ~ $ordinal.key;
    }

sub value-to-ordinal ( Int $n where * > 0 ) is cached {
    state $ordinals = Hash.new:
        '1' => 'st',
        '2' => 'nd',
        '3' => 'rd',
        map { $_ => 'th' }, 11 .. 19;

    # 選擇第一個有被定義的
    my $suffix =
        $ordinals{$n}       //
        $ordinals{$n % 100} //
        $ordinals{$n %  10} //
        'th';

    return $suffix => $n;
    }
```

如果你不做快取的話，程式還是可以正常動作，而且比前面一個解法還簡單一些。快取這種簡單的東西可能看起來有點蠢。由於在 Hash 中找東西非常快（這是重點），但你在實務工作中，可能會遇到一些如果輸入值一樣的話，你不想要重新計算的情況。

5. 這個解答程式寫起來比題目還簡短，程式中有兩個 for 迴圈。第一個收取輸入，並計算字數。第二個依值的大小，以大到小順序輸出 key 和值。這個解答也是許多累加工作的基本架構：

```
my %Words;
for lines.words { %Words{ .lc }++ }

for %Words.keys.sort( { %Words{$^k} } ).reverse {
    put "$^key: %Words{$^key}";
    }
```

在第一個迴圈中，以當前處理的字當作主體。在 Hash 的索引中，呼叫該字的 .lc 方法，將它正規化為小寫，這樣一來，就不會存在僅有大小寫差異的項目。

第二個迴圈中做的是一連串的動作，取得依值排序過後的 key。預設上越小的值越靠近 List 的開頭，不過用 .reverse 可以反轉這個順序：

如你使用 *Butterflies_and_Moths.txt* 檔案的話，會得到以下的字數統計：

```
% perl6 count-words.p6 Butterflies_and_Moths.txt
the: 9434
of: 4991
and: 3828
a: 2952
in: 2327
is: 2253
to: 2162
arc: 1547
it: 1326
with: 1261
on: 1168
be: 1056
that: 1007
or: 892
this: 853
as: 747
for: 697
by: 676
may: 659
```

但如果有兩個字的計數一樣多，又會如何呢？你可以依字進行第二輪排序，如你在第 6 章看到的一樣：

```
my $block := {
    %Words{$^a} <=> %Words{$^b}  # 出現計數
        or
```

```
        $^a leg $^b                    # 字
        };

for %Words.keys.sort( $block ).reverse {
    put "$^key: %Words{$^key}";
    }
```

在這個清單中，有許多看起來不太重要的字。你可以做一個含有排除字的 List，用來濾除不要的字。請從一個 List 建立一個 Hash，然後再用副詞 :exists 查看該字是否濾除：

```
my %Stop-Words = map { $_ => 1 } <
    a an the this that ...
    >;

my %Words;
for lines.words { %Words{ .lc }++ }

for %Words.keys.sort( { %Words{$^k} } ).reverse {
    next if %Stop-Words{ .lc }:exists;
    put "$^key: %Words{$^key}";
    }
```

解答好像比練習題要求要做的多了一些。

6. 利用 $file.IO.lines，你可以輕鬆地從一個檔案中讀出它所有的行，而且你可以使用 .words 去依空白拆開每行中的字。做好了以後，你可以將所有的字做成 Hash 中的 key，不需要預先設計 Hash 的架構，你只要直接指定想要的 key 和層級即可：

```
my $file = @*ARGS[0] // 'butterfly_census.txt';

my %census;
for $file.IO.lines -> $line {
    my ( $genus, $species ) = $line.words;

    %census{$genus}{$species}++;
    }

for %census.keys.sort( {%census{$_}.elems} ).reverse -> $genus {
    put $genus;
    my $seq := %census{$genus}.keys.sort( {%census{$genus}{$_}} );
    for $seq.reverse -> $species {
        ( "\t", $species, %census{$genus}{$species} )
            .join( ' ' ).put
        }
    }
```

在 for 迴圈中一串長長的方法呼叫看起來似乎有點難。它的意思是，依第二層級的 key 數量，對於 List 中的 key（%census{$_}.elems）進行排序。執行的結果將回傳升序排列的 List。而 .reverse 用來將排序順序翻轉，所以第一個項目的 key，會是擁有最多第二層 key 數量的項目。

與其自己去迭代所有的 key 值，你可以利用像 PrettyDump 這樣的東西來幫助你：

```
my $file = @*ARGS[0] // die 'Specify a butterfly list file';

my %census;
for $file.IO.lines -> $line {
    my ( $genus, $species ) = $line.words;

    %census{$genus}{$species}++
    }

use PrettyDump;
say PrettyDump.new.dump: %census;
```

7. 這個解答和前一個練習題解答相似，只是輸出改到檔案：

```
my $file = 'census-tabs.txt';

for lines() {
    state %Animals;
    LAST {
        my $fh = try open $file, :w;
        die "Could not open file: $!" if $!;
        for %Animals.keys -> $genus {
            for %Animals{$genus}.keys -> $species {
                $fh.put: join "\t",
                    $genus, $species, %Animals{$genus}{$species};
                }
            }
        }
    my ( $genus, $species ) = .words;

    %Animals{$genus}{$species}++;
    }
```

你也可以輸出到其他的地方，藉由將輸出指定到標準輸出，然後存在命令列重新導向即可。在實際的工作上，這樣的方法可能更好，不過這樣你就沒有練習到如何在程式中將輸出放到檔案中了。

# 第 10 章練習題解答

1. 只要該模組沒有開發上的錯誤或是讓它們無法被安裝的錯誤，簡單的指定名稱就可以將模組裝好：

   ```
   % zef install Inline::Perl5
   ```

   由於你需要先找到 repository URL 才能安裝 Grammar::Debugger，所以你可以試試從 GitHub 搜尋看看，不過你也可以查看 *https://modules.perl6.org* 中有沒有。以下的連結會連到它的 GitHub 網頁，在該網頁上你可以找到 clone 它的 URL：

   ```
   % zef install https://github.com/jnthn/grammar-debugger.git
   ```

2. 想看到工作環境中所使用的 repository 的位置及命令列可用參數並不難。程式和你在章節內容中看到的一樣：

   ```
   for $*REPO.repo-chain -> $item {
       say $item;
       }
   ```

   將上面程式執行，並看看出現了什麼。你可以看到輸出中有一些是路徑，另外一些是 CompUnit::repository 物件：

   ```
   % perl6 repo.p6
   inst#/Users/hamadryas/.perl6
   inst#/Applications/Rakudo/share/perl6/site
   inst#/Applications/Rakudo/share/perl6/vendor
   inst#/Applications/Rakudo/share/perl6
   CompUnit::Repository::AbsolutePath.new(...)
   CompUnit::Repository::NQP.new(...)
   CompUnit::Repository::Perl5.new(...)
   ```

   當你加入函式庫後，應該可以看到加入的函式庫出現在清單中：

   ```
   % perl6 -I/usr/local/lib show-repo.p6
   file#/usr/local/lib
   inst#/Users/hamadryas/.perl6
   inst#/Applications/Rakudo/share/perl6/site
   inst#/Applications/Rakudo/share/perl6/vendor
   inst#/Applications/Rakudo/share/perl6

   % export PERL6LIB=/opt/lib
   % perl6 show-repo.p6
   file#/opt/lib
   inst#/Users/hamadryas/.perl6
   ```

```
inst#/Applications/Rakudo/share/perl6/site
inst#/Applications/Rakudo/share/perl6/vendor
inst#/Applications/Rakudo/share/perl6
```

在 Windows 上則為：

```
C:\ set PERL6LIB=C:\MyPerl6
C:\ perl6 show-repo.p6
inst#C:\MyPerl6
inst#C:\Users\hamadryas\.perl6
inst#C:\rakudo\share\perl6\site
inst#C:\rakudo\share\perl6\vendor
inst#C:\rakudo\share\perl6
CompUnit::Repository::AbsolutePath.new(...)
CompUnit::Repository::NQP.new(...)
CompUnit::Repository::Perl5.new(...)
```

3. 若要查看一個模組是否已被安裝，你需要建立相依性說明物件，將這個物件傳給 $*REPO.resolve。如果它回傳等價於 True 的東西，就表示模組已被安裝：

```
sub MAIN ( Str $module-name ) {
    my $ds = CompUnit::DependencySpecification.new:
            :short-name($module-name);

    put "$module-name is{
        $*REPO.resolve( $ds ) ?? '' !! ' not'
        } installed";
}
```

執行上面的解答程式，就可以知道模組是否已被安裝：

```
% perl6 module-installed.p6 Number::Bytes::Human
Number::Bytes::Human is installed

% perl6 module-installed.p6 Does::Not::Exist
Does::Not::Exist is not installed
```

你不需要在自己的程式中做這件事，因為 *zef* 會列出所有已安裝的可用模組：

```
% zef list
```

使用 info 命令，可以知道特定模組的情況：

```
% zef info Does::Not::Exist
!!!> Found no candidates matching identity: Does::Not::Exist

%  zef info Number::Bytes::Human
- Info for: Number::Bytes::Human
- Identity: Number::Bytes::Human:ver<0.0.3>
```

```
- Recommended By: /Applications/Rakudo/share/perl6/site
- Installed: Yes
Description:    Converts byte count into an easy to read format.
License:       MIT
Source-url:  git://github.com/dugword/Number-Bytes-Human.git
Provides: 1 modules
Depends: 0 items
```

4. 這個解答合併了兩個章節內容中的程式，建立了一個副程式。這個副程式接受一個候選模組清單，並找出哪些模組已被安裝。在 MAIN 中使用 gather 收集已被安裝的模組名稱，並使用找到的第一個模組：

```
my %dumper-adapters = %(
    'Data::Dump::Tree' => 'ddt',
    'PrettyDump'       => 'dump',
    'Pretty::Printer'  => 'pp',
    );

sub installed-modules ( *@candidates ) {
    for @candidates -> $module {
        my $ds = CompUnit::DependencySpecification.new:
            :short-name($module);
        if $*REPO.resolve: $ds {
            take $module;
            }
        }
    }

sub MAIN (
    Str $class = (
        gather installed-modules( %dumper-adapters.keys )
        ).[0]
    ) {
    put "Dumping with $class";
    CATCH {
        when X::CompUnit::UnsatisfiedDependency {
            note "Could not load $class";
            exit 1;
            }
        }
    require ::($class);

    my $method = %dumper-adapters{$class};
    unless $method {
        note "Do not know how to dump with $class";
        exit 2;
```

```
    }

    put ::($class).new."$method"( %dumper-adapters );
    }
```

5. 這個解答中的大部分程式碼都和你在章節內容中看到的一樣，只差在用 MAIN 把程式碼包起來而已。在程式結束的地方輸出了 $data。所以，如果你用的是影像或其他的二進位檔案，可能會讓終端機輸出亂七八糟的東西。你可以先查看內容物是什麼種類，然後才決定做什麼動作，不過這不是我們練習題的重點：

```
    sub MAIN ( $url ) {
        use HTTP::UserAgent;

        my $ua = HTTP::UserAgent.new;
        $ua.timeout = 10;

        my $response = $ua.get( $url );

        my $data = do with $response {
            .is-success ?? .content !! die .status-line
            }

        put $data;
        }
```

6. 由於你想要使用 Perl 5 的模組，所以你可能必須要先安裝這些模組。

   這個程式在 MAIN 裡做安裝的工作，並使用程式本身的名字，當作要處理的檔案名稱。在程式中，會先 slurp 資料並儲存資料，如此一來就可以將資料傳給不同版本的 Digest::MD5 模組。你將會在第 10 章看到 slurp 的用法。

   在那些 do 中的程式碼，是從各模組的文件範例中取得的：

```
    sub MAIN ( $file = $*PROGRAM ) {
        my $data = slurp $*PROGRAM;
        unless $data {
            note "Could not read $file";
            exit;
            }

        my $digest-p5 = do {
            use Digest::MD5:from<Perl5>;
            my $ctx = Digest::MD5.new.add( $data );
            put $ctx.hexdigest;
            }
```

```
my $digest-p6 = do {
    use Digest::MD5;
    my $d = Digest::MD5.new;
    put $d.md5_hex( $data );
    }

put join "\n", "p5: $digest-p5", "p6: $digest-p6";
die "Digests do not match!"
    unless $digest-p5 eq $digest-p6;
}
```

只要你能使用兩種版本的模組,程式怎麼寫並不是太重要。

# 第 11 章練習題解答

1. MAIN 會接收兩個引數、將引數們傳給副程式,並儲存結果。練習題的重點是這資料怎麼傳遞,一旦你知道怎麼架構傳遞的路徑,你就可以將任何你想要的東西傳給副程式使用:

```
sub MAIN ( Int $n, Int $m ) {
    my $lcm = least-common-multiple( $n, $m );
    put "The least common multiple of $n and $m is $lcm";
    }

sub least-common-multiple ( Int $n, Int $m ) {
    return $n lcm $m
    }
```

你也可以將副程式定義在 MAIN 中(雖然,我不確定你做這件事的動機是什麼?)。這樣的話,就只有 MAIN 中的程式可以看到這個副程式:

```
sub MAIN ( $n, $m ) {
    sub least-common-multiple ( $n, $m ) {
        $n lcm $m
        }
    my $lcm = least-common-multiple( $n, $m );
    put "The least common multiple of $n and $m is $lcm";
    }
```

2. 這裡的解答是一個簡單的遞迴實作,如果引數是 1 的話,它會立即回傳 1。否則,它會將引數乘上下一個較小的正整數的乘階:

```
sub factorial ( $n ) {
    return 1 if $n == 1;
    $n * &?ROUTINE( $n - 1 );
```

```
        }

    put factorial(5);  # 120
```

如果你想要將這個程式改寫成命令列可執行的程式，你可以將程式以 MAIN 包起來：

```
    sub MAIN ( $n ) { put factorial($n) }

    sub factorial ( $n ) {
        return 1 if $n == 1;
        $n * &?ROUTINE( $n - 1 );
        }
```

Perl 6 做這個工作有一個更簡單的方法，就是在程式中使用簡化運算子 *，用了它之後程式變得超簡單，你甚至連副程式都不用定義：

```
    sub MAIN ( $n ) { put factorial($n) }

    sub factorial ( $n ) { [*] 1..$n }
```

你可以運算到多大的數字呢？在任意精度下，只要你願意等待，多大的數字都可以得到。我在不到十分之一秒的時間內，產生了上萬個數字的結果（不過，由於輸出數字要花時間，所以我跳過輸出的部分）：

```
    sub factorial ( $n ) { [*] 1..$n }

    sub MAIN ( $max-duration = 2 ) {
        loop {
            state $n = 0;
            my $start = now;
            my $f = factorial( ++$n );
            my $duration = now - $start;
            put "$n: {$f.chars} ($duration)";
            last if $duration > $max-duration;
            }
        }
```

我在程式使用了 .chars，因為 .log10 在超過 171 乘階後就會執行失敗（64 位元的極限）。

3. 檢查 random-between 的一種方法是執行它很多次，並看看你是否都能取得你期望的值。在此處，利用 for 執行 100,000 次應該就夠了：

```
    sub random-between ( $i, $j ) {
        ( $j - $i ).rand.Int + $i;
        }
```

```
my %results;
for ^100_000 {
    %results{ random-between( 5, 14 ) }++;
    }

say %results.keys.sort( {$^a <=> $^b} ).join: " ";
```

當你輸出結果時，你可以看到 14 並沒有出現。如果你原本覺得兩個端點也被包含在結果中的話，那你就要對這個副程式失望了。如果不執行看看這個副程式，你可能永遠都不會發現這個情況：

```
5 6 7 8 9 10 11 12 13
```

4. 這個答案有一些新的程式碼，你可以將 MAIN 副程式加到 *random-between.p6* 檔案中，用來處理命令列引數：

```
# random-between.p6
use lib $*PROGRAM.IO.parent;

use MyRandLibrary;

sub MAIN ( $i, $j ) {
    say random-between( $i, $j );
    }
```

*MyRandLibrary.pm6* 保持一樣的內容：

```
# MyRandLibrary.pm6
sub random-between ( $i, $j ) is export {
    ( $j - $i ).rand.Int + $i;
    }
```

不管你給引數時的順序如何，你一定會是從最小到最大值範圍中取得你要的答案。

```
% perl6 random-main.p6 99 4
55
% perl6 random-main.p6 4 99
33
```

如果你給它的不是數字，你將會得到錯誤：

```
% perl6 random-main.p6 4 Hamadryas
Cannot convert string to number: base-10 number must begin
with valid digits or '.' in '⏏Hamadryas' (indicated by ⏏)
```

之後你就能修正這種錯誤了。

5. 實作你自己的副程式，並將練習題中指定的引數傳給它。這個練習題的意義在於，
   看出一個基本的副程式如何去看待這些引數：

```
count-and-show( 1, 3, 7 );
count-and-show( 1, 3, ( 7, 6, 5 ) );
count-and-show( 1, 3, ( 7, $(6, 5) ) );
count-and-show( [ 1, 3, ( 7, $(6, 5) ) ] );

sub count-and-show {
    put "There are ", @_.elems, " arguments";
    for @_ -> $thing {
        print "\t";
        say $thing;
        }
    }
```

輸出顯示副程式看待引數的方法不同：

```
There are 3 arguments
    1
    3
    7
There are 5 arguments
    1
    3
    7
    6
    5
There are 4 arguments
    1
    3
    7
    (6 5)
There are 3 arguments
    1
    3
    (7 (6 5))
```

6. 你已經知道如何寫一個可匯出副程式的函式庫。在本解答中，你需要使用思樂冰參
   數去壓扁引數。head 會回傳第一個東西，而 tail 會回傳後面其他的東西。對於兩
   個副程式來說，它們的宣告都一樣，而且在載入函式庫的地方，兩者都需要用 is
   export 特徵去定義它們：

```
# HeadsTails.pm
sub head ( *@args ) is export { return @args[0] }
sub tail ( *@args ) is export { return @args[1..*-1] }
```

你可能已經發現，其實不用自己寫這兩個副程式，因為 `.hbead` 和 `.tail` 方法早已存在。

# 第 12 章練習題解答

1. 在你使用類別之前，必須先定義它。在類別的括號中，你不需要寫任何東西，應該就可以建立它們的物件，即使這些類別看起來空無一物：

```
class Butterfly {}
class Moth {}
class Lobster {}

my $number = Butterfly.new;
my $str    = Moth.new;
my $set    = Lobster.new;
```

2. 你的程式和前面練習題的解答看起來會很像，但差別在這裡不去定義類別，改用 use 去載入：

```
use Butterfly;
use Moth;
use Lobster;

my $number = Butterfly.new;
my $str    = Moth.new;
my $set    = Lobster.new;
```

在你程式的同一個目錄下，建立 *Butterfly.pm6*、*Moth.pm6* 以及 *Lobster.pm6* 類別：

```
# Butterfly.pm6
class Butterfly {};
```

你可以改為使用 `unit`，因為整個檔案是該類別專用的：

```
# Butterfly.pm6
unit Butterfly;
```

當你執行你的程式時，利用 `-I` 將目前目錄加入模組搜尋路徑：

```
$ perl6 -I. butterfly.pm6
```

3. 從章節內容中取得基本的 Butterfly 類別，然後為它加入一個 `$!color` 屬性，加入時請這樣做：

```
class Butterfly {
    has $!common-name = 'Unnamed butterfly';
```

```
    has $!color        = 'White';

    method common-name is rw { $!common-name }
    method color       is rw { $!color }
    }

my $butterfly = Butterfly.new;
$butterfly.common-name = 'Perly Cracker';
$butterfly.color = 'Vermillion';

put "{.common-name} is {.color}" with $butterfly;
```

4. 你可以從繼承關係鍊上，找到解答所需的資訊。也就是說類別的名稱本身就含有動物類別的資訊。若要產生完整名稱的話，你只要使用類別的名稱就可以了（除了 **Any** 和 **Mu**，它們是 **[0..*-3]**）：

```
class Animalia                { }
class Arthropodia is Animalia  { }
class Insecta     is Arthropodia { }
class Lepidoptera is Insecta    { }
class Nymphalidae is Lepidoptera { }
class Hamadryas   is Nymphalidae {
    has $.genus   = 'Hamadryas';
    has $.species;
    method full-name {
        my @classes = map { .^name }, (self.^mro)[0..*-3].reverse;
        say @classes;
        join ' ', @classes, $.species
        }
    method Str { "$.genus $.species" }
    }

my $butterfly = Hamadryas.new: :species('perlicus');
put $butterfly.full-name;
```

如果你要在你的程式中顯示生物的名稱，這個解法可能不是一個好辦法。不過還是要視你的工作而定，也許它也是個好解法。利用類別的名稱，你可以用聰明匹配來區分出不同的生物：

```
given $thingy {
    when Monera   { ... }
    when Protista { ... }
    when Fungi    { ... }
    when Plantae  { ... }
    when Animalia { ... }
    }
```

5. 在 Butterfly 中建立一個 Meta 類別。請用 my class 去定義 Meta 類別，讓它變成 private。

Meta 中追蹤了物件被生成和修改的時候，另外還有一個用於記錄修改了幾次的計數器，這些在 Butterfly 外部都無法使用。由於新的 Meta 類別和原來的 Butterfly 類別的內容一點關係都沒有，所以很容易就可以將 Meta 建成一個類別。如果你想要建立自己的類別，可能會想它將做成一個可供大家使用的獨立類別，不過這樣一來，你就無法練習本題重點的 private 類別了：

```
class Butterfly {
    has $!meta;
    my class Meta {
        has $.created = now;
        has $.modified;
        has $.update-count;
        method update {
            $!modified = now;
            $!update-count++;
            }
        }

    submethod TWEAK { $!meta = Meta.new }

    method update { $!meta.update }
    method show-meta {
        put $!meta.update-count, ': ', $!meta.modified;
        }
    }

my $b = Butterfly.new;

for ^4 {
    $b.update;
    sleep 1;
    $b.show-meta;
    }
```

要建出 Meta 物件的話，需使用 TWEAK 子方法去初始化它。在你使用 TWEAK 時，物件已被完全建構好了，所以你可以安心地做初始化，不用擔心要傳什麼引數給建構子。

只要你能正常儲存並從物件中取出資料，show-meta 輸出的資訊並不是太重要：

```
1: Instant:1528856314.611059
2: Instant:1528856315.616867
```

```
3: Instant:1528856316.623853
4: Instant:1528856317.625833
```

# 第 13 章練習題解答

1. ScientificName 中的程式碼和 CommonName 中的完全一樣，它們兩者都會儲存一個 Str：

```
role ScientificName {
    has $.scientific-name is rw = 'Thingus anonymous';
    }

class Butterfly does ScientificName {}

my $name = Butterfly.new: :scientific-name('Hamadryas perlicus');
put $name.scientific-name; # Hamadryas perlicus
```

2. 解答是填寫蝴蝶生物分類的 role，和 ScientificName 差不多，只是多填了其他層的值：

```
role Lepidoptera {
    # 這些是固定的
    has $.kingdom = 'Animalia';
    has $.phylum  = 'Arthropoda';
    has $.class   = 'Insecta';
    has $.order   = 'Lepidoptera';

    # 這些是可以改的
    has $.family is rw;
    has $.genus is rw;
    has $.species is rw;
    }

class Butterfly does Lepidoptera {}

my $butterfly = Butterfly.new:
    :family(  'Nymphalidae' ),
    :genus(   'Hamadryas' ),
    :species( 'perlicus' ),
    ;

say $butterfly;
```

輸出是物件裡生物分類中所有的層級:

```
Butterfly.new(kingdom => "Animalia", phylum => "Arthropoda",
class => "Insecta", order => "Lepidoptera",
family => "Nymphalidae", genus => "Hamadryas",
species => "perlicus")
```

然後你可以加入 CommonName:

```
class Butterfly does Lepidoptera does CommonName {}

my $butterfly = Butterfly.new:
    :family(      'Nymphalidae'  ),
    :genus(       'Hamadryas'    ),
    :species(     'perlicus'     ),
    :common-name( 'Perly Cracker' )
    ;

say $butterfly;
```

輸出就包含了一般名稱:

```
Butterfly.new(common-name => "Perly Cracker",
kingdom => "Animalia", phylum => "Arthropoda",
class => "Insecta", order => "Lepidoptera",
family => "Nymphalidae", genus => "Hamadryas",
species => "perlicus")
```

3. Lepidoptera 這個 role 內容基本上沒變,只是多了一個方法,這個方法會用屬和種去建構一個 Str。所以 Butterfly 類別也會得到這個方法,然後你就可以對該類別的實例物件,呼叫該方法:

```
role Lepidoptera {
    # 這些是固定的
    has $.kingdom = 'Animalia';
    has $.phylum  = 'Arthropoda';
    has $.class   = 'Insecta';
    has $.order   = 'Lepidoptera';

    # 這些是可以改的
    has $.family is rw;
    has $.genus is rw;
    has $.species is rw;

    # 這個練習題中新增的
    method binomial-name () { "$.genus $.species" }
    }
```

```
role CommonName {
    has $.common-name is rw;
    }

class Butterfly does Lepidoptera does CommonName {}

my $butterfly = Butterfly.new:
    :family(  'Nymphalidae' ),
    :genus(   'Hamadryas' ),
    :species( 'perlicus' ),
    ;

put $butterfly.binomial-name;
```

輸出是有兩段的名稱：

```
Hamadryas perlicus
```

4. 在這題解答中，不用寫很多新的程式碼。你需要建立四個檔案：兩個 role 用的檔案、一個類別檔案以及一個你的程式檔案。兩個 role 分別放在各自的檔案中，Lepidoptera role 就放在 *Lepidoptera.pm6* 中：

```
role Lepidoptera {
    # 這些是固定的
    has $.kingdom = 'Animalia';
    has $.phylum  = 'Arthropoda';
    has $.class   = 'Insecta';
    has $.order   = 'Lepidoptera';

    # 這些是可以改的
    has $.family is rw;
    has $.genus is rw;
    has $.species is rw;

    # 這個練習題中新增的
    method binomial-name () { "$.genus $.species" }
    }
```

CommonName role 則放在 *CommonName.pm6* 中：

```
role CommonName {
    has $.common-name is rw;
    }
```

Butterfly 類別放在 *Butterfly.pm6* 中，這個類別的程式碼很短。你只要載入兩個 role，然後在你定義空類別時使用它們即可：

```
use Lepidoptera;
use CommonName;

class Butterfly does Lepidoptera does CommonName {}
```

你可能會需要調整函式庫搜尋路徑，然後才能找到你的模組。至於程式檔案的其他內容，你都已經看過了：

```
use lib <.>; # 目前工作路徑
use Butterfly;

my $butterfly = Butterfly.new:
    :family(  'Nymphalidae' ),
    :genus(   'Hamadryas' ),
    :species( 'perlicus' ),
    ;

put $butterfly.binomial-name;
```

5. 在第 12 章中，你用繼承做過類似的練習，由於那種解法可以在每層有更明確的生物分類，所以可能是比較好的解法，不過在本章你要練習的是 role 的使用。這個練習題的目的，並不是要讓你在處理現實世界複雜問題時使用。

此處是你可能會想用的程式，你必須要為它建立基礎架構：

```
use lib <.>;
use Hamadryas;

my $cracker = Hamadryas.new:
    :species( 'perlicus' ),
    :common-name( 'Perly Cracker' ),
    ;

put $cracker.binomial-name;
put $cracker.common-name;
```

請建立 Hamadryas 類別，這個類別是更明確化的 Butterfly（也就是繼承了它）。你可以將 CommonName 和 BinomialName 要用的 role 拉進來。在更高一層的生物分類是 Nymphalidae 科，它也有自己專用的 role。每一層都知道它上面一層是什麼。Hamadryas 類別知道屬名，並且加入一個 species 屬性，讓你可以自己設定：

```
use Nymphalidae;
use CommonName;
```

```
    use BinomialName;

    class Hamadryas
        does Nymphalidae
        does CommonName
        does BinomialName
        {
        has $.genus = 'Hamadryas';
        has $.species is rw;
        }
```

你也可以從為生物雙名建 role 開始。之前你是把它放在 Lepidoptera 類別中，不過讓它擁有自己的 role 會更好：

```
    role BinomialName {
        method binomial-name { join ' ', $.genus, $.species }
        }
```

Nymphalidae role 放在它專屬的 *Nymphalidae.pm6* 檔案中，這個 role 會去設定 family 屬性，並執行在它上一層的分物分類 role─即 Lepidoptera：

```
    use Lepidoptera;
    role Nymphalidae does Lepidoptera { has $.family = 'Nymphalidae' }
```

Lepidoptera role 做的事情相似，存在 *Lepidoptera.pm6* 中：

```
    use Insecta;
    role Lepidoptera does Insecta { has $.order = 'Lepidoptera' }
```

然後是 Insecta，存在 *Lepidoptera.pm6* 中：

```
    use Arthropodia;
    role Insecta does Arthropodia { has $.class = 'Insecta' }
```

再來是 Arthropodia，存在 *Arthropodia.pm6* 中：

```
    use Animalia;
    role Arthropodia does Animalia { has $.phylum = 'Arthropodia' }
```

最後是 Animalia，存在 *Animalia.pm6* 中：

```
    role Animalia { has $.kingdom = 'Animalia' }
```

在上面這些 role 中，若是有方法的話，那些方法也會存在於你的 Hamadryas 類別中，但這種存在並不是透過繼承而來。在你設定好 role 和類別後，最前面的程式就可以輸出生物雙名了。

# 第 14 章練習題解答

1. 若想判斷一個數值是不是質數，最快的方法就是你先知道哪些是質數（而且你早已知道很多質數了），所以下面是簡單的解答：

```
my $primes = any( 2, 3, 5, 7 );

for 1 .. 10 {
    put "$_ is { $_  == $primes ?? '' !! 'not'  } prime";
    }
```

輸出的結果：

```
1 is not prime
2 is   prime
3 is   prime
4 is not prime
5 is   prime
6 is not prime
7 is   prime
8 is not prime
9 is not prime
10 is not prime
```

Perl 6 基本上已內建這個判斷質數的功能，所以你可以這麼做，就不需用到 Junction：

```
for 1 .. 10 {
    put "$_ is { $_.is-prime ?? '' !! 'not'  } prime";
    }
```

這樣的解法必須去運算一個數值是否為質數，對於很大的數字來說，這個工作量很巨大。不過，儲存質數也不是件輕鬆的工作。

你可以做一些創新的解法，你可以在不知道質數有哪些的情況下，就建出你自己的 Junction，利用 .is-prime 以及 grep 就可以找出質數有哪些：

```
my $primes = any( grep { $_.is-prime }, 1 .. 100 );

for 1 .. 100 {
    put "$_ is { $_  == $primes ?? '' !! 'not'  } prime";
    }
```

2. 解答用了 MAIN 副程式以及思樂冰參數，這個程式需要至少一個引數：

```
sub MAIN ( *@args where @args.elems > 0 ) {
    put all(@args).is-prime ??
```

```
        "All of <@args[]> are prime"
            !!
        "Some of <@args[]> are not prime";
    }
```

3. 解答的第一個部分很簡單，和前一個練習題的答案很像：

```
sub MAIN ( *@args where @args.elems > 0 ) {
    put none(@args).is-prime ??
        "None of <@args[]> are prime"
            !!
        "Some of <@args[]> are prime";
}
```

第二部分一開始會覺得有點難，但是其實就是 ??!! 的第二個分支而已，如果 none 的執行結果為 False 的話，那你就知道數字一定是質數。

4. 這是一種可行的解法，一開始建立神祕數字，然後顯示給你看，這樣一來你就不用在除錯時瘋狂地猜數字：

```
my @secret-numbers = map { 100.rand.Int }, 1 .. 3;
put "The secret numbers are @secret-numbers[]";
my @guessed;
```

一次建立多種 Junction，這個動作能簡化後面的條件式：

```
my $any  = any  @secret-numbers;
my $all  = all  @secret-numbers;
my $one  = one  @secret-numbers;
my $none = none @secret-numbers;
```

在 loop 中，使用 given-when 來找出要做什麼。如果是取得使用者猜的數字，那麼在使用者沒有輸入任何東西時要結束動作。如果是檢查使用者所猜的數字，那就要查看一下使用者輸入的是不是整數，或是之前已經猜到的數字。如果是這兩種情況的話，就用 next 跳過後面的程式，直接做下一輪的猜數字。

使用 any Junction 來檢查使用者是否猜了一個新數字，由於前面會檢查數字是否正確猜中過，所以能執行到此處，必定是猜中一個新數字，就將新數字加到 @guesses 中。如果 @guesses 的元素數量和 @secret-numbers 一樣的話，就結束遊戲。在程式區塊尾端的 proceed，功能是讓 given 進行下一個 when 的工作。

如果猜的數字比任一個的神祕數字大，就要決定一下要給出的訊息有多少，如果猜的數字比所有的數字都大，就如實的回報。如果比其中一個或一些大（例如：2個）的話，也如實回報。這樣一來使用者就會得到更多一點提示資訊。如果碰到猜的數字比所有的小、比一個或一些小的話，也做一樣的動作。最後，告訴使用者說他們所猜的數字是不是沒有比任何的神祕數字都大，或是**沒有**比任何的神祕數字都小（不過，你可以不要寫這一段，因為比所有數字大和沒有比任何數字小是一樣的意思）：

```
loop {
    last if @guessed.elems == @secret-numbers.elems;

    my $guess = prompt "=== ( @guessed[] ) Guess> ";
    last unless $guess;

    given $guess {
        when .Numeric !~~ Int    {
            put "You didn't guess a number!"; next }
        when @guessed.grep: $guess {
            put "You already guessed $_!"; next }
        when $_ == $any {
            put "$_ was one!";
            @guessed.push: $_;
            put "So far you have guessed @guessed[]!";
            last if @guessed.elems == @secret-numbers.elems;
            proceed;
            }

        when $_ > $any {
            if    $_ > $all { put "$_ is larger than all" }
            elsif $_ > $one { put "$_ is larger than one" }
            else            { put "$_ is larger than some" }
            proceed;
            }
        when $_ < $any {
            if $_ < $all    { put "$_ is smaller than all" }
            elsif $_ < $one { put "$_ is smaller than one" }
            else            { put "$_ is smaller than some" }
            proceed;
            }
        when $_ > $none {
            put "$_ is larger than none";
            proceed;
            }
        when $_ < $none {
            put "$_ is smaller than none";
            proceed;
            }
        }
    }
```

如果你不用 given 的話，可能會覺得程式比較清楚（我就這麼覺得）。你可以使用 $_
取代 $guess（或用任何比較短的變數名稱取代）。如果是都改用 if 的話，就不需要
用 proceed 去指定移動至下一個 when：

```
my @secret-numbers = map { 100.rand.Int }, 1 .. 3;
put "The secret numbers are @secret-numbers[]";
my @guessed;

my $any  = any  @secret-numbers;
my $all  = all  @secret-numbers;
my $one  = one  @secret-numbers;
my $none = none @secret-numbers;

loop {
    last if @guessed.elems == @secret-numbers.elems;

    my $guess = prompt "=== ( @guessed[] ) Guess> ";
    last unless $guess;

    if $guess.Numeric !~~ Int   {
        put "You didn't guess a number!"; next }
    if @guessed.grep: $guess {
        put "You already guessed $_!"; next }
    if $guess == any( @secret-numbers ) {
        put "$guess was one!";
        @guessed.push: $guess;
        put "So far you have guessed @guessed[]!";
        last if @guessed.elems == @secret-numbers.elems;
        }

    if $guess > $any {
            if $guess > $all { put "$guess is larger than all"  }
        elsif $guess > $one { put "$guess is larger than one"  }
        else                { put "$guess is larger than some" }
        }
    if $guess < $any {
            if $guess < $all { put "$guess is smaller than all"  }
        elsif $guess < $one { put "$guess is smaller than one"  }
        else                { put "$guess is smaller than some" }
        }
    if $guess > $none { put "$guess is larger than none"  }
    if $guess < $none { put "$guess is smaller than none" }
    }
```

5. 從 prompt 函式可以得到答案，請將該答案用 .lc 改成小寫，並用 .words 拆開答案，將答案轉換成一個 Set。利用 :exists 搭配一個 Map，你可以檢查該色彩是否為一個 key。對 Set 的話，可用 ∈ 查看元素是否為成員之一：

```
my $colors = prompt "Enter some colors on one line: ";
my $color-set = $colors.lc.words.Set;

loop {
    my $color = prompt( "Try a color: " ).trim.lc;
    last unless $color;
    put $color ∈ $color-set ??
        "\t$color is in the set"
        !!
        "\t$color is not in the set"
        ;
    }
```

當你輸出的是色彩，大小寫就不再是問題了：

```
% perl6 color-set.p6
Enter some colors on one line: red green blue
Try a color: blue
    blue is in the set
Try a color: Blue
    blue is in the set
Try a color:    Blue
    blue is in the set
Try a color: green
    green is in the set
Try a color: gray
    gray is not in the set
```

6. 這個練習題中，最難的部分大概就是建構那些 Set 了。建構 Set 有很多方法，本解答是使用一個副程式建立一個範圍，然後從中挑選十個元素，將十個元素轉換為一個 Set。之後只要用對運算子就可以了：

```
sub make-set (Int:D $a, Int:D $b where $a < $b ) {
    ($a .. $b).pick(10).Set
    }

my $set-a = make-set( 1, 50 );
my $set-b = make-set( 1, 50 );

my $union        = $set-a ∪ $set-b;
my $intersection = $set-a ∩ $set-b;
```

```
put qq:to/END/;
set A: $set-a
set B: $set-b

union: $union
intersection: $intersection
END
```

若是想檢查到底正不正確的話,你可以輸出開始的兩個 Set:

```
% perl6 set-operations.p6
set A: 12 18 41 32 5 46 3 35 25 22
set B: 30 18 11 40 21 10 49 2 24 8

union: 30 41 18 12 11 40 32 21 46 5 10 3 49 22 25 35 8 24 2
intersection: 18
```

如果你想要改良,你可以取得它們的 key 組成的 List,依這個 List 進行排序:

```
my $set-a = make-set( 1, 50 );
my $set-b = make-set( 1, 50 );

my $union        = $set-a ∪ $set-b;
my $intersection = $set-a ∩ $set-b;

put qq:to/END/;
set A: {$set-a.keys.sort}
set B: {$set-b.keys.sort}

union: {$union.keys.sort}
intersection: {$intersection.keys.sort}
END

sub make-set (Int:D $a, Int:D $b where $a < $b ) {
    ($a .. $b).pick(10).Set
    }
```

輸出的結果好看多了:

```
% perl6 set-operations-sorted.p6
set A: 1 3 4 9 15 21 22 35 45 50
set B: 2 3 13 14 21 31 34 38 42 44

union: 1 2 3 4 9 13 14 15 21 22 31 34 35 38 42 44 45 50
intersection: 3 21
```

# 第 15 章練習題解答

1. 一個簡單的解法是利用一個 for，把不匹配的行都跳過：

```
for lines() {
    next unless /Hamadryas/;
    .put
    }
```

對於像這樣簡單的樣式來說，你也可以用 `.contains`。

2. 這個解答就像前一題的解答一樣，只是改用不同的樣式：

```
my $pattern = rx/ \d\d\d /;

for lines() {
    next unless $pattern;
    .put;
    }
```

這個解答寫的還是稍長了一點，因為我還沒教你怎麼用量化器。

3. 這是其中一種解法，這個練習題的重點是樣式，你已經知道怎麼用了：

```
/ <:Letter + :Number> /
```

`.chr` 方法會回傳一個數字，這個數字是字元的字位。一旦你拿到字元以後，你就可以將它和字位進行比對，如果不一樣的話，就跳過 Block 中後面的程式。沒有跳過的話，就累增計數。

LAST phaser 在最後一次程式區塊執行時，會輸出一條訊息。對於想把所有變數和值保留在程式碼區塊的這個意圖來說，這是一個很好的建構設計。不然的話，你必須要將所有的東西定義在程式碼區塊外面，這樣你才能在 for 迴圈結束時存取到它們：

```
my ($lower, $upper) = ( 0x0001, 0xFFFD );

for $lower .. $upper {
    state $count = 0;
    next unless .chr ~~ / <:Letter + :Number> /;
    $count++;
    LAST {
        printf "There are %d characters that are letters or numbers\n" ~
        "That's %.1f%% of the characters between %#x and %#x\n",
        $count, 100*$count / ( $upper - $lower ), $lower, $upper;
        }
    }
```

輸出：

```
There are 49483 characters that are letters or numbers
That's 75.5% of the characters between 0x1 and 0XFFFD
```

4. 請使用一個字元分類，這個分類包含了所有英文字母，並且排除所有母音。如果樣式匹配成功的話，就跳過該行，輸出能通過它的行。你可能會發現許多空的行會被匹配成功，所以請跳過只含有空白的行：

```
for lines() {
    next if / <:Letter - [aeiou]> /;
    next unless / \S /;
    .put;
    # a e i
    }
```

在檔案中加入只含有母音英文字母的一行，這個動作可以幫助你的程式測試。

5. 這是其中一種解法：

```
my $pattern = rx/ ei /;

for lines() {
    next unless $pattern;
    .put;
    }
```

你也可以使用顯式變數：

```
my $pattern = rx/ ei /;

for lines() -> $line {
    next unless $line ~~ $pattern;
    $line.put;
    }
```

可以用 m// 取代：

```
for lines() -> $line {
    next unless $line ~~ m/ ei /;
    $line.put;
    }
```

可以在命令列引數指定檔案名稱，然後執行程式：

```
% perl6 matching_lines.p6 file1 file2
```

你可以重新導向輸出：

```
% perl6 matching_lines.p6 < file1
```

或是利用管道輸入：

```
% ls | perl6 matching_lines.p6
```

如果你沒有自有的檔案可以拿來搜尋，你可以使用本書網站下載區中的檔案
（*https://www.learningperl6.com/*）。

6. 這題的答案比想像中簡單，將每一行輸入並依 tab 拆解開。如果你想要的話，可以
選取其中的某個欄位：

```
for lines() {
    put .split( /\t/ ).[2]
    }
```

另外一個比較複雜的解答，是讓你可以從命令列選取欄位。不過這個解答就要放棄
操作多個檔案的功能（要解決不難，但是留給你做）：

```
sub MAIN ( Str:D $file, Int:D $column = 2 ) {
    for $file.IO.lines() {
        put .split( /\t/ ).[$column]
        }
    }
```

但，如果沒有你指定要的那一欄怎麼辦？在把行拆解成數個部分後，先檢查會有幾
個部分，然後才讓你取得某欄。如果你輸出行號的話，使用者就可以知道檔案哪裡
出了問題：

```
sub MAIN ( Str:D $file, Int:D $column = 2 ) {
    for $file.IO.lines() {
        state $line = 0;
        $line++;
        my @parts = .split( /\t/ );
        if $column > @parts.end {
            $*ERR.put: "Column out of range at line $line";
            next;
            }
        put .split( /\t/ ).[$column]
        }
    }
```

之前你在做這個練習題時，使用了 .words 去拆開行，那個解法剛好在練習題中可
以用，因為資料中沒有大量的空白。舉例來說，如果一個生物的種名是 perlicus
sixus，.words 將會認為它們是兩個元素。

# 第 16 章練習題解答

1. *butterfly_census.txt* 檔案在本書網站（*https://www.learningperl6.com*）下載區（請見前言）中，這個檔案中含有一堆生物名稱，這些名稱中有很多字母重複。你的任務是找出有 *ii* 的名稱，並輸出總共有多少名稱符合。

   使用一個 for 迴圈去逐行讀檔，並將所有含有多於 2 個 *i* 的行都加入 Hash 中。Hash 會累加並能使用 key 產生清單，最後輸出清單：

```
my $file = 'butterfly_census.txt';
my %ii-census;

for $file.IO.lines -> $line {
    if $line ~~ /ii+/ {
        %ii-census{$line}++
        }
    }

%ii-census.keys.sort.join( "\n" ).put;
```

   上面的程式並不會去計算總共有多少名稱符合，但是可讓你看出要計算的名稱是什麼。當你成功執行完以後，你就可以輸出 key 的總量有多少：

```
%ii-census.keys.elems.put;
```

   將程式用一個 MAIN 副程式包裝起來，這讓你可以從命令列指定檔名：

```
sub MAIN ( $file = 'butterfly_census.txt' ) {
    my %ii-census;

    for $file.IO.lines -> $line {
        %ii-census{$line}++ if $line ~~ /ii+/;
        }

    %ii-census.keys.elems.put;
    }
```

   或許你會想直接計算數量，但你免不了還是一樣要有個方法過濾名稱：

```
sub MAIN ( $file = 'butterfly_census.txt' ) {
    my %ii-census;
    my $count;

    for $file.IO.lines -> $line {
        $count++ if ($line ~~ /ii+/ and %ii-census{$line}++ == 0);
        }
```

```
put $count;
}
```

你可以不用 for 而改用 .grep 去搭配你的樣式使用，一樣可以找出想匹配的東西，然後再用 .unique 產出名稱的名單：

```
sub MAIN ( $file = 'butterfly_census.txt' ) {
    put $file.IO.lines.grep( /i+/ ).unique.elems
}
```

2. 這題的解答大部分和前一題很像，只是樣式換了而已：

```
sub MAIN ( $file = 'butterfly_census.txt' ) {
    put $file.IO.lines.grep( /a <[ n s ]>* a/ ).unique.join: "\n";
}
```

你的樣式中有兩個 a，它們兩個中間還有一些東西。這個中間的東西是字元分類，用來匹配一個 n 或一個 s。

3. 解答是一個簡單的計數程式，使用到的樣式寫在 next 那一行；你將會跳過任何不匹配的東西。沒有跳過的話，就會使用該行加入 Hash 當作 key。LAST phaser 將會在結束時輸出匯總訊息：

```
for lines() {
    state %Count;
    next unless /  <[aeiou]> ** 4 /;
    %Count{$_}++;
    LAST {
        for %Count.keys.sort( { %Count{$^a} } ).reverse {
            printf "%4d  %s\n", %Count{$_}, $_;
            }
        }
    }
```

符合一行中有四個母音的有兩種生物：

```
923  Chorinea octauius
235  Diaeus variegata
```

4. 這題的解答和前一題的幾乎一樣：

```
for lines() {
    state %Count;
    next unless /  [a <-[aeiou]>] ** 4 /;
    %Count{$_}++;
    LAST {
        for %Count.keys.sort( { %Count{$^a} } ).reverse {
            printf "%4d  %s\n", %Count{$_}, $_;
```

```
                    }
                }
            }
```

這裡用的樣式使用兩種分組，一個是找出 *a*，另外一個是去除母音之外的所有字元：

```
[a <-[aeiou]>]
```

不多不少要重複 4 次：

```
[a <-[aeiou]>] ** 4
```

使用蝴蝶調查檔案當作輸入，可以找到一些有趣的匹配結果。某些情況下，跟在 *a* 後面的是空白：

```
892  Vanessa atalanta
682  Potamanaxas laoma
623  Paralasa jordana
552  Matapa aria
378  Protogoniomorpha anacardii
359  Potamanaxas effusa
334  Potamanaxas paralus
247  Potamanaxas andraemon
166  Potamanaxas melicertes
```

5. 使用這個樣式去找到兩個底線間包夾的文字是什麼，裡面用的 .+? 不會超過下一個底線：

```
/ '_' .+? '_' /
```

程式其他的部分用來跑過所有的行，如果要取得一行中所有匹配的地方，就要使用副詞 :global：

```
for lines() {
    my @matches = m:global/ '_' .+? '_' /;
    say @matches if @matches.elems > 0;
    }
```

此處是最後輸出結果其中的幾條：

```
(「_Pieris_」)
(「_Mamestra_」)
(「_Bombyx 」)
(「_Thecla_」)
(「_The Small Copper_」「_Polyommatas Phlaeas_」)
(「_Brunneata_」)
```

請試試看把 ? 去掉，結果會變得如何呢？

6. 使用全域匹配去取得在兩個底線間的所有文字。擷取那些文字，同時也定義屬和種的子擷取。在底線間之還有一些額外的資料，但這裡還有一些供你參考：對於生物學名稱來說，屬名通常是開頭大寫，而種名不會開頭大寫。而且，輸入的文字也只能是拉丁字母：

```
for lines() {
    my $matches =
        m:global/

            _
            (
            $<genus>=(<[A..Z]><[a..z]>+)
            \s
            $<species>=(<[a..z]>+)
            )

            _
            /;
    next unless $matches.elems > 0;
    say $matches;
    }
```

在幾個小節後，你將會看到本題的另外一種解法。你可以跳過開頭和結尾的文字，只指定中間的部分即可：

```
my $matches =
    m:global/ _ ~ _
        (
        $<genus>=(<[A..Z]><[a..z]>+)
        \s
        $<species>=(<[a..z]>+)
        )
        /;
```

從小部分開始，先確定你的程式動作符合你的預期，然後再逐漸發展會是比較好的做法。這個解答程式其他的部分是用來計數並輸出東西：

```
for lines() {
    state %Found;
    my $matches =
        m:global/

            _
            (
                $<genus>=(<[A..Z]><[a..z]>+)
                \s
                $<species>=(<[a..z]>+)
            )

            _
```

```
                   /;
        next unless $matches.elems > 0;
        for @$matches -> $m {
            put ~$m[0];
            %Found{$m[0]<genus>}{$m[0]<species>}++;
            }

        LAST {
            my @species-count =
                %Found
                    .keys
                    .map( {$^k => %Found{$^k}.keys.elems} )
                    .sort( *.value )
                    .reverse;
            for @species-count {
                last if $++ > 5;
                printf "%2d %s\n", $^p.kv.reverse;
                }

            }
        }
```

最終輸出的東西看起像這樣：

```
4 Populus
3 Eupithecia
3 Salix
3 Crambus
3 Trifolium
3 Melanippe
```

7. 逐一的看過要進行匹配的所有字元，答案只要抓出字元序在 0 到 0xFFFF 之間的即可。用 .chr 將每個數字轉為字元，然後對字元做匹配：

```
for 0 .. 0xFFFF -> $ord {
    my $char = $ord.chr;
    next unless $char ~~ /\w/;
    next if $char ~~ / <:Alpha> /;
    put "[$ord] $char";
    }
```

當我執行這個練習題解答程式時 找到 371 個不屬於字母的 word 字元。它們之中大部分是數字，但也有底線字元。其他的都是非 word 字元，包括 Str 的開頭和結尾。

8. 以下是個快速解答，將名字放在一個 Array 中，用 || 合併那些名字：

```
my @genus = < Lycaena Zizeeria Hamadryas >;
for lines() {
    state %Species;
    LAST { put "Found {%Species.keys.elems} species" }
    next unless m/ || @genus /;
    %Species{$_}++;
    .put;
    }
```

你也可以把東西直接放在樣式中：

```
next unless m/
    || < Lycaena Zizeeria Hamadryas >
    /;
```

或是把東西分開寫：

```
next unless m/
    || Lycaena
    || Zizeeria
    || Hamadryas
    /;
```

# 第 17 章練習題解答

1. 這個解答在 TOP 中使用了 regex，所以可忽略它的空白：

```
grammar OctalNumber {
    regex TOP        { [ 0o? ]? <[0..7]>+  }
    }

my @numbers = qw/
    123 0 0123
    8 129
    0o456 o345
    /;

for @numbers -> $number {
    put "「$number」 ",
        OctalNumber.parse( $number ) ?? "matched" !! "failed";
    }
```

輸出結果是：

「123」 matched

```
「0」matched
「0123」matched
「8」failed
「129」failed
「0o456」matched
「o345」failed
```

2. 解答是一個簡單的文法，難的地方在於要包含 ' 和 - 字元；在一個變數名稱中，這種字元是可以放在一個英文字母前面的：

```
grammar Variable {
    token TOP        { <sigil> <identifier> }
    token alpha      { <:Letter> }
    token number     { <:Number> }
    token other      { <['-]> }

    token sigil      { <[$@%]> }
    token identifier {
        <alpha> [ <alpha> | <number> | <other><alpha> ]*
        }
    }

my @candidates = qw/
    sigilless   $scalar   @array    %hash
    $123abc     $abc'123  $ab'c123
    $two-words  $two-     $-dash
    /;

for @candidates -> $candidate {
    my $result = Variable.parse( $candidate, );
    say "「$candidate」", $result ?? 'Parsed!' !! 'Failed!';
    }
```

輸出結果是：

```
「sigilless」Failed!
「$scalar」Parsed!
「@array」Parsed!
「%hash」Parsed!
「$123abc」Failed!
「$abc'123」Failed!
「$ab'c123」Parsed!
「$two-words」Parsed!
「$two-」Failed!
「$two'」Failed!
「$-dash」Failed!
```

3. 這裡用簡單的方法將一個八進位數字轉成它的十進位，解答裡的程式碼幾乎和章節
   內容中一樣：

```
class OctalActions {
    method digits ($/) {
        put "「$/」 is 「{ parse-base( ~$/, 8 ) }」"; # 或 $/.Str
        }
    }

grammar OctalNumber {
    regex TOP          { <.prefix>? <digits>  }
    regex prefix       {  [ 0o? ]  }
    regex digits       { <[0..7]>+ }
    }

my $number = '0o177';
my $result = OctalNumber.parse(
    $number, :actions(OctalActions)
    );
```

輸出 0177 的十進位：

```
「177」 is 「127」
```

如果你想要做多一點練習，可以這樣：

```
class OctalActions {
    method digits ($/) {
        put "「$/」 is 「{ parse-base( ~$/, 8 ) }」"
        }
    }

grammar OctalNumber {
    regex TOP          { <.prefix>? <digits>  }
    regex prefix       {  [ 0o? ]  }
    regex digits       { <[0..7]>+ }
    }

loop {
    my $number = prompt("octal number> ");
    last unless try $number.chars;
    my $result = OctalNumber.parse(
        $number, :actions(OctalActions)
        );
    put "Failed on 「$number」" unless $result.so;
    }
```

從輸出中可以看出，程式只處理八進位數字，碰到非八進位數字時輸出 fail，在什麼都不輸入時離開程式：

```
octal number> 177
「177」 is 「127」
octal number> 0177
「177」 is 「127」
octal number> 0o177
「177」 is 「127」
octal number> 198
「1」 is 「1」
Failed on 「198」
octal number> 777
「777」 is 「511」
octal number> 377
「377」 is 「255」
octal number>
```

prompt 函式在此處很好用。

4. 此處的文法可用在句號分隔的 IP 位置上，它用 <?{}> 去找匹配的數字，並對數字執行一些斷言檢查：

```
grammar DottedDecimal {
    token TOP { <digits> ** 4 % '.' }
    regex digits { ( <[0..9]> ** 3 ) <?{ 0 <= $0 <= 255 }> }
    }
```

這個 acton 類別並不難，每個 digits 擷取到的東西，都會放在一個 Array 中。最高的位元組是第一個元素，所以將它位移 24 個位置，接著將 Array 中接下來的兩個元素，各移 16 和 8 個位置（最後一個不用移動，不過你也可以將它移動 0 個位置）。用 [+] 簡化運算子將它們加起來，總合是你 make 執行完的值：

```
class DottedDecimal::SimpleActions {
    method TOP  ($/) {
        # 取得數字，並且將字元組正確地位移
        make [+] (
            $<digits>.[0] +< 24,
            $<digits>.[1] +< 16,
            $<digits>.[2] +<  8,
            $<digits>.[3]
            );
        }
    }

my $string = '192.168.1.137';
```

```
my $match = DottedDecimal.parse(
    $string,
    :actions(DottedDecimal::SimpleActions)
    );
say $match;
say $match.made.fmt('%X');
```

如果你喜歡用超運算子的話，可將程式寫成這樣：

```
class DottedDecimal::Actions {
    method TOP   ($/)  {
        # 取得數字，並且將字元組正確地位移
        make [+] (
            $<digits>                    # 字元，在 Array 中
                »+«                      # 位元位移 +< 超運算
            ( (0 .. $<digits>.end) X* 8 ).reverse
            );
    }
}
```

5. 由於解答在章節內容中就可以找到，所以我不打算重複把程式碼貼在這裡。

6. 這個解答的第一個部分，會透過 web 抓取檔案，但你改為將它存在本地，並對它的
   內容使用 slurp：

```
use HTTP::UserAgent;

my $ua = HTTP::UserAgent.new;
$ua.timeout = 10;

my $url = 'https://goo.gl/sPUwjp';  # 或直接到 GitHub
my $response = $ua.get( $url );

my $data = do with $response {
    .is-success ?? .content !! die .status-line
    }
```

文法與 role 們都和章節內容範例中的一樣：

```
grammar Grammar::CSV {
    token TOP       { <record>+ }
    token record    { <value>+ % <.separator> \R }
    token separator { <.ws> ',' <.ws> }
    token value     {
        '"'                  # 括號
            <( [ <-["]> | <.escaped-quote> ]* )>
        '"'

            |
```

```
        <-[",\n\f\r]>+   # 非括號（不含垂直空白）
             |
             ''           # 空白
        }

    token escaped-quote { '""' }
    }

    role DoubledQuote    { token escaped-quote { '""'  } }
    role BackslashedQuote { token escaped-quote { '\\"' } }
```

action 類別就要重寫了。為了要處理雙引號脫逸，你可以將 value 處理成單引號的版本，這樣任何形式的脫逸都可以用：

```
class UnescapeDoubleQuote {
    method TOP          ( $/ ) { make $<record>».made.flat }
    method record       ( $/ ) { make [ $<value>».made.flat ] }
    method value        ( $/ ) {
        make $/.Str.subst: / [ '\\' || '"' ] '"' /, '"', :g;
        }
    }

my $csv-parser = Grammar::CSV.new but DoubledQuote;

my $match = $csv-parser.parse:
    $data,
    :actions(UnescapeDoubleQuote);

say $match.made // 'Failed!';
```

# 第 18 章練習題解答

1. 你需要兩個東西才能解答這個練習題，一個是用來傳送值的 Supplier，另外是一個用來讀的 tap：

```
my $supplier = Supplier.new;
my $tap = $supplier.Supply.tap:
    { state %Seen; ! %Seen{$^a}++ ?? put $^a !! False };
$supplier.emit( $_ ) for lines();
```

這個解答使用 lines()，功能是讀取命令列指定檔案：

```
% perl6 emitter.p6 butterfly_census.txt
```

你做出了 linux 的 *uniq* 程式的功能！

2. 這個解答程式是一連串動作的組成，每個動作間你要等三秒。第一個 tap 在大多程式執行期間都運作著，而第二個 tap 只有在中間一段時間運作：

```
my $interval = 3;
my $supply = Supply.interval(1).share;

sleep $interval;
my $first-tap = $supply.tap: { put "First got $^a" };

sleep $interval;
my $second-tap = $supply.tap: { put "Second got $^a" };

sleep $interval;
$second-tap.close;

sleep $interval;
$first-tap.close;

put 'Done';
```

輸出顯示第一個 tap 在第 3 秒開始動作，因為即時 Supply 一直持續地傳送著值。當第二個 tap 執行時，它拿到的數字會和第一個 tap 一樣：

```
First got 3
First got 4
First got 5
First got 6
Second got 6
First got 7
Second got 7
First got 8
Second got 8
First got 9
First got 10
First got 11
Done
```

3. 解答是一個簡單的 Channel，每次迴圈執行時，它會得到一個由行號和文字組成的 Pair。它會檢查得到的行號是不是一個質數，如果是質數的話，就會將該行輸出：

```
my $channel = Channel.new;
$channel.Supply.tap: -> Pair:D $p {
    put "{$p.key}: {$p.value}" if $p.key.is-prime
    };

for lines() { $channel.send: $++ => $_ }
```

使用程式檔案本身來當作輸入的話，輸出結果如下：

```
2:      put "{$p.key}: {$p.value}" if $p.key.is-prime
3:      };
5: for lines() { $channel.send: $++ => $_ }
```

4. 只要小小改變幾個字，程式的改變就很巨大。藉由呼叫 .share 將 Supply 改為即時 Supply。tap 們就會從目前的值開始工作，而不會起始的值開始工作：

```
my $supply = Supply.interval(1).share;

react {
    whenever $supply { put "Got $^a" }
    whenever True { put 'Got something that was true' }
    whenever Promise.in(5) { put 'Timeout!'; done }
    }

put "React again";

react {
    whenever $supply { put "Got $^a" }
    }

END put "End of the program";
```

輸出有兩個地方不同了，由於在 whenever 能夠 tap 到值以前 Supply 就已經開始執行，所以不再有 Got 0。第二個 react 會再次 tap 同一個 Supply，並且從當時的時間開始運作：

```
Got something that was true
Got 1
Got 2
Got 3
Got 4
Got 5
Timeout!
React again
Got 6
Got 7
...
```

如果你在兩個 react 中間插入一個 sleep，你將會跳過睡著期間的值。

5. 因為 IO::Notification 是隨著語言安裝的，所以你不用安裝任何東西就可以用了。.watch-path 會回傳一個 Supply，你可以將它使用在一個 react 中。下面的程式是無法停止執行的：

```
sub MAIN ( Str:D $s where *.IO.e, $timeout = 10 ) {
    my $supply = IO::Notification.watch-path( $s );

    react {
        whenever $supply { put "{.path}: {.event}" }
        }
    }
```

如果指定一個檔案給這個程式，它就只會看指定的檔案。如果你指定的是一個目錄的話，它會檢查該目錄以及目錄中的所有東西（但同一個邏輯不會套用在子目錄上—請安裝 IO::Notification::Recursive）。

若要停止程式，你有幾種做法。你可以執行特定的次數，然後停止程式，這種情況你可以利用 .in Promise：

```
sub MAIN ( Str:D $s where *.IO.e, $timeout = 10 ) {
    my $supply = IO::Notification.watch-path( $s );

    react {
        whenever $supply { put "{.path}: {.event}" }
        whenever Promise.in( $timeout ) { put "Stopping"; done; }
        }
    }
```

或者，你可以在特定時間間隔時，周期性的去檢查是否還有變化產生：

```
sub MAIN ( Str:D $s where *.IO.e ) {
    my $supply = IO::Notification.watch-path( $s );
    my $changes = 0;

    react {
        whenever $supply { put "{.path}: {.event}"; $changes++ }
        whenever Supply.interval(1) {
            if $changes > 10 {
                put 'Stopping';
                done;
                }
            }
        }
    }
```

最後一個做法，你可以建立一個 Supply，這個 Supply 可以處理訊號（雖然本書沒有提到相關內容）。SIGINT 是 Control-C 送出的訊號。攔截這個訊號，讓你可以在程式結束前有機會進行清理工作並退出執行：

```
sub MAIN ( Str:D $s where *.IO.e ) {
    put "PID is $*PID";
    my $supply = IO::Notification.watch-path( $s );
    my $changes = 0;

    react {
        whenever $supply { put "{.path}: {.event}"; $changes++ }
        whenever signal(SIGINT) {
            put 'Stopping';
            done;
        }
    }
}
```

# 第 19 章練習題解答

1. 這裡是個簡單的程式，這個程式會依目前作系統選擇要用什麼字串。不管最後 @command 裡面的內容是什麼，它都會變成 run 的引數：

```
my @command = $*DISTRO.is-win ??
    < cmd /c dir /OS >
    !!
    < ls -lrS >
    ;

my $proc = run @command, :out;
```

利用 .grep 對上面的執行結果進行過濾：

```
for $proc.out.lines.grep( rx/7/ ) -> $line {
    put $++, ': ', $line;
}
```

以下是在一台 Unix 機器上執行的輸出（為書本印刷省略了一些欄位）：

```
% perl6 ls-exercise.p6
0: -rwxrwxr-x@    72 Jan  6 19:36 shell-perl6-exit1.p6
1: -rw-r--r--@   162 Apr 25 20:27 find.p6
2: -rw-rw-r--@   177 Apr 26 13:35 ls-exercise.p6
3: -rw-r--r--@   217 Apr 25 21:42 write-to-proc.p6
4: -rwxrwxr-x@   277 Jan  6 19:36 channels.p6
5: -rw-rw-r--@   667 Jan  6 19:36 respawn.p6
```

以下是在一台 Windows 上執行的輸出：

```
C:\ perl6 ls-exercise.p6
> perl6 ls-exercise.p6
0: 01/20/2018  10:22 AM                   75 shell-perl6-exit1.p6
1: 01/20/2018  10:22 AM                  687 respawn.p6
2: 01/20/2018  10:22 AM                  700 search.p6
3:                  2 Dir(s)  37,557,620,736 bytes free
```

2. 這題的解答和你做 run 練習題時很像，但多做了一步 .spawn：

```
my $is-win = $*DISTRO.is-win;
my @command = $is-win ?? < cmd /c dir> !! < ls >;

my $proc = Proc.new: :out;
$proc.spawn: @command;
$proc.out.slurp.put;
```

3. 解答取用章節裡的程式，將程式用 MAIN 包起來以接收命令列的引數。

在 react Block 中，攔截輸出內容並計算行數。在你覺得輸出夠多時呼叫 done。你也可以加入訊號處理器，或是一個逾時控制：

```
sub MAIN ( Int:D $max-files = 100 ) {
    my $proc = Proc::Async.new: 'find', '/', '-name', '*.txt';

    react {
        my $count;
        whenever $proc.stdout.lines {
            done if ++$count > $max-files;
            put "$count: $_";
            }
        whenever signal(SIGINT)     {
            put "\nInterrupted! $count files"; done
            }
        whenever $proc.start        {
            put "Finished: $count files"; done
            }
        whenever Promise.in(60)     {
            put "Timeout: $count files"; done
            }
        }
    }
```

# 索引

※ 提醒您：由於翻譯書排版的關係，部分索引名詞的對應頁碼會和實際頁碼有一頁之差。

## G

## H

# 關於作者

**brian d foy** 是一位經驗豐富的 Perl 培訓師以及作者,他藉由運作 Perl Review(*https:// www.theperlreview.com/*),以教育、諮詢、程式碼評審等機制,幫助人們使用 Perl 並瞭解 Perl,他也經常會在 Perl 研討會上發表演說。brain 是 *Learning Perl, Intermediate Perl and Effective Perl Programming*(*Addison-Wesley*)一書的合著者,也是 *Mastering Perl* 一書的作者。從 1998 年到 2009 年,他擔任 Stonehenge Consulting Services 的講師和作者。從他還是物理系的研究生以及入手第一台 mac 就成為死忠的 Mac 使用者開始,他就已經在使用 Perl 了。他成立了第一個 Perl 的使用者群組 New York Perl Mongers 和 Perl advocacy 非營利組織 Perl Mongers, Inc.,這個組織幫助過全球超過 200 個 Perl 使用者群組。他維護 Pcrl 文件核心中的 *perlfaq* 部,在 CPAN 上有數個模組以及多個獨立 script。

# 封面動物

*Learning Perl 6* 的封面動物是 Hamadryas 蝴蝶。*Hamadryas* 是一個屬,這個屬包括了幾個相關的蝴蝶種。Hamadryas 蝴蝶生活在整個南美洲和中美洲,有些種類甚至在亞利桑那州北部也能找到,在哥斯大黎加就能找到九個不同的品種。

由於雄蝶在領地宣示時,會發出獨特的聲音,所以 Hamadryas 蝴蝶又常被稱為 "脆餅蝴蝶"。雄蝶會在植物及樹的枝頭上等著雌蝶的到來,並發出咔達咔達的聲音來抵禦捕食者和其他來競爭的雄蝶。

Hamadryas 蝴蝶有著讓牠們可以混入周圍環境的色彩。與其他的蝴蝶不同,牠們不以花密為食,而是以腐爛的水果、樹液以及動物的糞便為食。

歐萊禮圖書封上面許多動物都瀕臨滅絕;這些動物對世界很重要,若想要瞭解如何提供幫助,請到 *animals.oreilly.com*。

封面圖片來自 *Insects Abroad*。

# Perl 6 學習手冊

作　　者：brian d foy
譯　　者：賴屹民
企劃編輯：蔡彤孟
文字編輯：江雅鈴
設計裝幀：陶相騰
發 行 人：廖文良

發 行 所：碁峰資訊股份有限公司
地　　址：台北市南港區三重路 66 號 7 樓之 6
電　　話：(02)2788-2408
傳　　真：(02)8192-4433
網　　站：www.gotop.com.tw
書　　號：A544
版　　次：2019 年 05 月初版
建議售價：NT$680

商標聲明：本書所引用之國內外公司各商標、商品名稱、網站畫面，
其權利分屬合法註冊公司所有，絕無侵權之意，特此聲明。

版權聲明：本著作物內容僅授權合法持有本書之讀者學習所用，非
經本書作者或碁峰資訊股份有限公司正式授權，不得以任何形式複
製、抄襲、轉載或透過網路散佈其內容。
版權所有 ● 翻印必究

國家圖書館出版品預行編目資料

Perl 6 學習手冊 / brian d foy 原著；張靜雯譯. -- 初版. -- 臺北市：
　　碁峰資訊, 2019.05
　　　面； 公分
　　譯自：Learning Perl 6
　　ISBN 978-986-476-984-1(平裝)
　　1.資料探勘　2.軟體研發
312.74　　　　　　　　　　　　　　　　　107020373

## 讀者服務

● 感謝您購買碁峰圖書，如果您
　對本書的內容或表達上有不清
　楚的地方或其他建議，請至碁
　峰網站：「聯絡我們」\「圖書問
　題」留下您所購買之書籍及問
　題。(請註明購買書籍之書號及
　書名，以及問題頁數，以便能
　儘快為您處理)
http://www.gotop.com.tw

● 售後服務僅限書籍本身內容，
　若是軟、硬體問題，請您直接
　與軟體廠商聯絡。

● 若於購買書籍後發現有破損、
　缺頁、裝訂錯誤之問題，請直
　接將書寄回更換，並註明您的
　姓名、連絡電話及地址，將有
　專人與您連絡補寄商品。